口絵 1　色覚の証明実験（コラム 1）

a: 4 種類の色紙からの弁別。黄色の上で蜜を与えられていたアゲハは，4 種類の色紙のうち黄色の色紙の上で餌を探すようになる。

b: 灰色列からの色弁別。異なる明るさの灰色のうち一番明るいものが黄色とほぼ同じ明るさだが，黄色を学習したアゲハは，黄色の色紙を間違いなく選んで蜜を探す。

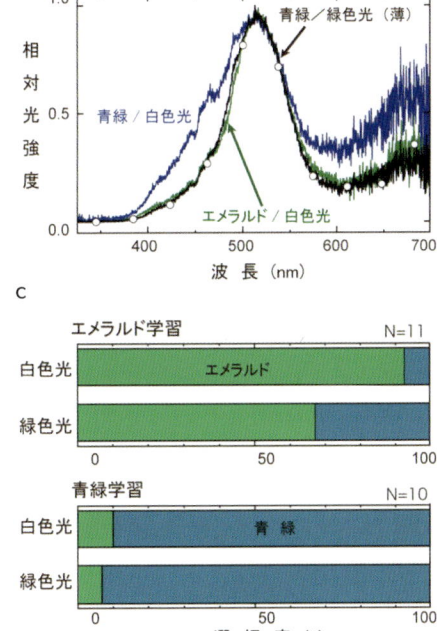

口絵 2　色の恒常性（コラム 1）

a: 色モンドリアンを使った色恒常性実験。黄色学習個体は，白色光のもとでも（上）赤い照明光のもとでも（下）色モンドリアンの中から黄色を選ぶ。

b: 異なる照明光の下での反射スペクトル。緑色照明光下の青緑色紙の反射スペクトル（黒）は，白色光下のエメラルドグリーンの反射スペクトル（緑）をほぼ一致する。

c: 似た色紙を使った色恒常性実験の結果。アゲハは，緑色光の下でも白色光の下同様学習色を正しく選ぶ。

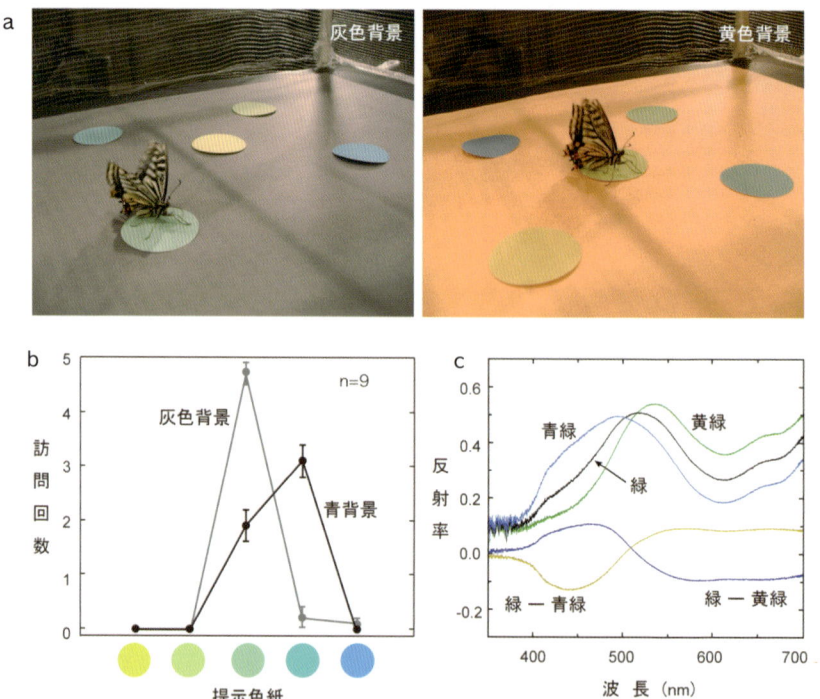

口絵3 色対比現象（コラム1）

a: 色対比実験（黄色背景）。緑を学習したアゲハは，灰色背景上に並んだ5種類の色紙から緑を正しく選ぶ（左）。しかし，同じ5種類の色紙を黄色背景上に並べたときは，黄緑を選ぶ（右）。

b: 色対比実験結果（青背景）。灰色背景上の5種類の色紙から緑をよく弁別するアゲハは，同じ種類の色紙が青の背景上に並べられた場合青緑を選ぶ。

c: 背景色が誘導した色の推測。学習色である緑から色背景のときに選ばれた色紙の反射スペクトルを引くと背景によって誘導された色が推測できる。アゲハの知覚では，青背景は黄色（黄色線）を，黄色背景は青（青線）を誘導する。

口絵5 アゲハ個眼の構造と4種のオプシン mRNA の分布 (Kitamoto *et al*., 2000, Arikawa *et al*., 2003 より改変)（第2章）

a: 感桿周囲の色素と蛍光物質（3-ヒドロキシレチノール）によって3タイプの個眼が識別できる。**b**: 個眼近位層の横断切片。赤い色素（黒矢頭）をもった個眼と，黄色い色素（白矢頭）を持った個眼がある (Arikawa & Stavenga, 1997)。**c**: 紫外線同軸落射照明で撮影した個眼蛍光。タイプⅡ個眼が蛍光を発している。**d**: 紫外線吸収型視物質 PxUV の分布。タイプⅠ個眼では，視細胞1番か2番のどちらかが染まる（実線円）。タイプⅡ個眼は，1番と2番の両方が染まる（点線円）。タイプⅢは染まらない（破線円）。**e**: 青吸収型視物質 PxB の分布。視細胞1番と2番に，PxUV と重複せずに染まる。**f**: 近位層での緑吸収型 PxL2 の分布。視細胞5～8番が，タイプⅠでは染まらず，タイプⅡでは薄く，タイプⅢでは濃く染まる。**g**: 近位層での赤吸収型 PxL3 の分布。視細胞5～8番が，タイプⅠとタイプⅡで染まる。タイプⅡの視細胞5～8番は，PxL2 と PxL3 の mRNA を重複して発現している (Kitamoto *et al*., 1998)。これが広帯域受容細胞。

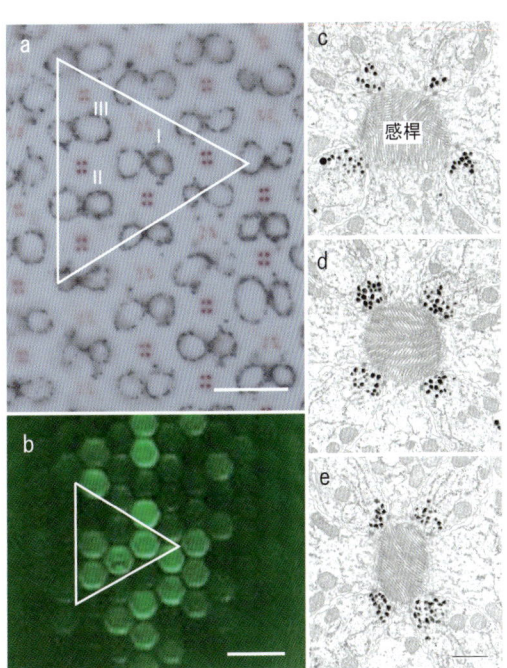

口絵 4　モンシロチョウ個眼の多様性 (Qiu et al., 2002)（第 2 章）

a: 個眼近位層の横断切片。個眼中央部に、色素の点が 4 つずつ見える。色素の配列には、台形（タイプ I）、正方形（タイプ II）、長方形（タイプ III）の 3 つがある。タイプ II の色素は他の 2 タイプに比べて濃い。**b**: a と同じ部位（白い三角形で囲まれた領域）を、試料の固定前に落射蛍光顕微鏡で撮影したもの。励起光の波長は 420 nm。タイプ II のみが強い蛍光を発している。**c〜e**: はそれぞれタイプ I, II, III 個眼の感桿周囲を電子顕微鏡で撮影したもの。スケール＝10 μm (a), 50 μm (b), 1 μm (c〜e)。

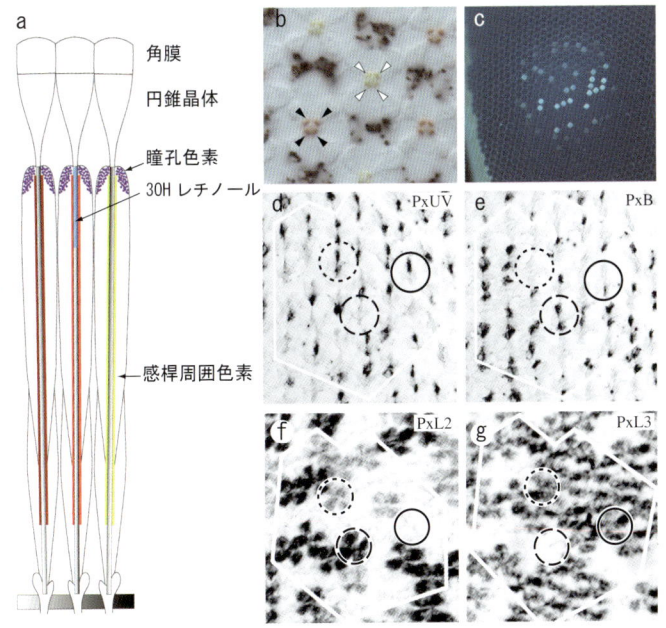

口絵6　中央と周辺で緑コントラストの異なる花の例（Hempel de Ibarra & Vorobyev, 2009 を改変）（第3章）
　上段に *Helianthemum nummularia*，下段に *Rosa acicularis* を示す。左の列は人の目から見た花の写真，中央の列はハナバチの視覚を考慮して作成されたイメージ図，右の列はハチの緑コントラスト（緑受容細胞の反応の強さ）を表す。中央の画像はハチの紫外・青・緑の各受容細胞の反応の強さをヒトにとっての青・緑・赤に置き換えて色づけされている。右の画像は緑コントラストの大きさを明るさで示している。*H. nummularia* の緑コントラストは花の中央で低く，*R. acicularis* の緑コントラストは中央で高い。

口絵7　擬態する花の写真とハナバチの目を通して見える花のイメージ図（Benitez-Vieyra *et al.*, 2007 を改変）（第3章）
　中央の2列はどちらもツルネラ（*Turnera sidoides* spp. *pinnatifida*）の花で，左はコルドバ集団に生育するオレンジ型，右はサルタ集団に生育する黄色型である。コルドバ集団においてツルネラのモデル（擬態相手）と目される種（*S. cordobensis*）を最左列に，サルタ集団におけるモデルと目される（*M. malvifolium*）を最右列に示す。上段はヒトの目から見た通常の写真，下段はハナバチの視覚を考慮して作成した花のイメージ図である。このイメージ図はハチが花から視角にして16°（距離にして6〜9 cm）離れている場合の解像度を想定し，紫外・青・緑の各受容細胞の反応の強さを，ヒトにとっての青・緑・赤に置き換えて色づけされている。

口絵8　花色変化を示すハコネウツギと変化しない（ように見える）近縁種タニウツギ（第3章）
左：ハコネウツギ，右：タニウツギ。

口絵9　ジュウイチ雛の翼のパッチ（第4章）
a: 餌を持って巣に到着したルリビタキの仮親に対し，翼のパッチをディスプレイするジュウイチの雛。
b: 赤外線カメラで撮影された，暗い巣の中で翼のパッチを雛の口と間違え，餌を与えようとする仮親のルリビタキ。

口絵10　翼のパッチの紫外線反射（第4章）
a: ヒト可視光による撮影。
b: 可視光遮断フィルターを用いて撮影したジュウイチ雛の口内と翼のパッチからの紫外線反射。明るさが紫外線反射に相当する。（写真提供／Martin Stevens）

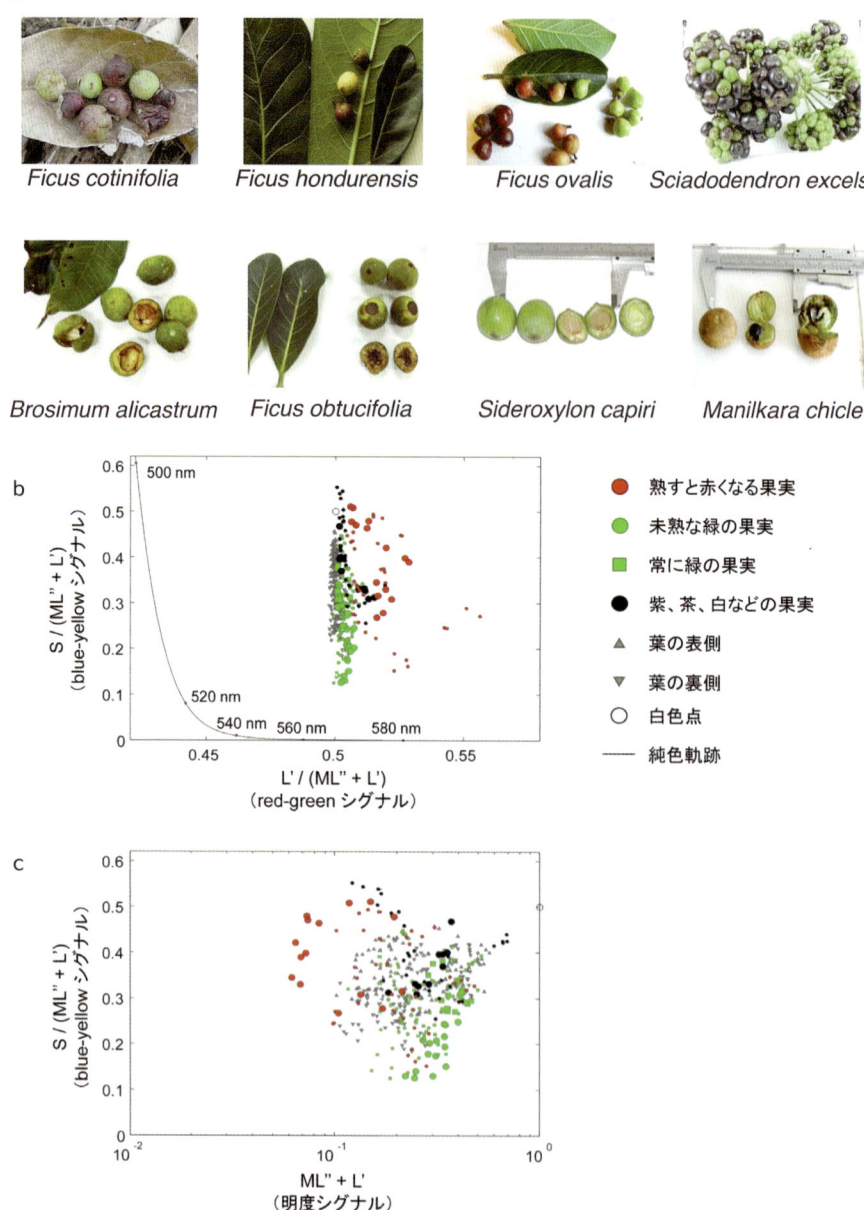

口絵 11　クモザル色空間におけるクモザルが採食した果実の色度（Hiramatsu et al., 2008 より改変）とクモザルの主要果実（第 5 章）
 a: クモザルが採食した主要な果実
 b: red-green シグナルと blue-yellow シグナル
 c: 明度シグナルと blue-yellow シグナル

口絵 12 婚姻色が分化するヴィクトリア湖のシクリッド（第 6 章）

Neochromis greenwoodi は，透明度の高い場所に水域する blue-black 型（**a**）と透明度の低い水域に生息する yellow-red 型（**b**）に婚姻色が分化している。また，*Pundamilia* 属の種では岩場の浅い水深の *Pundamilia pundamilia*（淡青色，**c**）と，それより深い水深の *Pundamilia nyererei*（赤，**d**）に婚姻色が分化している。

透明度による分化

Neochromis rufocaudalis（左）
Pundamilia pundamilia（右）
婚姻色の分化なし

Mbipia mbipi
婚姻色が分化

Neochromis greenwoodi
婚姻色が分化

浅 ← 水深 → 深

口絵 13 ヴィクトリア湖のシクリッドの生息水深の模式図（第 6 章）

口絵 14 林床で種子を運搬するベニツチカメムシの雌親（第 7 章）

口絵 15　ハマカンゾウ（赤）とキスゲ（黄）の花（付録）
　紫外線透過フィルターなしで通常の撮影をしたもの（上）と紫外線透過フィルターをかけて撮影したもの（下）。撮影条件は p. 231, 図 1 を参照。

視覚の認知生態学
―生物たちが見る世界―

種生物学会　編
責任編集　牧野崇司・安元暁子

文一総合出版

Introduction to Cognitive Ecology
-The world seen through the eyes of animals-

edited by
Takashi T. Makino and Akiko A. Yasumoto,
The Society for the Study of Species Biology (SSSB)

Bun-ichi Sogo Shuppan Co.
Tokyo

種生物学研究　第 37 号
Shuseibutsugaku Kenkyu No. 37

責任編集　　　牧野　崇司（山形大学）
　　　　　　　安元　暁子（早稲田佐賀中学校・高等学校）
　　　　　種生物学会　和文誌編集委員会
　　　　　（2013 年 1 月～ 2015 年 12 月）

編集委員長　　陶山　佳久（東北大学）
副編集委員長　藤井　伸二（人間環境大学）
編集委員　　　石濱　史子（国立環境研究所）
　　　　　　　奥山　雄大（国立科学博物館）
　　　　　　　川北　篤　（京都大学）
　　　　　　　川窪　伸光（岐阜大学）
　　　　　　　川越　哲博（京都大学）
　　　　　　　工藤　洋　（京都大学）
　　　　　　　富松　裕　（山形大学）
　　　　　　　永野　惇　（京都大学）
　　　　　　　西脇　亜也（宮崎大学）
　　　　　　　細　　将貴（京都大学）
　　　　　　　安元　暁子（早稲田佐賀中学校・高等学校）
　　　　　　　矢原　徹一（九州大学）
　　　　　　　吉岡　俊人（福井県立大学）

はじめに：生きものの見ている世界を覗いてみよう！

　美しいクジャクの羽やカラフルな果物，枯れ葉に化けたチョウや鳥の糞そっくりなイモムシなど，生きものの世界は私たちの目を引く色・模様・形にあふれている。ほかにも鮮やかな紅葉やホタルの光，毒々しい色のキノコなど枚挙に暇がない。こうした視覚に訴えかける生命現象をまえに，「どうしてこんな模様が進化したのか？」「この色はいったい何の役に立っているのだろう？」と不思議に思う方は多いだろう。

　責任編集者のふたり（牧野・安元）も例外ではない。研究で花を扱う職業柄，変わった色や形をした花を目にするたび興味をそそられる。動物に花粉を運ばせたい植物にとって，花はハチやチョウなどを誘引するための広告として活躍する。そのため私たちは「この花の色はとても目立つので虫を誘引しそうだ」とか「この色は地味なので虫があまり来ないかもしれない」といったように，その役割についてあれこれ考えをめぐらせ，ときとしてその謎を明らかにすべく調査にとりかかる。

　この謎解きを少しばかり難しく，しかしうんと面白くするのが「虫には花が私たちと同じように見えているとはかぎらない」という事実である。ミツバチには私たちには見えない紫外線が見えている，という話を耳にしたことはあるだろうか。専用の機材を使って花の写真を撮ると，なにもないように見えていた花の中央に模様が写ることがある（口絵15）。虫たちはこの模様を手がかりにすることで花の中央に隠された蜜にすばやくありつくことができる。花と虫の秘密のやりとりは，もしかしたら他にも，私たちの想像の及ばないかたちで，今もそこで大胆に行われているのかもしれない！

　このような可能性はもちろん花と虫にとどまらない。ねむたげなウシの眼，つぶらな小鳥の眼，まるで異星人を思わせるハエの複眼など，どの生きものも外見からして私たちとは違った眼を持ち，そこから見える世界も異なっている。たとえばヒトの多くは3種類の視細胞にもとづく3色型の色覚で世界を見ているが，ほとんどの哺乳類は2種類の視細胞が映し出す2色型の，やや色彩に乏しいであろう世界を見ている。一方，ニワトリやキンギョなどは4種類の視細胞の存在から，ヒトよりも豊かな色彩に囲まれていると推察されている。違いは色覚だけではない。視力も生きものによって異なるし，偏光を利用する生物もいる。

　ヒトとはあれもこれも違うとなると，生きものの見ている世界を想像しようにも難しくなるばかりだが，まずは我々の常識を当てはめないのが正しそうだ。「熟れ

た果実の色は種子散布者の目を引くため」とか「枯れ葉にそっくりな姿は捕食者の目を欺くため」といった生態学的な説明は，信号を受けとる生物の視覚特性を考慮しながら慎重に進めなければならない。

その試みをサポートしてくれるのが視覚生理学の知識である。動物がどんな構造で光を受け取り，その情報をどのように処理しているのかについては日々新たな成果が報告されている。私たちには見えない世界を照らしてくれる生理学の知見は，生態学的な現象の解釈の裏付けにとどまらず，これまで見過ごしてきた問題に気づかせてくれるだろう。

では視覚を考慮することで，具体的にどんな面白いことがわかるのか？　本書には，そんな疑問に答える選りすぐりの話題が詰まっている。

本書の内容と見どころ

本書は7つの章と5つのコラム，そして付録からなる（右図）。それぞれの内容と見どころを簡単に紹介したい。

第1章では入門編として，視覚の基礎をヒトの眼を例に紹介する。光や色を感じるしくみを，以降の章で頻出する用語とともに，初学者である主著者（牧野）が初心者の目線で解説した。手前味噌だが，光受容のしくみを見開きに収めた図（p.14～15）は類書にない分かりやすさとなっている。用語の確認などにも役立ててもらいたい。

第2章では昆虫の「複眼」の構造を若桑氏が解説する。解剖学的手法によって明らかとなった，視細胞のバリエーションを増やすための工夫はじつに見事である。また，ハチやチョウといった分類群間だけでなく，チョウの種類によっても異なる眼の中身にも注目したい。

動物が見ている世界は，眼の構造だけではなく，行動実験からもうかがうことができる。コラム1では，私たちが持つ「色の恒常性」という視覚特性が，系統的に遠く離れたアゲハチョウにも備わることを明らかにした行動実験を木下氏が紹介する。

第3章からは視覚を考慮に入れた生態学的な研究の話が始まる。その一番手として，ハナバチから見た花の色の総説（牧野・横山）を載せた。花の遠近に応じて2種類のコントラストを使い分けるハナバチの視覚を概説したのち，その特性をふまえて展開される生態学的研究を紹介する。

第4章の主役は托卵で有名なカッコウの仲間，ジュウイチという鳥である。田中氏は，ジュウイチの雛の翼の黄色い「パッチ」が里親を騙し，多くのエサを運ば

本書の内容
（ローマ数字はコラム）

せることを突きとめる。「このパッチが里親の目にどう映るのか？」 視覚モデルによる解析の結果が，鳥類の視覚とあわせて解説される。視覚モデルについては**コラム2**で取り上げる。

　第5章では，コスタリカの森で果物をさがすサルの調査風景が，魅力的な描写で綴られる。平松氏が対象とするサルは驚いたことに2色型と3色型の色覚の個体が同種内に存在する。「いったいどちらが果物をうまく見つけるのか？」 多型の維持や色覚の進化を考えるうえで興味深い結果が待っている。

　第6章ではアフリカの湖で爆発的な種分化をはたした魚，シクリッドが登場する。「いかなる過程が彼らを種分化に導いたのか？」 透明度の異なる光環境に適応したシクリッドの視覚と，目立つ婚姻色をえらぶメスの行動，そしてそれらの事実から導き出される種分化のシナリオが寺井氏によって鮮やかに描かれる。

　つづいて**第6章**に関連するコラムを2つ並べた。**コラム3**では「植物の」種分化を取り上げる。動物媒植物の種分化において，送粉者相の変化と花色の変異がは

たす役割を安元らが論じた。もうひとつの**コラム4**（針山氏）では，視覚の「時間的」変化を扱う。眼の中身は一定で変わらない，と漠然と思い込んでいる方は多いかもしれないが，そんな思い込みを打ち消す例が針山氏によって紹介される。

第7章は「そもそも視覚情報を利用しているのか？」という問いからはじまる。弘中氏が観察するベニツチカメムシは，親カメムシがエサを見つけては子供が待つ巣に持ち帰る。真夜中の森の中，カメムシが何を手がかりに自らの位置を把握しているのか，様々な「いじわる」を駆使して核心に迫る様子が推理小説さながらに展開される。

最後の**コラム5**では昆虫などに備わる偏光受容のしくみを取り上げる。針山氏による順を追った解説により，視細胞の構造しだいで偏光受容が可能となるメカニズムが理解できるだろう。途中，野外観察ではまず気づかない，ある制約の存在も示唆される。しくみを知ることの重要性を，本書の締めくくりに再度，実感していただければと思う。

巻末に付録として，粕谷氏による紫外線写真の撮影法の解説を載せた。研究で必要としている方，紫外線が照らす世界を覗いてみたい方に活用していただきたい。

この本が生まれた背景

本書が生まれた背景についても述べておきたい。この本は，2009年12月に八王子で開催された種生物学会第41回シンポジウム「生きものの眼をとおして覗く世界：生理学が支える認知生態学の可能性」の内容を中心に構成されている。認知生態学（Cognitive Ecology）とは，動物の感覚や学習などの認知・情報処理機構を考慮に入れながら生物どうしや環境との相互作用をあつかう分野を指し，その認知生態学を銘打った大きな集会の開催は私たちの知るかぎり国内では初めてのことであった。

国内初と聞いて「なるほど新しい分野なのか」と思う方がいる一方で，「本当になかったの？」といぶかしむ声もあるだろう。なにしろ生きものの感覚を考慮することは（認知生態学という言葉に馴染みはなくても）理屈としてはごく当然であり，とくに新しさ感じるアイデアではない。それが証拠に認知生態学を冠した最初の教科書『Cognitive Ecology』が刊行されたのは1998年のことであり（Dukas, 1998），2009年にはその続編も出版されている（Dukas & Ratcliffe, 2009）。企画者のふたりが専門とする送粉生態の分野でも，10年以上もまえに『Cognitive Ecology of Pollination』が編集されているし（Chittka & Thomson, 2001），色覚モデルにもとづく花色の解析はそれより前から存在している。新しいとは言えない。

それでも国内の，たとえばマクロ系の学会で認知生態的な研究を目にする機会は少なかった。その理由を意地わるく考えるなら，①つまらない，②すでに流行ったあと，③企画者が知らないだけ（じつは盛んに行われている），などの候補があげられよう。しかし私たちがシンポジウムで目の当たりにした会場の熱気は，上記のいずれも否定していたように思う。やはり新鮮な印象を与える，面白い分野なのである。

　ではなぜ少ないのか。ほかに思い当たる理由に生理学と生態学のあいだに横たわる壁があげられる。たとえば研究室配属を控えた生物系の学生が，まずミクロかマクロかで分野をえらぶように，生理学と生態学は別の学問のように扱われている。そして生態学に進んだ学生が生理学の教科書をひらく機会も，その逆も，年を追うごとに少なくなるのが一般的だろう。どちらも同じ生物学でありながら両者の交流は非常に少ない。

　だからといって互いに無関心かと言えば必ずしもそうではないように思える。野外で見かけた行動を支配する生理メカニズムが気になる生態学者もいれば，実験室で見つけた生理的なしくみが持ち主の暮らしにどのように活かされているのか，興味を抱く生理学者もいるだろう。猛烈に知りたいわけではないけれど，「ちょっと気になる」程度なら誰にでも覚えがあるのではないだろうか。

　ささやかな興味ゆえ，初めの一歩を踏み出すまでに至らないのかもしれない。分野の細分化が進んで学ぶべき知識もふえるなか，異分野においそれと手を出せない事情も理解できる。専門的な内容に歯が立たないこともある。かくいう私（牧野）も送粉者の色覚モデルと格闘しながら，気軽に相談できる専門家が身近にいればと何度思ったことだろう。個人でカバーできる範囲には限りがある。ならば気になる者同士で知識を持ち寄ってはどうか。小さな好奇心はちょっとした交流を契機に，想像もしない発見につながるかもしれない。

　そうした交流の呼び水になれば，という願いが本書には込められている。両者の狭間にある認知生態学は，その名に生態学を冠してはいるけれども，どちらの分野からも興味を持って参加できる「生物学」を展開する舞台としてうってつけではないだろうか。生理学が追求する至近要因と生態学が解き明かす究極要因，その二つ

Dukas, R. D. (eds.) 1998. Cognitive ecology. The University of Chicago Press, Chicago and London.

Dukas, R. D. & J. M. Ratcliffe (eds.) 2009. Cognitive ecology II. The University of Chicago Press, Chicago and London.

Chittka, L. & Thomson, J. D. (eds.) 2001. Cognitive ecology of pollination. Cambridge University Press, Cambridge.

を結んで紡がれる物語の数々は，分野の枠を越え，すべての生きもの好きの心を魅了するにちがいない。

むすびに

　背景についてあれこれ述べたが，重要なのは認知生態学という名前ではなく，分野の枠にとらわれず，必要な知見を自由に取り入れる姿勢であることを強調しておきたい。シンポジウム前夜の懇親会にて演者の何人かに尋ねてみたところ「知りたいことを調べていたら両者にまたがっていただけで，とくに分野を意識したことはない。」との答えが返ってきて私たちはその思いを強くした。ゆくゆくは認知生態学という仰々しい名前が消えてなくなるほどに感覚の考慮がありふれたものになってもらいたい。

　なお，生きものは視覚のほかにも聴覚・嗅覚・味覚といった様々な感覚を日々の生活に役立てている。本書はたまたま視覚を特集したが，基本的な考え方はどんな感覚にも共通することも申し添えておく。

　本書によって，感覚を考慮することの面白さが一人でも多くの方に伝わるとしたら，そして将来，本書をきっかけに新たな発見がもたらされるとしたら，企画者としてこの上ない喜びである。生理学からはじめて徐々に生態学寄りの内容にシフトしていく目次構成としたが，琴線に触れた章・コラムから読み進めていただいて構わない。生きものたちが見ている多種多様な世界を，目いっぱい，楽しんでもらいたい。

2014 年 3 月
牧野崇司（山形大学理学部）
安元暁子（早稲田佐賀中学校・高等学校）

視覚の認知生態学
− 生物たちが見る世界 −

目　　次

はじめに：生きものの見ている世界を覗いてみよう！

第1章　視覚の基礎知識：ヒトの眼を例として
　　　　　　　　　　　　　　　　　　　牧野 崇司・蟻川 謙太郎　*11*

第2章　複眼の構造：工夫をこらした仕組みの妙
　　　　　　　　　　　　　　　　　　　　　　　　若桑 基博　*29*

コラム1　行動から探るチョウの色覚　　　　　　　　木下 充代　*51*

第3章　ハナバチに見えている（あなたの知らない）花の世界
　　　　　　　　　　　　　　　　　　　　牧野 崇司・横山 潤　*63*

第4章　色を操る悪魔の子——托卵鳥ジュウイチの雛：
　　　　—鳥類における色を用いたコミュニケーションと，寄生者による搾取—
　　　　　　　　　　　　　　　　　　　　　　　　田中 啓太　*85*

コラム2　視覚モデル：色の数学的再構築　　　　　　田中 啓太　*111*

第5章　サルの果物さがし：
　　　　2色型と3色型の比較から迫る色覚の適応的意義　　平松 千尋　*115*

第6章　環境が生み出す新しい種：光環境への適応がもたらす
　　　　シクリッドの種分化　　　　　　　　　　　寺井 洋平　*151*

コラム3　花色の変異からはじまる植物の種分化？
　　　　　　　　　　　　　　安元 暁子・新田 梢・牧野 崇司　*171*

コラム4　視覚世界の時間変化　　　　　　　　　　針山 孝彦　*179*

第7章　迷わぬ森のカメムシ：キャノピー定位による視覚ナビゲーション
　　　　　　　　　　　　　　　　　　　　　　　弘中 満太郎　*193*

コラム5　偏光を感じる生き物たち　　　　　　　　針山 孝彦　*215*

付　録　見えない世界を見るために：紫外線写真の撮影法　　粕谷 英一　*227*

　執筆者一覧　*234*

　　索引　*235*

第1章 視覚の基礎知識：ヒトの眼を例として

牧野 崇司（山形大学理学部）
蟻川 謙太郎（総合研究大学院大学）

はじめに

　紫外線を利用する鳥や複眼で花を探すハチなど，この本には私たちとは異なる眼を持つ生きものの話がつづられている。彼らが目にする世界を想像するにはその世界をもたらす視覚メカニズムを知っておく必要がある。いずれの章もそうした点に配慮して書かれているので心配は無用だが，ある程度の予備知識があればさらにスムーズに読み進められるだろう。そこで第1章では，あらかじめ理解しておくと役立つであろう視覚の基礎知識を「ヒト」の眼を例に解説する。他の生きものから始めないことを遠回りに思うかもしれないが，ヒトの眼の基本構造は脊椎動物で共通しているし，光受容を担うオプシンタンパク質は脊椎動物，無脊椎動物を問わず動物界に広く存在している。視覚現象を，自らの体験に照らし合わせて学べる利点も大きい。ヒトの眼から始めることが，他の生物の視覚を理解する一番の近道だ。

　なお，この章の大部分は視覚の勉強を始めて間もない私（牧野）が執筆し，昆虫の視覚研究を専門とする蟻川が監修した。専門家による教科書が数多く存在するなか，この章の特色は初学者が主著者を務めた点にある。私が学習時につまづいた経験を活かしながら，なるべく具体的で，かゆいところに手が届く解説をこころがけた。以降の章への準備は，この入門編に任せていただきたい。それではさっそく，私たちがどのように光の世界を見ているのかを学ぶことにしよう。

1. 光とは何か？

　光は電磁波の一種である。電磁波と聞いて真っ先に思い浮かぶのは携帯電話だろうか，それともテレビやラジオの電波だろうか。こたつから出る赤外線，日焼けをおこす紫外線，電子レンジのマイクロ波，レントゲンのX線など，例はほかにも挙げられる。これらは名前も用途も異なるため，どれも別物だと思われるかもしれないが，光も含めてすべて電磁波である。波と粒子の性質をあわせ持ち，振動しながら空間を伝わっていくことに変わりはない。異なるのは波の1周期の長さ，すなわち波長だけである。さきほどの例を波長の短いものから順にならべると，X線，

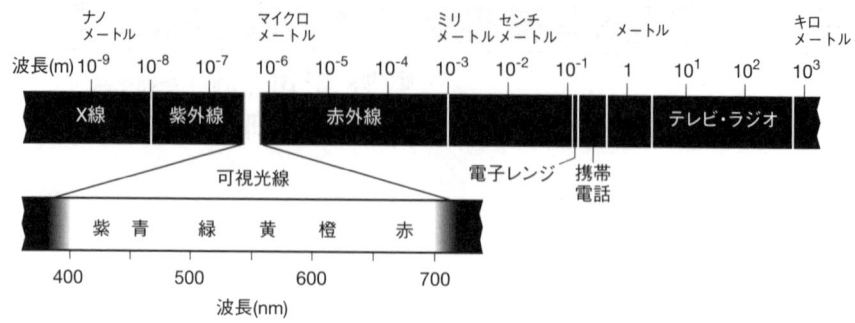

図1 電磁波の種類と可視光線の範囲

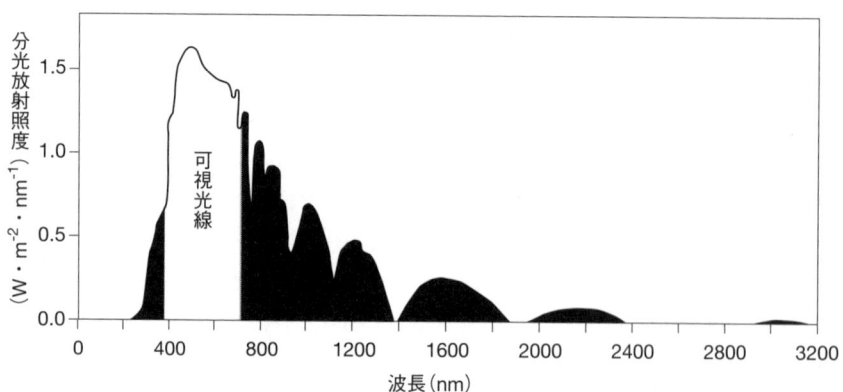

図2 太陽から地表に届く電磁波エネルギーの分光スペクトル (Kirk, 1994を改変)

紫外線，赤外線，マイクロ波，携帯電話，テレビやラジオの電波となる（図1）。私たちが光として感じる，いわゆる可視光線と呼ばれる電磁波は，紫外線と赤外線の間，およそ400 nmから700 nmのごく限られた範囲に位置している。なお，ヒトにとって重要な光源である太陽から地表に届く電磁波のエネルギーのうち，半分近くがこの波長帯に集中している（図2）。

　私たちが目にする光のほとんどは，光源から直接眼に飛び込むのではなく，物体に当たって反射してから眼に届く。光が物体に当たると一部がその表面によって吸収される。そのため反射光のスペクトル（反射スペクトル）は，光源の放射スペクトル（光源スペクトル）とはちがったものになる。吸収される光の波長帯は物体の表面の特性によって異なる。たとえば赤いリンゴは短波長から中波長の光をよく吸収し，一方で長波長の光を反射する（図3）。そのためリンゴからの反射スペクトルは長波長に偏り，これがヒトには赤く見える。また植物の葉は長波長と短波長の

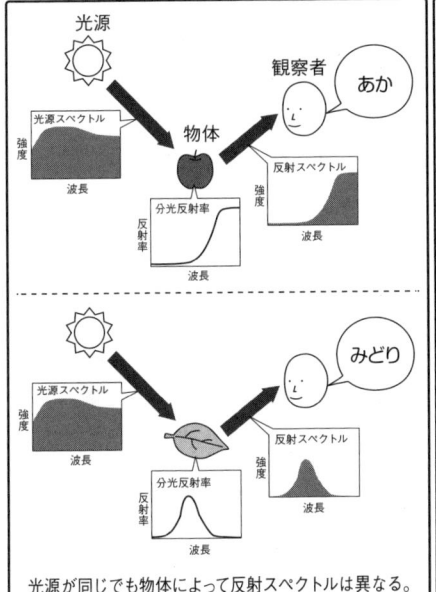
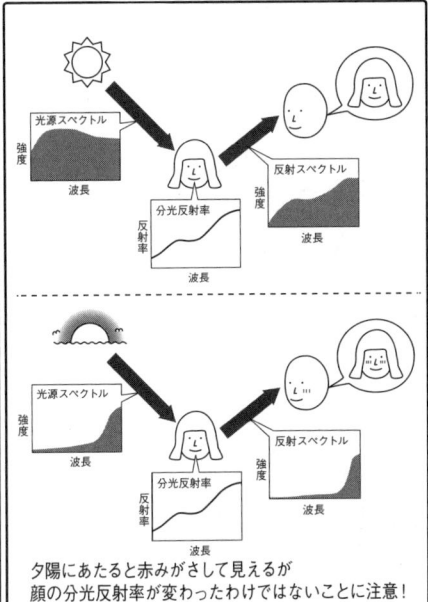

図3 光源スペクトルと分光反射率によって決まる物体の反射スペクトル

光をよく吸収し，中波長の光を反射する。これが私たちには緑に見える。なお，ここで赤や緑といった色の名前が出てくることからわかるように，私たちはスペクトルのちがいを色のちがいとして認識している。

　色覚についてはのちほど解説することにして，ここで強調したいのは，物体の反射スペクトルがふたつの要素，物体の分光反射率（波長ごとに反射する光の割合）と光源スペクトルによって決まることである。通常，物体の分光反射率は環境によって変化しない。しかし光源スペクトルは，晴れの屋外，暗い森のなか，電球で照らされた室内など，環境によって変化する。そのため同じ物体でもその反射スペクトルは環境に応じて変化する。たとえば同じ人の顔でも夕焼けのなかで見れば赤みがさして見える。これは顔の分光反射率が変わったからではなく，長波長を多く含む夕陽の光源スペクトルによって反射スペクトルが長波長に偏るためである（図3）。

2. 光を受けとるしくみと情報伝達の経路

　この節では光を受けとるしくみと情報伝達の経路について解説する。全容をまと

14　第 1 章　視覚の基礎知識：ヒトの眼を例として

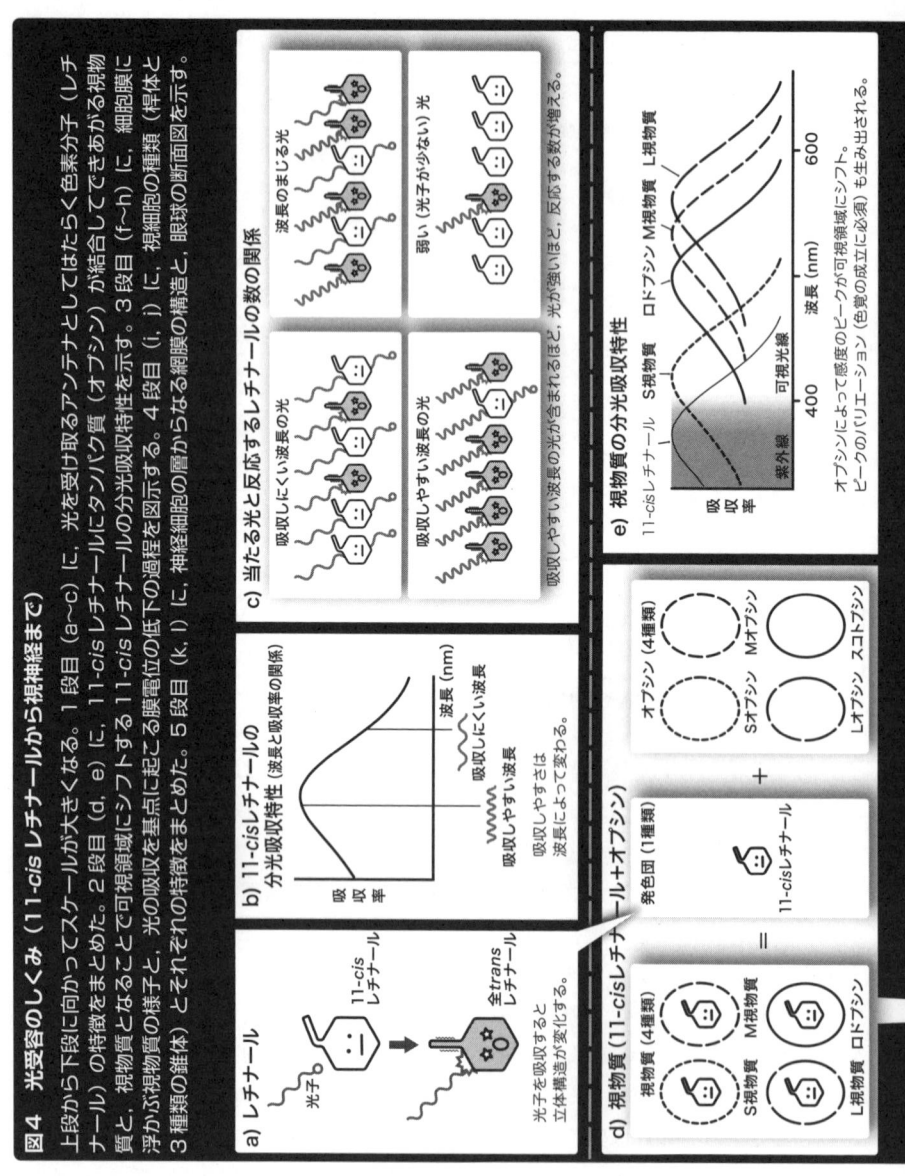

図 4　光受容のしくみ (11-cis レチナールから視神経まで)
上段から下段にかけてスケールが大きくなる。1 段目 (a~c) に，光を受け取るアンテナとしてはたらく色素分子 (レチナール) の特徴をまとめた。2 段目 (d, e) に，11-cis レチナールとタンパク質 (オプシン) が結合してできあがる視物質と，視物質となることで可視領域にシフトする 11-cis レチナールの分光吸収特性を示す。3 段目 (f~h) に，細胞膜に浮かぶ視物質の様子と，光の吸収を基点に起きる膜電位の下降の過程を図示する。4 段目 (i, j) に，視細胞の種類 (桿体と 3 種類の錐体) とそれぞれの特徴をまとめた。5 段目 (k, l) に，神経細胞の層からなる網膜の構造と，眼球の断面図を示す。

めた図 4 を参照しながら読み進めていただきたい。

　はじめに眼の構成要素をおおまかに紹介する。図 4 の右下に示した眼球の断面図 (図4-l) にあるように，外界から入射した光は角膜と水晶体で屈折したのち，眼球の底にはりついている網膜に像を結ぶ。結ばれた像は網膜のいちばん奥の層を形

2. 光を受けとるしくみと情報伝達の経路　15

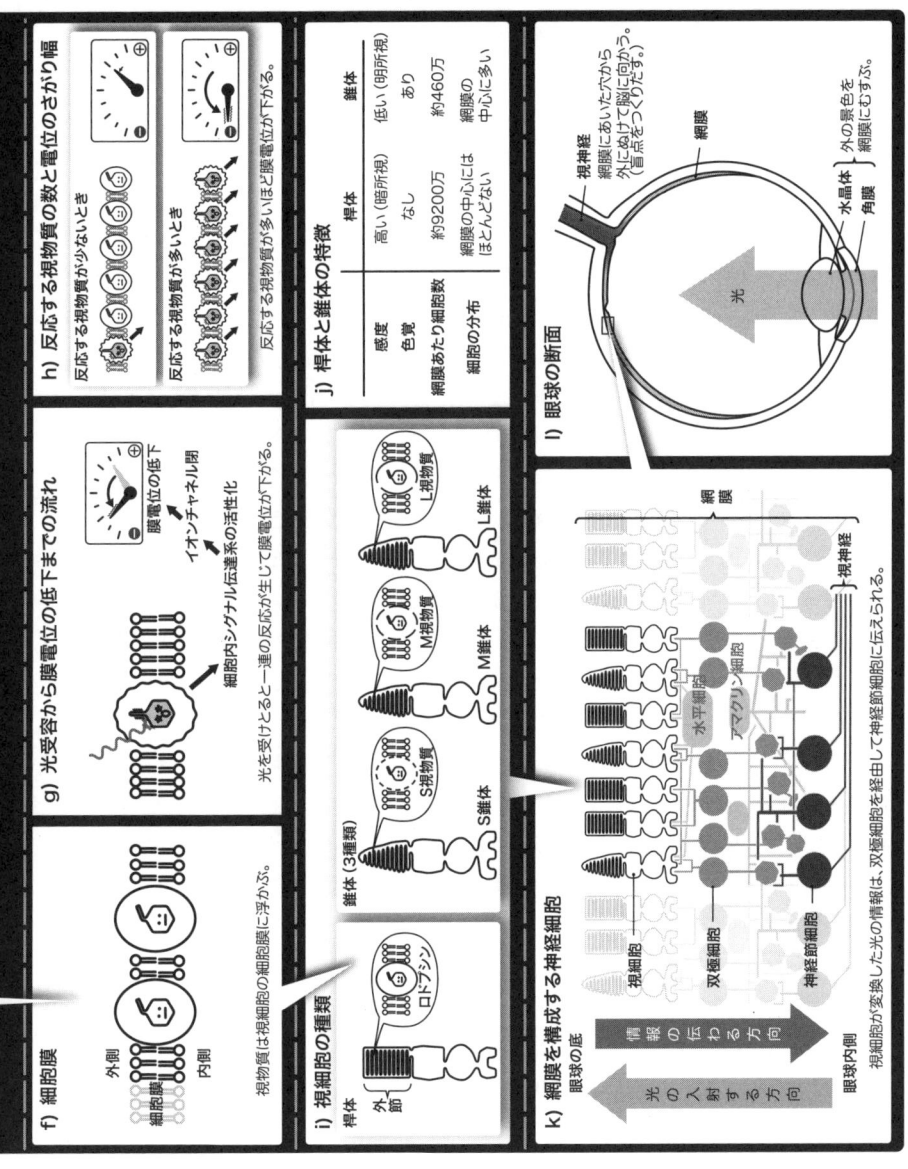

成する視細胞（図4-k）によって電気信号に変換される。視細胞の細胞膜には、視物質とよばれる色素タンパク質が無数に存在している（図4-f）。視物質はオプシンというタンパク質と11-*cis*レチナールという色素分子からなり（図4-d），この11-*cis*レチナールが光に反応する（図4-a）。以下，11-*cis*レチナールから順に，光

の情報が伝わる過程を詳述していく。

　テレビのアンテナが番組の電波を捉えるように，眼の中では11-*cis*レチナールが光を受けとるアンテナの役割を果たす。11-*cis*レチナールはビタミンAから作られる（ビタミンAの不足が視力の低下を招くという話はこの事実に由来している）。11-*cis*レチナールは光をとらえると立体構造が変化して全*trans*レチナールになる（図4-a）。光を粒子としてとらえるとき，その粒のことを光子（または光量子，あるいはフォトン）とよぶ。11-*cis*から全*trans*への変化は，この光子1つを吸収することで生じる。ただしレチナールが光子を吸収する効率（11-*cis*から全*trans*への変化のしやすさ）は光の波長によって異なる（図4-b）。アンテナの種類によって受信しやすい波長が変わるように，11-*cis*レチナールにも吸収しやすい波長が存在するのだ。その吸収のピーク（最大吸収波長）はおよそ370 nmで，それより波長が長くても短くても吸収効率は下がる。したがって反応するレチナールの数は，吸収ピークに近い波長の光が当たるほど，また強い光が当たるほど（光子の数が多くなるほど）増加することになる（図4-c）。なお，レチナールの最大吸収波長(370 nm)は紫外域にあり，そのままでは可視光線を捉えにくい。

　この問題をオプシンが解決する。オプシンは細胞膜に存在する7回膜貫通型のタンパク質で，11-*cis*レチナール分子を1つ取り込んで視物質と呼ばれる色素タンパク質を構成する。ヒトは4種類のオプシンを持っており，それぞれがレチナールと結合して4種類の視物質となる（図4-d）。すなわちロドプシン，S視物質，M視物質，L視物質である。オプシンと結合したレチナールの感度は可視光域にずれ，結合するオプシンの種類によって異なる波長にピークを示すようになる（図4-e; 最大吸収波長：ロドプシン，496 nm；S視物質，419 nm；M視物質，531 nm；L視物質，558 nm; Dartnall *et al.*, 1983）。オプシンは可視光線を捉えやすくするだけでなく，最大吸収波長のバリエーションを生み出すのだ。6.で詳述するように，このバリエーションは色覚の成立に必須である。なおオプシンは，鳥や魚，虫を扱う以降の章でもたびたび登場するように，脊椎動物，無脊椎動物を問わず動物界に広く存在しており（Shichida & Matsuyama, 2009），視覚を学ぶうえで外すことのできないタンパク質と言える。

　11-*cis*レチナールとオプシンからなる4種類の視物質は，それぞれ決まった種類の視細胞で発現する（図4-i）。視細胞には大きく分けて2種類，暗いところではたらく桿体と，明るいところではたらく錐体が存在する。どちらも細胞膜が何層にも重なった外節という構造を持ち，両者はその形によって容易に区別される。錐体はさらに3つのタイプ（S錐体，M錐体，L錐体）に分かれるため，視細胞は合計4

種類となる。これらの視細胞の外節に視物質が大量に発現する。ロドプシンは桿体に、S, M, L視物質はS, M, L錐体にそれぞれ発現する。1つの視細胞に2種類以上の視物質が発現することはない。

視細胞は受けとった光を電気信号に変換する。このとき細胞内部では次のような変化が起こる（図4-g）。まず、視物質に光があたると11-*cis*レチナールが全*trans*レチナールに変化し、その変化をうけてレチナールをつつんでいるオプシンの構造も変化する。そこからさらに細胞内シグナル伝達系が活性化され、イオンチャネルが閉じ、膜電位の低下を引き起こす。この反応が細胞膜のあちこちで起こるほど膜電位は低下する。つまり視物質の吸収ピークに近い波長の光があたるほど、また強い光があたるほど反応する視物質が増え、電位が下がる（図4-h）。光はこうして電気信号の強弱に変換される。

視細胞は眼球の底に張りつく網膜のいちばん奥に敷きつめられ、1枚のシートを形成している（図4-k, l）。眼の角膜や水晶体はこの視細胞のシートに外の景色を投影する。このとき視細胞の1つ1つが光センサーとしてはたらき、それぞれの位置に応じた出力を返す。そのため投影された景色はこの段階で光の情報を持つ点の集まりとして変換されることになる。デジタルカメラで撮影した画像が点の集まり（いわゆるモザイク絵・ドット絵）でできていることは読者の方もおそらくご存知だろう。実は私たちも同じ原理で世界を写しとっているのだ。

視細胞が変換した光の情報は以下の経路で脳に運ばれる。視細胞の応答はまず、視細胞層の隣で層を成す双極細胞を経由し、さらに次の層を構成する神経節細胞に伝えられる（図4-k）。神経節細胞から伸びる軸索は網膜の中央付近にあいた穴[*1]に集まり、視神経となって眼球の外に抜け、脳に向かう（図4-l）。網膜には他にも水平細胞やアマクリン細胞が存在する（図4-k）。水平細胞は文字どおり横に伸び、複数の視細胞と連結している。

なお私たちが、視細胞の応答をそのまま脳内のスクリーンに投影するようなしくみで物を見ているかと言えば、そうではないことに注意したい。というのも私たちの視覚システムは、視細胞の応答から色や輪郭、動きなどさまざまな情報をとり出し、その情報をもとに組み立てた世界を私たちに見せている。たとえば図5を使って体験できる盲点の補正などは、情報処理のわかりやすい例である。また、視細

---

*1：この穴が「盲点」を作り出す。ここには視細胞は存在しないため、相当する領域の視覚情報が抜け落ちることになる。したがって私たちの視界は「穴開き」となるはずだが、ふだん私たちがこの「盲点」を意識することはない。脳が自動的に穴を埋めているためである。図5を使うと盲点の存在と脳による補正を体験できる。

図5 盲点
左目を閉じ，右目で (a) の × を見つめながら，視線をずらさず，本をゆっくり近づけたり遠ざけたりすると，途中で○が消える位置があるはずである。これは○がちょうど網膜の「穴」に投影されるために起こる。(a) では消えた○は白で埋められるが (b) では黒で埋められる。これは脳が自動的に，盲点に位置するであろう色で情報の欠落を補っていることを示す。

胞は網膜におよそ1億個も存在するのに対し，その情報を脳へと送る神経節細胞の軸索はおよそ100万本しかない。これは情報の圧縮や解析が網膜の段階ですでに始まっていることを示唆している。私たちは網膜に映ったままではなく，脳神経系によって加工された世界を見ているのだ。この情報処理については6.で解説する。

3. 視力

　ここでは視覚刺激の空間的な細かさを識別する能力，いわゆる視力について解説する。健康診断などで測る機会もあるため，読者の方も自身の視力についておよその値をご存知だと思う。ちなみにメガネをかけた私の矯正視力は1.2で，数値からまずまずの視力であることがうかがえる。ここで他の生きもの，たとえばミツバチの推定視力が0.01（蟻川, 2007）だと耳にすれば，「ずいぶん悪い」と思うだろう。しかし，具体的にどれほど悪いのかと問われると言葉に詰まるかもしれない。他の生きものが見ている世界に迫るには，視力の定義も理解しておくべきである。ここでは視力について学んでいく。

　では手始めに視力検査について考えたい。視力検査と聞いて真っ先に思い出すのは「C」の字ではないだろうか。より小さな円の切れ目がわかるほど視力が高いと判定されるあのCの字である（正式にはランドルト環と呼ぶ）。このCの切れ目

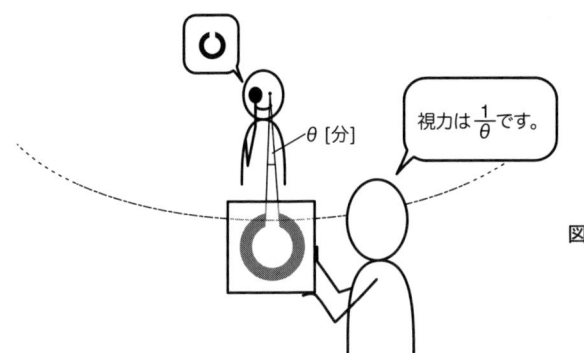

図6　視力検査
視力は，Cの字の切れ目がギリギリ見えるときのθ（最小視角）の逆数として定義される。

の長さや被験者までの距離はある定義にもとづいて厳密に決められている。たとえば視力1.0を判定するCの切れ目は1.5 mm（国際規格では1.4544…mm），被験者までの距離は5 mである。図6に示す通り，この3つの数値（視力・切れ目の長さ・被験者までの距離）には次の関係がある。視力1.0を判定するCの場合，その切れ目の両端から被験者の眼に向けて2本の線を伸ばすと，線の交わる角度（視角）が1分となる（分は角度の単位；1分＝1/60度）。視力検査では切れ目をギリギリで識別できる視角（最小視角）を探し，その逆数を視力とする。したがって被験者が1.5 mmの切れ目まで識別できれば最小視角は1分であり，視力はその逆数をとって1.0となる。被験者がより細かい，たとえば0.75 mmの切れ目まで識別できれば最小視角は0.5分となり，視力は2.0と判定される。

　この関係を理解していれば，物体の識別に必要な隙間の長さを視力から求めることができる。視力を$1/\theta$（最小視角θ[分]），識別したい物体までの距離をrとおいたとき，識別に要する隙間の長さは，半径r，中心角θで描かれる弧の長さ$2\pi r \times \theta / 21600$で近似できる。この式にしたがえば，たとえば視力1.2の私が100 m先にある物体を見分けるには約2.4 cmの隙間を要することがわかる。ほかにも，ある隙間を識別するのにどれだけ近づく必要があるのかも計算できる。たとえば1 cmの隙間の場合，視力1.2の私なら対象におよそ41 mまで近づいたところで隙間を認識できる。しかし推定視力0.01のミツバチは，なんと34 cmまで近づかないと1 cmの隙間を認識できない計算になる。このように視力・視角・距離の関係をおさえておけば視力を具体的に把握することができる。

　視力についてはもう1つ，視細胞の密度との関係も覚えておきたい。私たちがふだん話題にする視力の良し悪しは，ピントの調整がうまくいくかどうかにかかっている。しかしどれだけピントが合ってもそれ以上は細かく見えない上限が存在す

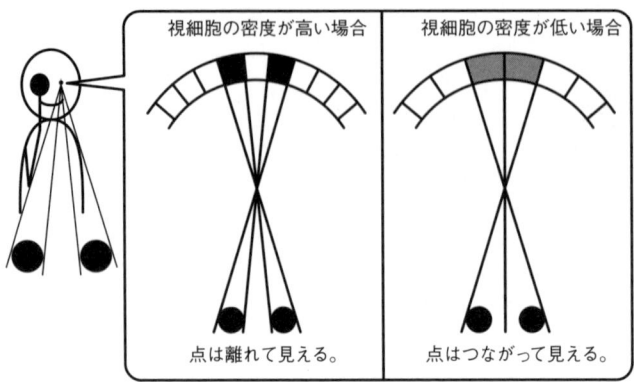

図7 視力と視細胞の密度との関係

る。この上限を決めるのは視細胞の密度である。白い背景に打たれた黒い2点を考えよう（図7）。この2点が離れているように見えるには，原理的には最低3つの視細胞が必要になる。すなわち●○●のように，両隣とは異なる応答を返す視細胞が間にはさまらないといけない。でないと2つの点はつながって1つの点とみなされてしまう。これを防ぐには視角あたりの視細胞を増やす必要がある。視力は視細胞の密度が高いほど良くなるのだ。しかし視細胞の高密度化は体の小さな生きものほど難しい。おおまかな傾向ではあるが，体の大きな動物種ほど最小視角が小さい（推定視力が良くなる）ことが示されている（Kirschfeld, 1976）。

　視力と視細胞の密度との関係は，私たちの身をもって実感できる。実はヒトの視細胞の密度は網膜の中央付近（中心窩）で極端に高い。そのため視界の中央ではきめの細かい像を得られるが，それ以外の領域では像が粗くなる。私はかねてから，視界のすみに入った物を視線を変えずによく見られないことを不思議に思っていた。しかし今回の執筆を通じて，それが眼の構造に起因していることを知り合点がいった。私たちが詳しく見たい物に目を向けるのは，視細胞の密度が高い網膜の中央でのみ，物が細かく見えるからである。

4. 時間分解能

　前節ではいかに細かく物を見られるかという空間分解能の話をした。では，私たちはどこまで細かい「時間単位」で物を見ることができるのだろう。目のまえにピカピカと明滅する電球があったとする。この明滅の間隔をせばめていくと（周波数を上げていくと），はじめはハッキリ見えていた明滅がしだいにちらつきに変わっていく。さらに周波数をあげていくと，ある時点でちらつきさえ感じなくなる。

この，ちょうどちらつきがなくなるときの周波数を臨界融合周波数とよぶ。ヒトの臨界融合周波数は刺激の明るさによって変わるが，およそ25〜30 Hz（回/秒）である。私たちにはこれより短い間隔で明滅をとらえることはむずかしい。実際，交流電源につないだ電球は明滅を繰り返すが，その周波数は臨界融合周波数よりも高いため（50または60 Hz）私たちは明滅に気づかない。ほかにも私たちは，映画が不連続な絵をコマ送りで表示していることにも気づかない。これもヒトの眼の時間分解能にかぎりがあるためである。

しかし時間分解能にすぐれた生きものもいる。ちらつき光に対する複眼の反応から推測すると，ハエの臨界融合周波数はおよそ200 Hzである。視覚情報をどう処理するのかまでは分かっていないので確証はないが，おそらくハエには電球の明滅がわかる。より細かな時間間隔で像を得られるハエの目からすれば，彼らを追い払おうとする私たちの動作は，なんとも間の抜けたスローモーションに見えているのかもしれない。

5. 暗所視と明所視

新月の夜の星明かりから昼間の太陽光まで，私たちはさまざまな明るさのもとで物を見ることができる。これは何でもないことのように思えるかもしれないが，その明るさはエネルギーにしておよそ10桁，つまり百億倍ものひらきがある。この途方もない明るさの幅に対応するため，私たちは感度の異なる2種類の視細胞を用意している。すなわち暗いところではたらく（弱い光でも反応する）桿体と，明るいところではたらく錐体である。それぞれの視覚を暗所視，明所視とよぶ。

桿体と錐体のちがいに対応して，暗所視と明所視では視覚特性が異なる。代表的なものは色覚である。詳しくは次節で説明するが，複数種類の錐体がはたらく明所視では色が見えるのに対し，桿体しか機能しない暗所視では色はわからない。ほかにも，明所視と暗所視では物がよく見える領域が異なる。視力の節で視細胞の密度が網膜の中央で高くなることを紹介した。この視細胞は錐体で，それゆえ明所視では視野の中心がきめ細かに見える。一方で桿体は中心部にはほとんど存在しない。そのため暗所視では視野の中心ではなく，中心からややずれた領域のほうがよく見える。この事実を学んだ私はその晩さっそく暗い部屋で目を凝らし，視線を向けた物が本当に消えてしまうことに驚いた。驚きのあまりしばらく夢中で遊んでしまったほどである。百聞は一見にしかず，ということでぜひ試してほしい。

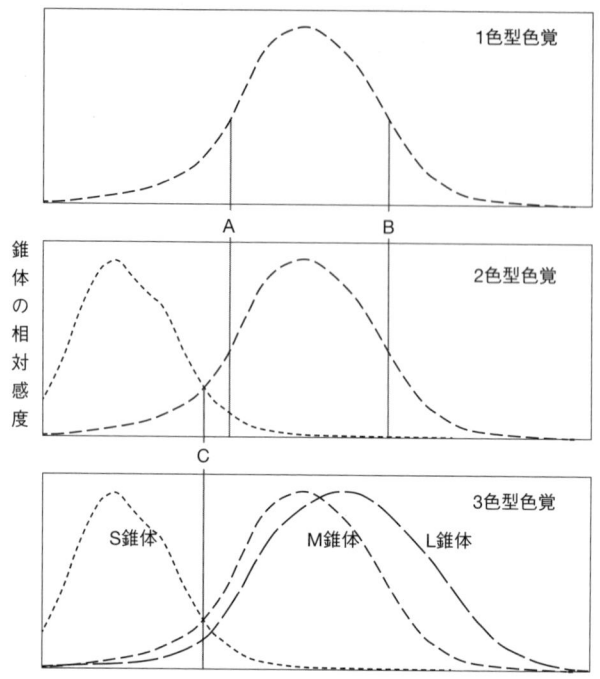

図8 錐体の数と波長弁別能の関係

6. 色覚

　私たちが目にする世界は色にあふれている。赤い電車，黄色いヒマワリ，青い空，白い雲，緑の森などなど，物には色がついて見える。多彩な色は見た目に楽しいだけでなく，私たちの生活に役立つ存在でもある。交差点を渡れるのは青信号のおかげだし，小銭入れから五円玉がパッと見つかるのも色のおかげである。食べごろのバナナも，ヒーロー戦隊のリーダーも一目瞭然である。私たちは色をたよりに物を見つけたり，見分けたり，状態を判断したりしている。色が見えるのは当たりまえでふだん意識することはないが，いったいぜんたい，どうして物には色がついて見えるのだろう？　この節では色が見えるメカニズムを解説する。

6.1. 物体の反射スペクトルから錐体の出力まで

　まずは虹に色がついて見えるしくみから考えよう。虹は，波長の短いものから長いものまで，光が順に並んだものである。虹のなかにはさまざまな色が見える。色が見えるのは，私たちが波長のちがいを認識できるからにほかならない。
　どうして波長のちがいがわかるのか。それは錐体のおかげである。2. で述べた

ように，私たちは異なる波長に感度のピークを持つ3種類の錐体（S, M, L錐体）を持っている。色覚が成立するポイントは，種類が「複数」存在する点にある。実は，1種類では波長を弁別することができない。仮にM錐体しかない場合を考えてみよう（図8上段）。このとき，たとえば波長Aの光が当たる場合と波長Bの光が当たる場合とで錐体の反応は等しくなる。これでは両者を混同してしまう。それでも感度曲線を見てピークの波長となら区別できるのでは，と思うかもしれない。しかしそれも不可能である。たとえ感度の低い波長であっても，強い光が当たれば錐体の出力は大きくなるからだ。つまり錐体が1種類では，たとえ出力に強弱が生じても，それが光の強さによるものか，それとも波長のちがいによるものかを区別できないのである。波長のちがいがわからなければ色をつけられない。錐体が1種類の世界では，虹はモノクロの濃淡に見えるのだ。なお，この理屈は桿体のみが機能する暗所視にあてはまる。暗いところで色が見えないのはそのせいである。

　錐体が2種類にふえるとモノクロの虹に色がつく。さきほどの例にS錐体が加わったとしよう（図8中段）。するとそれまで弁別できなかったAとBの光が，S錐体の反応をたよりに識別できるようになる。こうして広い範囲で波長のちがいがわかるようになり，色が見えるようになる。ただしまだ色のつかない波長が存在する。2つの感度曲線が交わる部分（波長C）である。この波長Cに対してS錐体とM錐体は同じ出力を返す。そして同様の反応は，すべての波長をまんべんなく含む白色光があたるときにも生じる。それゆえ波長Cは白色光と区別がつかない。このように2種類の錐体では虹のなかに色のつかないモノクロの部分が残る[*2]。

　モノクロの混じらない虹は3つ目の錐体が加わることでもたらされる（図8下段）。さきほどの波長Cも，L錐体の出力のちがいによって白色光と区別できるようになる。図の左端から右端にかけて，3つの錐体の出力がさまざまに変化している。この3つの値がカラフルな虹を生み出しているのだ。

　ここまでは単波長の光の弁別について説明してきたが，さまざまな波長が混じりあう光でも，3種類の錐体で色が決まることに変わりはない。波長の混じる光に対する錐体の出力は，各波長に反応した視物質を足し合わせた量で決まる。たとえば長波長に偏ったリンゴの反射光によく反応するのはL視物質である。ゆえに各錐体の出力はS＜M＜Lの順に大きくなり，リンゴの色は赤として処理される（図9）。

---

*2：実際に錐体を2種類しか持たない人もおり，これはいわゆる色覚の遺伝的多型である（第5章Box4も参照）。色覚に多型が生じるメカニズムを紹介しながら，すべての人に見やすいプレゼンテーションの方法を説明した解説文（岡部 & 伊藤 2002, http://www.nig.ac.jp/color/barrierfree/barrierfree.html）が公開されているので，そちらも参照されたい。

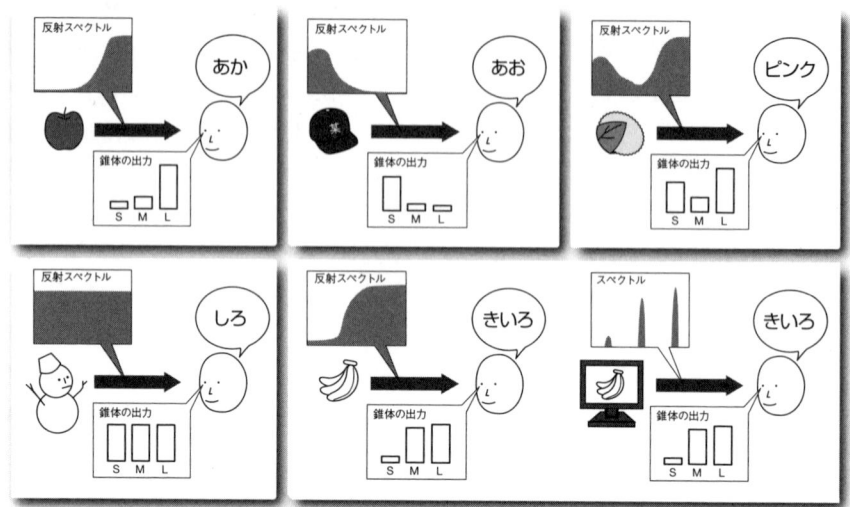

図9 反射スペクトル・錐体の出力・色の関係
色は錐体の出力によって決まる。そのため右下のバナナの例のようにスペクトルがまったくちがっていても同じ色に見えることがある。

逆に短波長にかたよる，私が愛してやまない某球団の帽子なら錐体の出力はS＞M＞Lとなり，その色は青として処理される。ほかにも桜餅の反射光ならM＜S＜Lとなり，色はピンクとなる。長短まんべんなく反射する雪だるまならば錐体の出力はどれも似たものになり（S≒M≒L）その色は白く見える。私たちの視覚システムはこのように，錐体を介して物体の反射スペクトルをたった3値（2色型の場合は2値）に圧縮し，その比に応じて色をつけている。

このしくみをうまく利用しているのがテレビやパソコンのディスプレイである。たとえばテレビの画面にバナナが映っているとしよう。現実の世界でバナナが黄色に見えるのは，バナナが中波長以上の波長をよく反射し，錐体の出力がS＜M≒Lとなるためである。一方でテレビはバナナの色を，スペクトルを再現するのではなく，錐体の出力を似せることで再現している。テレビの画面を虫眼鏡で拡大すると，青・緑・赤の点の集まりが見える。テレビはこの3色の明るさを調整することで，S，M，L錐体の出力を操っている。バナナの例で言えば，錐体の出力がS＜M≒Lとなるように，青を暗く，緑と赤を明るく点灯して，あたかも黄色であるように見せているのだ。テレビが作り出す不連続なスペクトルは，波長成分が連続的に変化する現実のスペクトルとはかけ離れたものだが（図9），私たちはそのちがいに気づかない。この理屈を考えるたびに私は騙されたような気持ちになるが，カラーの映像

が楽しめるのは3値で色が決まるしくみのおかげだと言える。

6.2. 錐体の出力から色がつくまで

6.1. では錐体の出力が色に変換される過程を省略したが，この情報処理の過程も他の生きものの視覚を理解するうえで見逃せない。たとえば私たちのように3種類の錐体を持つ生きものがいたとして，彼らが見る色は私たちと同じだろうか，それともちがうのだろうか。答えは情報処理のしかたによって変わりそうである。ほかにも，ある生きものが4色型の色覚を持つと聞いたとき，彼らが見る世界をにわかに想像することは困難だが，その手がかりは情報処理のプロセスを丹念に辿ることで見つかるかもしれない。こうした場面でも，ヒトの情報処理についての知識が役に立つはずである。

さて，情報処理の話に入る前に考えたいことがある。突然だが，この世に色はいくつあるだろう。その数はおそらく無限で，1つずつ名前を付けていくことは不可能である。では，無数の色を統一的に表現するルールならばどうだろう。そのルールの1つに気づいたのがヘーリングである。彼はまず，色にはそれ以外の色みを感じられない4つの基本色があるとした。その4色とは赤・黄・緑・青である。これ以外の色，たとえばオレンジ色には赤みや黄みを感じるし，紫色には青みや赤みを感じる。それに対して基本色は純粋にその色だけでできているように感じられる。つまり赤はどう見ても赤だし，黄は黄，緑は緑，青は青である。他の色みを感じることはない。さらにヘーリングは，1つの色のなかで赤みと緑み，そして黄みと青みが両立しないことも指摘した。たとえばオレンジ色には赤みと黄みを感じるが，緑みと青みは感じない。紫には赤みと青みを感じるが，黄みと緑みは感じない。赤と緑，黄と青は，たがいの色みを打ち消しあう関係にある。実際，赤い光に緑の光を足していくと徐々に赤みがうすれ，どちらの色みも感じられない状態を経たのち，緑みが強くなっていく。緑に赤を足しても，そして黄と青の組み合わせでも同じことが起こる。このように拮抗する赤と緑，黄と青は反対色と呼ばれている。みなさんも目につく色でいくつか試してもらいたい。たとえば赤みがかったオレンジなら赤2黄1というように，モノクロ以外の色なら基本色のペアとおよその比で表せるはずである。ただし同じ赤2黄1のオレンジでも，暗くくすんだものから白に近いものまで幅広く存在する。そこで反対色の2つの軸に，明るさの指標として黒みと白みの軸を加えることで，いかなる色でも表せるとしたのが反対色説である。

なぜ反対色の話をしたのか。実は私たちの神経回路が，錐体の出力から反対色と明るさの情報を取り出し，色を決めているとするのが現在の生理学の見解である。

提案されているモデルに細かなちがいはあるが，ここでは大まかに紹介しよう。S, M, L錐体の出力をそれぞれS, M, Lとし，情報処理の経路のことをチャンネルと呼ぶ。赤緑反対色チャンネルは，赤みを反映するLから緑みを反映するMを引き算し，色が赤と緑のどちらに近いのかを計算している。つまり赤緑反対色応答はL－Mで表され，赤みが強ければ値はプラスに，緑みが強ければマイナスとなる。一方黄青反対色チャンネルは(L＋M)－Sで情報をとり出す。すなわち黄みをあらわすL＋Mから，青みをあらわすSを引き算しており，黄みが強ければ値はプラスに，青みが強ければマイナスになる。そして輝度チャンネルはL＋Mで明るさの情報をとり出している（輝度にはSを含めないのが主流である）。こうして別々の経路でとり出した情報を，より高次のレベルで統合して色をつけているとするのがモデルの考え方である（第5章図3, Box3も参照）。

　この反対色モデルを支持するように，各チャンネルに対応した反応を示す神経細胞（たとえば赤と緑で反応が逆転する神経細胞）が魚やカメで見つかっている。しかも驚いたことに，その神経細胞とは網膜の水平細胞である。水平細胞が横に伸びて複数の錐体とつながっているのは，反対色や輝度の情報を取り出すためだったのだ。サルやヒトでは神経節細胞がその役割を担うものの（第5章Box1），神経節細胞もまた網膜の構成要素である。情報処理といえば脳を思い浮かべるかもしれないが，私たちの視覚システムは網膜の段階ですでに色の解析をはじめているのだ。

　この節では色が決まる過程に着目したが，視覚システムは他にもさまざまな情報を視細胞の出力から取り出している。それは動きだったり，傾きだったり，奥行きだったりする。これらの情報はさらに高次の中枢で解析され，物の輪郭・形状・距離・向き・速度といった，私たちの生活に必要な情報に変換される。たとえば輝度チャンネルからとり出される明るさの情報は，色だけではなく，物体の形状・奥行き・運動の知覚にも使われる（ちなみにこれらの知覚には色の情報はほとんど使われない）。こうした多角的な解析によって得られた情報を統合してできあがるのが私たちの見ている世界である。もし情報の抽出と統合がなければ，いくら視細胞が外の景色を電気信号に変えたとしても，たとえば，「赤いボールが遠くからすごい速さで自分に近づいてくる」といったことに気づけない。盲点の話題でも指摘したように，私たちは，視細胞が受けとった光の情報をそっくりそのまま見ているわけではなく，複雑な情報処理を経て組み立てられた世界を見ている。その事実を，ここで改めて強調しておきたい。

おわりに

初学者に向けた入門編として視覚の基礎知識をヒトを例に紹介した。光を捉え，視覚世界を作り出すしくみの数々はいかがだっただろう。自分の体のことなのに，いつも見ている世界のことなのに，初めて知った事実がいくつもあったのではないだろうか。私たちがこうして光を利用している間にも，多種多様な動物がそれぞれの眼から光を取り込み，必要な情報を抽出し，日々の生活に役立てている。その過程には私たちと共通する部分，そして異なる部分が含まれている。その差異が視覚世界にもたらす違いを考えるとき，ここで学んだ知識が大いに役立つはずである。この入門編がその役目を果たすことを願いつつ，このあたりで筆をおくことにしたい。

謝辞

本章の執筆にあたり，匿名の査読者をはじめ，大変多くの方々に貴重なご意見や励ましの言葉をいただきました。ここに感謝の意を表します。

参考図書

内川惠二．1998．色覚のメカニズム 色を見る仕組み（色彩科学選書4）．朝倉書店．
江口英輔．2004．視覚生理学の基礎 比較生理学の立場から．内田老鶴圃．
河村悟．2010．視覚の光生物学（シリーズ生命機能2）．朝倉書店．
篠森敬三（編）．2007．視覚I—視覚系の構造と初期機能—（講座＜感覚・知覚の科学＞ 1）．朝倉書店．
日本動物学会関東支部（編）．2001．生き物はどのように世界を見ているか さまざまな視覚とそのメカニズム．学会出版センター．
水波誠．2006．昆虫—驚異の微小脳（中公新書）．中央公論社．

引用文献

蟻川謙太郎．2007．昆虫の見る世界．岡良隆・蟻川謙太郎（共編）・日本動物学会関東（監修），行動とコミュニケーション（シリーズ21世紀の動物科学8），p. 70-98．培風館．
Dartnall, H. J. A., J. K. Bowmaker & J. D. Mollon. 1983. Human visual pigments: microspectrophotometric results from the eyes of seven persons. *Proceedings of the Royal Society of London Series B: Biological Sciences* **220**: 115-130.
Kirk, J. T. O. 1994. Light & photosynthesis in aquatic ecosystems. 2nd ed, p. 27. Cambrige Univ. Press, Cambridge.
Kirschfeld, K. 1976. The resolution of lens and compound eyes. *In*: Zettler, F. & Weiler, R. (eds),

Neural principles in vision, p. 354-370. Springer-Verlag, Berlin Heidelberg.
岡部正隆・伊藤啓. 2002. 色覚の多様性とバリアフリーなプレゼンテーション（全3回）第1回 色覚の原理と色盲のメカニズム. 細胞工学 **21**: 733-745.
Shichida, Y. & Matsuyama, T. 2009. Evolution of opsins and phototransduction. *Philosophical Transactions of the Royal Society B: Biological Sciences* **364**: 2881-2895.

第2章 複眼の構造:
工夫をこらした仕組みの妙

若桑 基博 (総合研究大学院大学)

はじめに

　動物はいわゆる五感(視覚,聴覚,嗅覚,味覚,触覚)を含むさまざまな感覚機能を通して外界からの情報を感知している。特に私たち人間は,外界からの情報のうち,80%以上を視覚から得ているといわれている。確かに「百聞は一見にしかず」ということわざは,視覚から得られる情報の重要性を示している。また,「人は見かけによらない」というのも視覚情報の影響力の強さを浮き彫りにしている。

　それでは,視覚から得られる情報とは何か? つまり,眼で見てわかることとはなんだろう。公園などに行って樹を見たとしよう。枝や葉の形がわかる。それぞれに異なる色を持っている。風に吹かれて揺れている。太陽の光に照らされて明るいところと陰になって暗いところがある。葉や枝の位置関係,距離や奥行き,幹の質感などなど。細かく見ていくと実に多くの情報を視覚から得ていることに気づくはずだ。

　視覚から得られる情報のうち,本章との関係が特に深いのが色の違いを識別する色覚である。厳密な定義では,色覚とは異なる波長の光を異なる色として認識する感覚のことである。この感覚のおかげで私たちは豊かな色世界を見ることが可能となり,色の違いをもとに何かを見つけたり,物の状態を推測したり,あるいは,色に意味を持たせ,コミュニケーションに用いたりすることができる。色覚は人間だけでなく,魚類,両生類,鳥類など多くの脊椎動物に加え,昆虫類や甲殻類といった無脊椎動物にも存在している。本章で紹介するミツバチやチョウなどの昆虫は,色とりどりの花を訪れることや翅の色の違いを配偶者の探索に用いることなどから,色覚を持つ(色を見分けている)ことが容易に想像できるだろう。実際にいくつかの種では,色覚を持つことが実験的に証明されている(コラム1参照)。

　ここで1つ意識しておかなければならないことがある。感覚の世界(脳の中の世界)では光は色づいているが,物理世界では光に色はついておらず,ただ波長が異なるさまざまな光があるだけだ。眼から入力した光の波長情報は,脳でさまざまな処理を受け,その結果,色として知覚される。これは,脳が波長情報を色情報に

翻訳したと言い換えることができる。したがって，それぞれの動物がどのような色世界を見ているのか理解するためには，眼にある光受容細胞がどのような波長域の光を受容するのか，そして，受容された光の波長情報は脳でどのように処理されるのか，ということが重要になる。光受容細胞の分光感度や脳内処理が異なれば，同じ光を見たとしても異なる色として認識される。極端な例だが，ある生物には鮮やかに色づいて見える花が，別の生物には葉と同化してまったく目立たないこともあり得る。それぞれの動物はその生活様式に適応するように進化した独自の色世界を持っているのである。

　私の所属するグループでは，訪花性昆虫色覚の神経メカニズムやその進化を明らかにする研究の一部として，複眼における視細胞の分光感度とその多様性，そして，その多様性が生じたメカニズムを研究している。本章では，対象としてきた昆虫から明らかになったことを比較し，多くの種に共通する普遍的な網膜構造と，視細胞分光感度の多様化における種特異性を紹介し，昆虫色覚系の進化について考察したい。

1. 複眼と個眼の構造

　昆虫の主要な眼はたくさんの個眼から構成される複眼である。1つの複眼に含まれる個眼の数は，ミツバチでは約4,000個，モンシロチョウでは約6,000個，アゲハでは約12,000個である。1つ1つの個眼は各々，角膜と円錐晶体という2つのレンズ系を備えており，入射した光は個眼内に導かれる。個眼はその軸を少しずつずらして並ぶことから，複眼は全体として半球状になる（図1-a）。したがって，それぞれの個眼は視野の異なる点を見ている。つまり，個眼は視野を構成する1つ1つの画素に喩えられ，機能的，構造的に最小の構成単位と見なすことができる。ここで扱う種では，1つの個眼に9つの視細胞が含まれている（図1-b）。つまり，1つの画素は9つの視細胞から構成されていることになる。一方で，人間などの哺乳類は，1つの画素は1つの視細胞に対応しており，非常に対照的だ。個眼を輪切りにすると中央に光受容部位である感桿（ラブドーム）がある。個眼に入射した光は感桿を通って進んでいく。感桿はそれぞれの視細胞が伸ばした微絨毛からなる。つまり，おおざっぱに見れば感桿は細胞膜の集合体であり，その主な構成成分はリン脂質（油）である。そして感桿の周囲は細胞質（水）だ。このように屈折率の高い物質（油）を屈折率の低い物質（水）で包みこんだ構造は光ファイバーとしてはたらく。感桿を通る光は，感桿と細胞質の境界面で全反射を繰り返しながら個眼の最

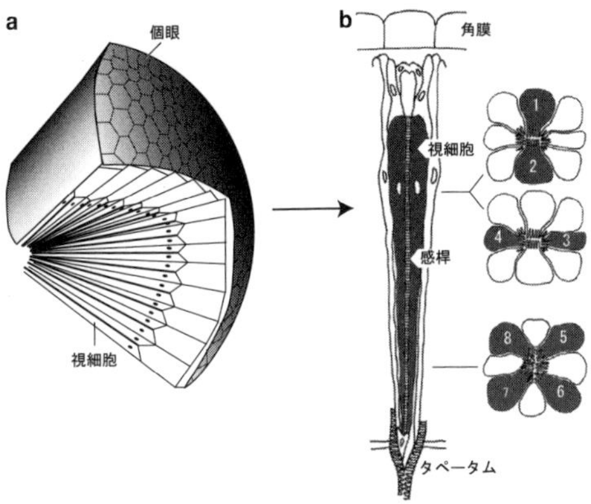

図1　昆虫複眼とチョウ類個眼の構造
a：昆虫複眼の構造。たくさんの小さな眼（個眼）から構成される。個眼の数は種によって大きく異なる。
b：一般的なチョウ類個眼の構造。個眼中央に9つの視細胞から作られる感桿がある。遠位層（角膜に近い層）では，1～4番の視細胞が，近位層（脳に近い層）では，5～8番の視細胞が，微絨毛を伸ばして感桿を形成する。最基底部に9番がある。ミツバチ個眼は，視細胞の番号の付け方が異なることや遠位層，近位層の区別がなく，1～8番の視細胞が網膜全層で感桿を形成するなど若干の違いがある。

深部まで伝播する。感桿には光受容タンパク質（視物質）が高密度に局在しているので，光は効率よく視物質に吸収される。視物質が光を吸収することが光情報伝達系のはじめの一歩となる。視物質は，オプシンと呼ばれるタンパク質とビタミンAの誘導体である 11-cis レチナールが結合した色素タンパク質である。オプシンと 11-cis レチナールの吸収極大波長はそれぞれ約 280 nm と 370 nm であり，ともに紫外部にある。両者が結合し，11-cis レチナールとその周囲に位置するオプシンのアミノ酸残基の相互作用に応じて，視物質としての吸収極大波長は約 350～600 nm にわたってさまざまに変化する。視物質は光を吸収し活性化すると光情報伝達カスケードを駆動させ，視細胞に電気的な興奮を引き起こし，その興奮が脳に伝えられる。

　視覚生理学では一般に，視細胞の分光感度はその細胞が持つ視物質の吸収スペクトルに一致するとされている。したがって，視細胞はそれぞれ，発現する視物質の分光吸収に応じて，特定の波長域の光に最大感度を持つ。つまり，特定の色に感度を持つ。この意味を強調し，色受容型ごとに視細胞を区別することができる。例えば紫外光に高い感度を持つ視細胞は紫外受容細胞，400～480 nm に感度を持つ場合は青受容細胞と呼ぶ。視細胞の種類は種により異なる。例えば，ミツバチ複眼では紫外，青，緑の3種類，アゲハ複眼では紫外，紫，青，緑，赤，広帯域の6種類が同定されている。視細胞を多様化させるに当たって，昆虫はどのような方法をとったのだろう。まず思いつくのが，視物質（オプシン）の種類を増やす方法である。それでは，ミツバチは3種類，アゲハは6種類の視物質を持つのだろうか？

また，この節の冒頭で，昆虫の個眼（=1画素）は9つの視細胞を含むことを述べた。ある昆虫がどのような視細胞を持つか明らかになった後，次の疑問は，1つの個眼にそれぞれの視細胞がどのように含まれているかということだ。**第1章**で説明があるとおり，色覚が生じるためには少なくとも2類以上の異なる分光感度を持つ視細胞が必須である。人間の1画素は1つの視細胞に相当するため，1画素だけでは色覚は生じない。一方，昆虫では1つの個眼に含まれる9つの視細胞が，それぞれ異なる色受容型であれば，1画素でも色覚は生じうる。次節からは，これらの問題（視細胞の種類，多様化メカニズム，個眼内配置）について，ミツバチ，モンシロチョウ，アゲハからわかったことを解説する。

1.1. ミツバチの場合：視細胞，個眼構成の原型

1973年にノーベル賞を受賞したKarl von Frischがミツバチに色覚があることを証明して以来，セイヨウミツバチ *Apis mellifera* は色覚研究の標準的な生物として扱われてきた。ミツバチは赤が見えない代わりに紫外線が見えるという発見（von Frisch, 1914）は，広く一般に知られているほどだ。実際，ミツバチには，紫外，青，緑に感度ピークを持つ3種類の視細胞が，電気生理学的手法により見つかっている（Autrum & Zwell, 1964）。3種の視細胞が個眼内にどう分布するかは，電気生理学と組織学実験を組み合わせて調べられたが，確証がないまま，どの個眼も3つの紫外受容細胞，2つの青受容細胞，4つの緑受容細胞を含む均一なものであるとされていた（Menzel & Backhaus, 1989）。その後，分子生物学の発達とともに，オプシン遺伝子の解析が可能になり，さまざまな動物のオプシンの一次構造情報が蓄積された。その結果，昆虫のオプシンはアミノ酸配列に応じて3つのグループに分類でき，それらは視物質の吸収波長域に対応することがわかった。すなわち，紫外吸収型，青吸収型，長波長吸収型である。ミツバチからも紫外，青，緑受容細胞にそれぞれ対応する3種類のオプシン遺伝子が同定され（Chang et al., 1996; Townson et al., 1998），AmUV，AmB，AmGと名付けられた。オプシン遺伝子の名前は，AmB (*Apis mellifera* Blue) のように生物名と視物質の吸収波長域の組み合わせで記される。また，長波長吸収型オプシンは"L"と表記されることもある（PrL: *Pieris rapae* Long-wavelengthなど）。そして，オプシン遺伝子の配列情報が得られたことにより，*in situ* hybridization法を用いて，視細胞で発現するオプシンmRNAを同定できるようになった。*in situ* hybridization法とは，標的遺伝子と相補的な配列を持ち，あらかじめ特定の化合物で標識された核酸プローブを用いて，標的遺伝子mRNAの発現細胞や局在を明らかにする実験手法である。電気生理学実験は，ある視細胞

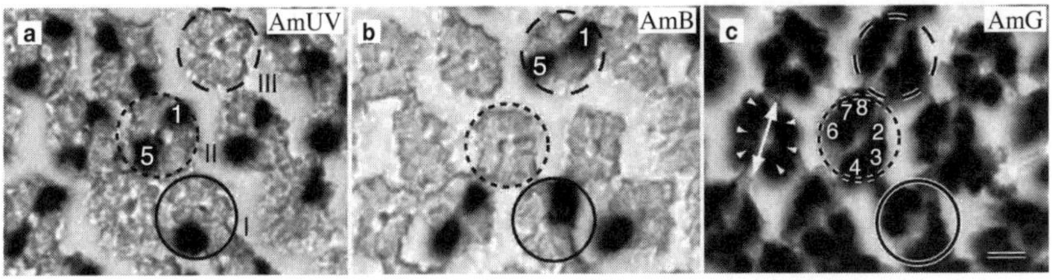

図2 ミツバチ複眼における三種類のオプシン mRNA の *in situ* hybridization（Wakakuwa *et al.*, 2005）
a: 紫外吸収型 AmUV の分布。タイプ I 個眼では視細胞 1 番か 5 番のどちらかが染まる（実線円）。タイプ II 個眼では視細胞 1 番と 5 番の両方が染まる。タイプ III 個眼は染まらない。
b: 青吸収型 AmB の分布。AmUV が発現しない視細胞 1 番と 5 番が染まる。**c**: 緑吸収型 AmG の分布。すべての個眼の視細胞 2〜4 番，6〜8 番が染まる。連続切片上で同一個眼の照合は，AmUV，AmB を発現する視細胞の方向（白両矢印）を用いて行った。ミツバチの個眼はねじれているため，AmUV，AmB を発現する視細胞の方向は，深さによってまた個眼によってランダムになっている。

表1 3タイプのミツバチ個眼

個眼タイプ	視細胞番号	
	1, 5	2-4, 6-8
I	紫外・青 AmUV・AmB	緑 AmG
II	紫外 AmUV	緑 AmG
III	青 AmB	緑 AmG

ミツバチの各個眼タイプに含まれる視細胞（上段）と発現するオプシン遺伝子（下段）。視細胞 1, 5 番は短波長受容型となっている。

の分光感度を直接測定することができる非常に強力な手法であるが，例えばある個眼に含まれる複数の視細胞の分光感度をすべて調べることは事実上不可能である。一方で，*in situ* hybridization 法では視細胞の分光感度を知ることはできないが，複眼の広範囲にわたって視細胞で発現するオプシン遺伝子を一度に同定できる。これらの手法を組み合わせることにより，それぞれの色受容型の視細胞の分布を明らかにできるようになった。私は，これをミツバチに応用した。その結果，ミツバチの個眼は，従来予想されていたような均一なものではなく，3つのタイプに分類できることがわかった。つまり，タイプ I 個眼は紫外 1 つ＋青 1 つ＋緑 6 つ，タイプ II は青 2 つ＋緑 6 つ，タイプ III は紫外 2 つ＋緑 6 つから構成される（図2，表1）(Wakakuwa *et al.*, 2005)。なお，視細胞の合計数が 8 つになっているのは，基底部に局在する小さな視細胞 9 番では，発現する視物質が同定できなかったことによる。

マルハナバチ *Bombus impatiens*（Spaethe & Briscoe, 2005），ヒメアカタテハ *Vanessa*

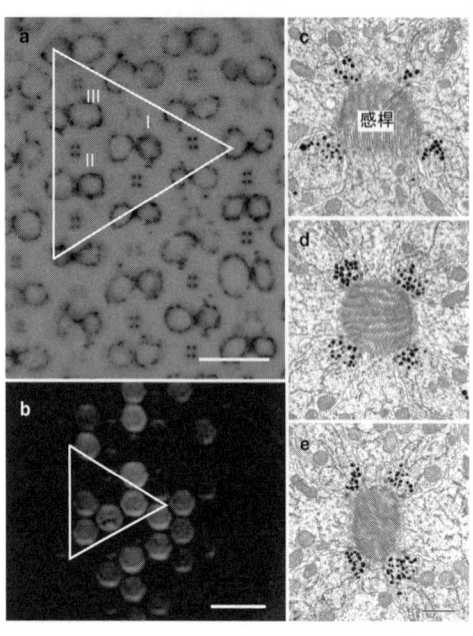

図3 モンシロチョウ個眼の多様性（Qiu et al., 2002）
a：個眼近位層の横断切片。個眼中央部に，色素の点が4つずつ見える。色素の配列には，台形（タイプI），正方形（タイプII），長方形（タイプIII）の3つがある。タイプIIの色素は他の2タイプに比べて濃い。**b**：aと同じ部位（白い三角形で囲まれた領域）を，試料の固定前に落射蛍光顕微鏡で撮影したもの。励起光の波長は420 nm。タイプIIのみが強い蛍光を発している。**c〜e**：はそれぞれタイプI, II, III個眼の感桿周囲を電子顕微鏡で撮影したもの。スケール＝10 μm（a），50 μm（b），1 μm（c〜e）。口絵4も参照。

cardui（Briscoe *et al.*, 2003），タバコスズメガ *Manduca sexta*（White *et al.*, 2003）複眼も同じ手法で調べられ，その結果はミツバチとよく一致した。すなわち，3種類の視細胞（紫外，青，緑）とそれぞれに対応する視物質が1つずつあり，3種の細胞はミツバチと同じ3通りの組み合わせで個眼に含まれる。後述するモンシロチョウやアゲハと比較すると非常に単純であり，これを個眼細胞構成の原型と考えると他種の多様化の理解が容易になるだろう。

1.2. モンシロチョウの場合：色フィルターの利用

　モンシロチョウ *Pieris rapae* の個眼には，感桿の周囲に赤や暗赤の色素が4つのスポットとして局在する（図3-a）。個眼は，この色素の配置と色により3タイプに分類できる。タイプIでは，色素が台形に並んでいる。タイプIIとタイプIIIでは，それぞれ色素が正方形，長方形に並んでいる。タイプIとタイプIIIの色素は薄い赤，タイプIIは暗赤である（Qiu *et al.*, 2002）。色素の配置は，電子顕微鏡でも同様に確認できる（図3-c〜e）。色素の色調以外に，タイプII個眼は独特の特徴を持つ。落射蛍光顕微鏡下で420 nmの光を励起光として照射するとタイプIIの個眼のみが強い蛍光を発するのである（図3-b）。しかも，蛍光が見えるのはオスだけである。
　私の所属するグループでは，電気生理学と組織学の手法を組み合わせて，3タイ

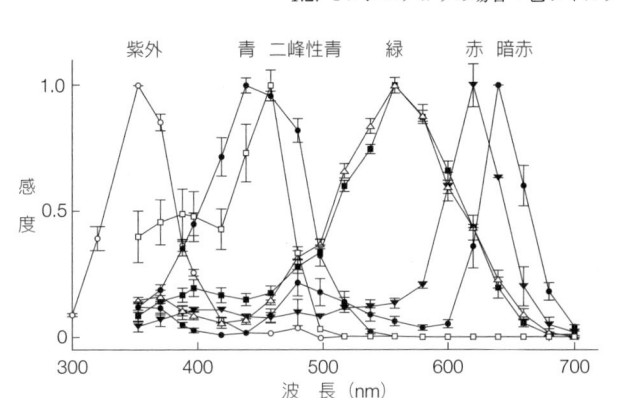

図4 モンシロチョウ（雄）複眼から記録される6種の分光感度
(Qiu & Arikawa, 2003a, b より改変)
緑には，420 nm 付近の感度にわずかな差のある2つのサブタイプが含まれるが，ここでは区別していない。

表2 3タイプのモンシロチョウ個眼

個眼タイプ	色素	オス 蛍光	視細胞番号 1, 2	3, 4	5-8	メス 蛍光	視細胞番号 1, 2	3, 4	5-8
I	赤	−	紫外・青 PrUV・PrB	緑 PrL	赤 PrL	−	紫外・青 PrUV・PrB	緑 PrL	赤 PrL
II	暗赤	+	二峰性青 PrV	緑 PrL	暗赤 PrL	−	紫 PrV	緑 PrL	暗赤 PrL
III	赤	−	紫外 PrUV	緑 PrL	赤 PrL	−	紫外 PrUV	緑 PrL	赤 PrL

モンシロチョウ雌雄の各個眼タイプに含まれる視細胞（上段）と発現するオプシン遺伝子（下段）。個眼内色素や蛍光物質が作用することで同一のオプシンで異なる分光感度が生じる（本文参照）。

プの個眼に含まれる視細胞の分光感度を明らかにした (Qiu & Arikawa, 2003a, 2003b)。オス複眼には，紫外，二峰性青，青，緑，赤，暗赤の6種類の視細胞が見つかり（図4），メスからは二峰性青の代わりに紫受容細胞が見つかった。視細胞の色受容型と個眼タイプの対応は表2に示した。次に，オプシン遺伝子を探索し，紫外吸収型の PrUV, 青吸収型の PrV, PrB, 長波長吸収型の PrL の4種を同定した。視細胞は雌雄合わせて7種類もあるのに，オプシンが4種類という結果は，一見矛盾する。しかしこの問題は，オプシン mRNA の局在を in situ hybridization 法で同定することで解決した。

長波長吸収型の PrL は，すべての個眼の視細胞3〜8番に発現している（図5-a, b）。これらの視細胞は緑，赤，暗赤受容細胞のいずれかである。つまり，異なる3種類

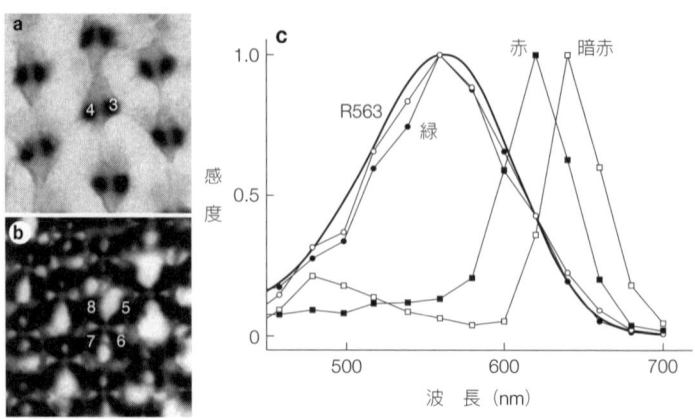

図5 モンシロチョウ複眼における長波長吸収型オプシンPrLのmRNA分布とPrLを発現する視細胞の分光感度（Wakakuwa et al., 2004, 2007 より改変）
a: 個眼遠位部。すべての個眼の視細胞3番と4番が染色されている。**b**: 個眼近位部。すべての個眼の視細胞5～8番が染色されている。**c**: PrLを発現する緑，赤，暗赤受容細胞の分光感度。緑受容細胞の分光感度は，563 nmを吸収ピークに持つ視物質R563の予想吸収曲線と良く一致する。赤，暗赤受容細胞の分光感度は，感桿周囲の赤い色素が持つフィルター効果により生成される。

の視細胞の感度が1つの視物質PrLで成立しているのである。そのためには，それぞれの細胞に何らかのしくみが必要になる。重要なのが，感桿周囲の赤い色素である。1.で述べたように，光は感桿内部を細胞質との境界面で全反射しながら伝播するが，この時一部の光が境界面よりも外側，つまり細胞質内に浸透する。外側に浸透した光――エバネッセント光――は感桿周囲の赤い色素に短波長成分を吸収され，残った光が再び感桿に戻る。光が感桿内部で反射するたびにこの現象が繰り返されるため，赤い色素がフィルターとしての能力を発揮する。光の通り道の周囲にまとわりつくように存在する色素が色フィルターとしてはたらくのは以上の原理による。少々ピンとこないかもしれないが，フィルターの効果は実際に観察することができる。モンシロチョウ複眼に光を照射すると，光は赤い色素や視物質などに吸収され，個眼内を進む。残った光は個眼基底部のタペタムという"鏡"にたどり着き，そこで反射し，再び個眼を通って外に出てくる。この方法で観察すると個眼が赤や暗赤色に見える。この色は感桿周囲の赤い色素の色調によく一致することから，感桿周囲の色素が実際にフィルター効果を持つことがわかる（Qiu et al., 2002）。色素のフィルター効果は光の通過距離に応じて，個眼の浅い部分では小さく，深い部分では大きくなる。視細胞3, 4番（緑受容細胞）は，個眼の浅い部分に位

置するため，フィルター効果をほとんど受けない．実際，緑受容細胞の分光感度曲線は Govardovskii のノモグラムを用いて作成した 563 nm に吸収ピークを持つ視物質（以下，R563 と呼ぶ）の推定吸収スペクトルに良く一致する（図5-c）．これは PrL が R563 であることを意味する．Govardovskii のノモグラムとは，今までに測定されたさまざまな視物質の吸収スペクトルを元に作成された計算図表の一種で，吸収ピークの波長から吸収スペクトルの形を推定できる．一方，個眼の深い部分に位置する視細胞5～8番は赤または暗赤受容細胞である．これらの分光感度はR563 の吸収に赤または暗赤色素のフィルター効果が作用して生じる（図5-c）(Wakakuwa et al., 2004)．つまり，比較的薄い赤の色素を含むタイプ I，III 個眼には長波長シフトの幅が小さい赤受容細胞があり，より濃い暗赤色の色素を含むタイプ II 個眼にはシフトの幅が大きい暗赤受容細胞がある．PrL の発現パターンだけを見れば，モンシロチョウはミツバチやヒメアカタテハによく似ている．しかし，モンシロチョウは感桿周囲に色素を備え，その色を変えることで分光感度を多様化しているのである．シジミチョウなど他の多くのチョウも感桿周囲に色素を持ち，同じ方法で分光感度を多様化していることが明らかになりつつある．

　短波長吸収型オプシンに関しては，紫外吸収型の PrUV と青吸収型の PrV，PrB の3種類が同定された．青吸収型を2種類持つのがモンシロチョウの大きな特徴だ．これら3種類のオプシン mRNA はどれも視細胞1番または2番に発現している（表2）．雌雄別に見ていくと，オスでは PrUV がタイプ I，タイプ III 個眼の紫外受容細胞に（図6-a, d），PrV はタイプ II 個眼の二峰性青受容細胞に（図6-b, e），PrB はタイプ I 個眼の青受容細胞に発現していた（図6-c, f）．メスでも各視物質の発現パターンは同様であった．ただ，メスのタイプ II 個眼には二峰性青受容細胞はなく，紫受容細胞がある（表2）．つまり，オスの二峰性青受容細胞とメスの紫受容細胞は，同じ PrV を発現している．これもフィルター効果で説明できる．オスでは，タイプ II 個眼が 420 nm の光のもとで強い蛍光を発する．これは，オスのタイプ II 個眼に 420 nm の光を吸収する物質があることを示している[1]．一方，メスでは蛍光

---

[1]：フィルターは光照射によって蛍光を出す物質である，と聞くと勘の良い読者は視細胞がこの蛍光に反応するのではないか？という疑問を持つかも知れない．オスのモンシロチョウの蛍光物質を例に考えてみよう．タイプ II 個眼に含まれるこの蛍光物質は 420 nm の励起光照射により蛍光を発する．この蛍光に視細胞が反応すると仮定すると，タイプ II 個眼に含まれる視細胞の分光感度は 420 nm の光に高い感度を持つことになる．ところが実際は，二峰性青受容細胞のように 420 nm あたりの感度が削られてしまっている．これは蛍光物質が単純に 420 nm の光を吸収するフィルターとしてはたらくことを示している．なお，現時点では，この蛍光物質がいったい何なのか，個眼のどこにあるのか明らかになっていない．

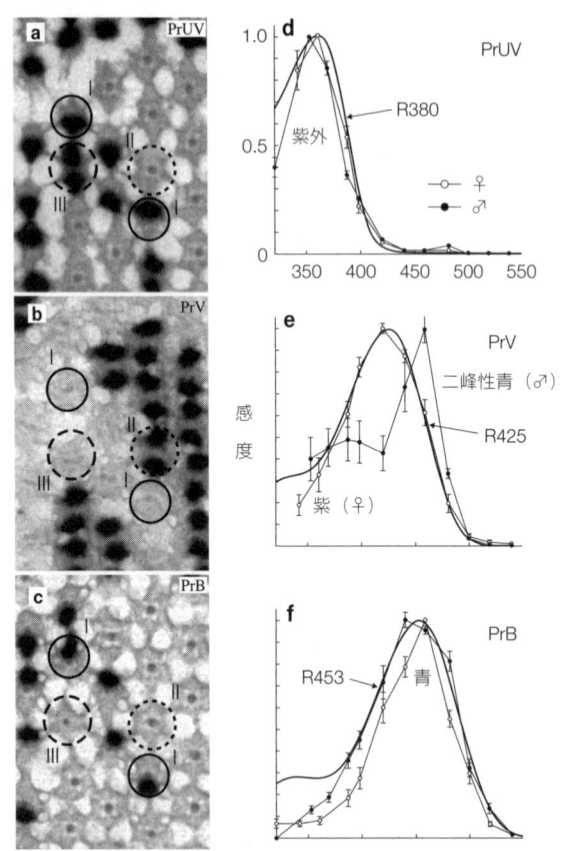

図6 モンシロチョウの短波長吸収型オプシン mRNA の分布と対応する視細胞の分光感度
(Arikawa et al., 2005 より改変)
In situ hybridization は，オス複眼の同一部分からとった連続切片を，異なる3種のプローブで染色したもの。**a**: 紫外吸収型 PrUV の分布。タイプI個眼では，視細胞1番か2番のどちらかが染まる（実線円）。タイプII個眼は，染まらない（点線円）。タイプIIIは1番と2番の両方が染まる（破線円）。**b**: 紫吸収型 PrV の分布。**c**: 青吸収型 PrB の分布。**d**: 紫外線受容細胞の分光感度と 360nm に吸収ピークをもつ視物質 R360 の分光吸収曲線。**e**: PrV を発現する視細胞（タイプII個眼の1番と2番）の分光感度。オスでは二峰性青受容細胞，メスでは紫受容細胞。R425 の分光吸収曲線は，青受容細胞の分光感度とは良く一致するが，オスの二峰性青受容細胞とは大きくずれている。オスのタイプII個眼では蛍光色素が 420 nm を吸収するフィルターになっているためである。**f**: 青受容細胞の分光感度と R453 の分光吸収曲線。

は見られず，したがって 420 nm を吸収する物質がないらしい。メス紫受容細胞の分光感度は，Govardovskii のノモグラムを用いて推定した 425 nm に吸収ピークを

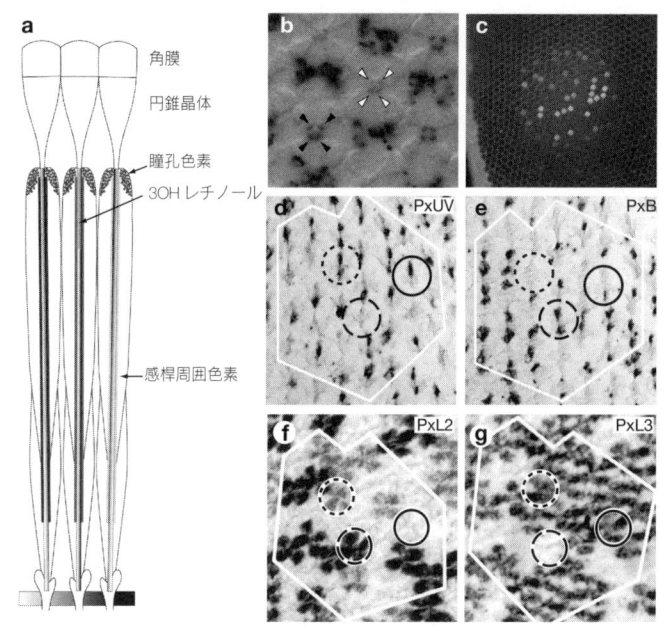

図7 アゲハ個眼の構造と4種のオプシン mRNA の分布 (Kitamoto *et al.*, 2000, Arikawa *et al.*, 2003 より改変)
a: 感桿周囲の色素と蛍光物質(3-ヒドロキシレチノール)によって3タイプの個眼が識別できる。図中の感桿周囲色素は赤色のものが黒で，黄色のものが灰色で示されている。**b**: 個眼近位層の横断切片。赤い色素(黒矢頭)をもった個眼と，黄色い色素(白矢頭)を持った個眼がある (Arikawa & Stavenga, 1997)。**c**: 紫外線同軸落射照明で撮影した個眼蛍光。タイプⅡ個眼が蛍光を発している。**d**: 紫外線吸収型視物質 PxUV の分布。タイプⅠ個眼では，視細胞1番か2番のどちらかが染まる(実線円)。タイプⅡ個眼は，1番と2番の両方が染まる(点線円)。タイプⅢは染まらない(破線円)。**e**: 青吸収型視物質 PxB の分布。視細胞1番と2番に，PxUV と重複せずに染まる。**f**: 近位層での緑吸収型 PxL2 の分布。視細胞5〜8番が，タイプⅠでは染まらず，タイプⅡでは薄く，タイプⅢでは濃く染まる。**g**: 近位層での赤吸収型 PxL3 の分布。視細胞5〜8番が，タイプⅠとタイプⅡで染まる。タイプⅡの視細胞5〜8番は，PxL2 と PxL3 の mRNA を重複して発現している (Kitamoto *et al.*, 1998)。これが広帯域受容細胞。口絵5も参照。

持つ視物質 (R425) の吸収スペクトルと良く一致するので，PrV は R425 に等しい吸収スペクトルを持つと考えられる (図6-e)。オスの二峰性青受容細胞の分光感度は，タイプⅡ個眼に含まれる蛍光物質が 420 nm 付近の光をカットする色フィルターとしてはたらき，PrV の吸収スペクトルに影響を与えた結果として生じるのである (Arikawa *et al.*, 2005)。これも単一の視物質で視細胞を多様化させる方法の一例である。

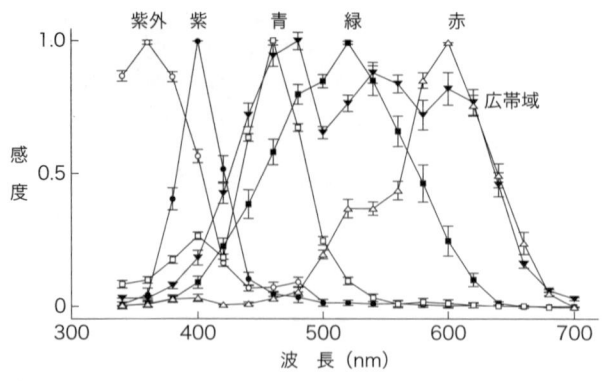

図8 アゲハ複眼から記録される6種の分光感度 (Wakakuwa et al., 2007 より改変)

表3 3タイプのアゲハ個眼

個眼タイプ	色素	蛍光	視細胞番号 1, 2	3, 4	5-8
I	赤	−	紫外・青 PxUV・PxB	緑 PxL1+L2	赤 PxL3
II	赤	+	紫 PxUV	緑 PxL1+L2	広帯域 PxL2+L3
III	黄	−	青 PxB	緑 PxL1+L2	緑 PxL2

アゲハの各個眼タイプに含まれる視細胞（上段）と発現するオプシン遺伝子（下段）。長波長吸収型オプシンの増加と重複発現が大きな特徴の一つである（本文参照）。

1.3. アゲハの場合：視物質の多様化

ナミアゲハ（Papilio xuthus）の個眼も，形態的な特徴で3つのタイプに分類できる（図7-a〜c）。アゲハの場合は，感桿周囲の色素の色と蛍光物質の有無が指標となる。タイプI個眼は，色素が赤で蛍光物質を持たない。タイプIIは赤い色素に加え，330 nmで励起される蛍光物質を含む。タイプIIIは黄色い色素を含み蛍光物質を持たない。雌雄差はない。これらの色素はやはり個眼に入射した光に対してフィルター効果を持つ（Arikawa & Stavenga, 1997）。そして，モンシロチョウと同様の手法で，3タイプの個眼に含まれる視細胞の分光感度を同定した。その結果，紫外，紫，青，緑，赤，広帯域の6種類の視細胞が見つかった（図8, Arikawa et al, 1987, 2003）。オプシン遺伝子は，紫外吸収型（PxUV），青吸収型（PxB），長波長吸収型3種（PxL1-3）の計5種類が見つかった。各視細胞に発現するオプシンmRNAの分布は，in situ hybridization法で調べた。結果をまとめたのが表3である。

アゲハは長波長吸収型オプシンを3種類持つ。他科のチョウと比較するとアゲ

ハの長波長吸収型オプシンの多様性は特徴的である。さらに，分布もまた特徴的である。PxL1-3 の分布を in situ hybridization 法で調べると，多くの視細胞で 2 種類のオプシンが重複して発現していることがわかった。複眼腹側にあるすべての個眼の視細胞 3, 4 番には PxL1 と PxL2 が，タイプ II 個眼の視細胞 5〜8 番では，PxL2 と PxL3 が重複発現している（図 7-f, g）(Kitamoto et al., 1998)。1 つの視細胞に 2 種類の視物質が存在すると一体何が起こるのか？ 視細胞 3, 4 番は緑受容細胞で，分光感度はノモグラムを用いて推定した 520 nm に吸収ピークを持つ視物質（R520）の推定吸収スペクトルと一致する。つまり，PxL1 と PxL2 は，アミノ酸配列は少々異なるものの，ともに R520 に等しいスペクトルを持つ視物質を形成すると考えられる (Arikawa et al., 1999b)。PxL2 と PxL3 を重複発現する視細胞では何が起こるかを知るためには，まず PxL3 について知る必要がある。タイプ I 個眼の視細胞 5〜8 番は 600 nm に感度ピークを持つ赤受容細胞で，PxL3 を発現している。タイプ I, II 個眼の感桿周囲には，モンシロチョウのようなバリエーションはないものの赤い色素が局在する。モンシロチョウと同様にこの赤い色素もフィルター効果を持ち，細胞の分光感度を修飾する (Arikawa et al., 1999a)[*2]。これを考慮に入れ，PxL3 がどのような波長に吸収ピークを持つ場合にアゲハの赤受容細胞の分光感度が生成されるかシミュレートすると，PxL3 は 575 nm に吸収ピークを持つ視物質（R575）を形成するオプシンであることが示された (Arikawa et al., 1999b)。ここで PxL2 と PxL3 が形成する視物質はそれぞれ R520, R575 であることがわかった。1 つの視細胞が R520 と R575 とを同時に持てば，感度を持つ波長域は広がるだろう。実際，電気生理学実験の結果から，この視細胞は 420〜640 nm に及ぶ広い範囲の波長に感度を持っていることがわかり，広帯域受容細胞と名付けられた（図 9-a）(Arikawa et al., 2003)。長波長受容細胞に関しては，アゲハはモンシロチョウと異なり，色素の多様化よりむしろ視物質自体を多様化させること，さらにそれらを重複発現することにより多様性を生み出している。

　短波長吸収型オプシンは，紫外吸収型の PxUV，青吸収型の PxB の 2 種類が同定された。これらは視細胞 1, 2 番に 3 つの個眼タイプに対応した 3 通りの組み合わせで発現していた（図 7-d, e）(Kitamoto et al., 2000)。すなわち，タイプ I 個眼には PxUV と PxB がひとつずつ，タイプ II には PxUV がふたつ，タイプ III には PxB

---

*2：アゲハの感桿周囲には赤い色素と黄色い色素がある。本章では赤い色素が分光感度を修飾することを述べた。それでは，黄色い色素は？　もちろん黄色い色素もフィルター効果を持つ。しかし，黄色い色素は 500 nm より長波長の光を良く透過するため，視細胞 5〜8 番に発現する緑視物質 PxL2 に対する効果はごくわずかである (Arikawa et al., 1999a)。

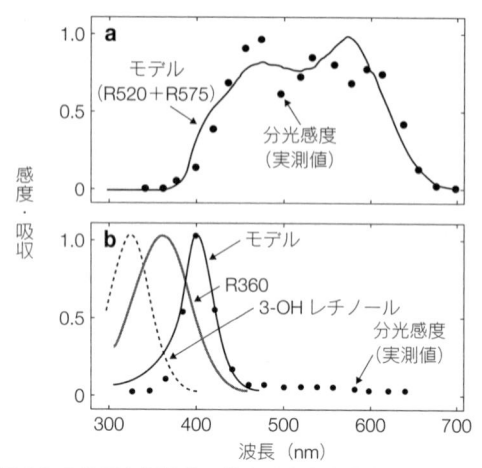

図9 アゲハ複眼に見られる特異な視細胞の分光感度生成機構（Wakakuwa et al., 2007 より改変）
アゲハのタイプII個眼（紫外線照射により蛍光を発する物質と赤色の感桿周囲色素を持つ）に含まれる広帯域受容細胞と紫受容細胞の分光感度生成機構。**a**: 広帯域受容細胞。実測の分光感度はドットで示される。非常に幅広い波長域に感度を持つ。図7-g で PxL2 と PxL3 を重複して発現していることを示した。モデル（実線）は，紫外線照射により蛍光を発する物質と赤色の感桿周囲色素を持つ個眼における，R520 と R575 を共発現する視細胞の理論的な分光感度。視物質の吸収に加え，蛍光物質と赤色素の影響も考慮した。広帯域受容細胞の分光感度と良く一致する（Arikawa et al., 2003）。**b**: 紫受容細胞。実測の分光感度はドットで示される。400 nm に鋭いピークを持つ。図7-d で PxUV を発現することを示した。また，タイプII個眼に含まれる蛍光物質は 3-ヒドロキシレチノールであると考えられている（本文参照）。3-ヒドロキシレチノールの吸収曲線は破線で示した。紫外吸収型視物質 R360（灰色実線）を発現する視細胞において，3-ヒドロキシレチノール（破線）が紫外線吸収フィルターとしてはたらく時，その視細胞の分光感度はモデル（黒実線）のようになる。これは，紫受容細胞の分光感度と一致する。

がふたつである。これを電気生理実験の結果と照合すると，そのままでは説明できない点に気づく。タイプI個眼で PxUV を発現する視細胞は 360 nm に感度ピークを持つ紫外線受容細胞である。ところが，タイプII個眼で同じく PxUV を発現するふたつの視細胞は，ともに 400 nm に感度ピークを持つ紫受容細胞なのである。ここでもやはり色フィルターが関与する分光感度生成機構が存在する。タイプII個眼は 330 nm の光で励起される蛍光物質を含む。この蛍光物質が紫外線を吸収するフィルターとしてはたらいて PxUV 視物質の吸収スペクトルが修飾され，紫受容細胞の特徴的な分光感度が生成される（図9-b，Arikawa et al., 1999b）。この蛍光物質の励起・蛍光スペクトルが 3-ヒドロキシレチノールのそれと良く一致すること，アゲハ複眼は多量の 3-ヒドロキシレチノールを含むこと（Seki et al., 1987）から，蛍光物質は 3-ヒドロキシレチノールであると考えられている。

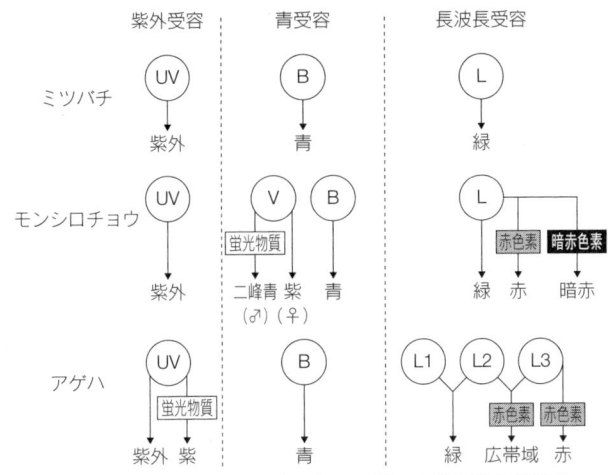

図10 ミツバチ，モンシロチョウ，アゲハの視細胞の多様化
ミツバチ，モンシロチョウ，アゲハの視物質と視細胞の多様性。視物質（円内）と視細胞の分光感度（漢字表記）の対応を示した。ミツバチはシンプルで視物質は各色吸収型（紫外，青，長波長）に1つずつ，それぞれ分光感度と1対1で対応している。モンシロチョウとアゲハは多様な視細胞を持つ。遺伝子重複によるオプシン遺伝子の多様化は，モンシロチョウの青吸収型，アゲハの長波長吸収型で見られる。さらに，赤，暗赤色素や蛍光物質などのフィルター効果により，モンシロチョウの赤，暗赤受容細胞や，アゲハの紫受容細胞などの分光感度が生じた。

2. 多様な視細胞と普遍的な網膜構成

　本章で扱った3種の訪花性昆虫を見ただけでも，視細胞の多様性やその多様性の基礎となるしくみはまさに多様であり，種ごとに独自の進化を遂げていることがわかってきた。ここでは，視細胞多様化のしくみという視点でここまでの話をまとめ，比較することにより，なぜ種や視細胞ごとに異なるしくみを採用したのか考察したい。また，視細胞の多様化の一方で個眼構成は普遍的な特徴を有していた。これは色覚とどのような関係があるのだろうか。

2.1. 視細胞を多様化するしくみ －視物質と色フィルター－

　紫外，青，緑の3種の視細胞を備えたミツバチでは，それぞれの視細胞に対応したオプシンをひとつずつ持っており，複眼の構成も比較的単純で，これを原型あるいは祖先型として捉えることができる。対して，モンシロチョウやアゲハは，ともに2通りの方法でより多くの視細胞を獲得した（図10）。

まず1つめはオプシン（視物質）の多様化である。モンシロチョウは青吸収型オプシンを2種類持つことにより，青受容細胞と紫受容細胞（メスの場合）を獲得した。アゲハでは長波長吸収型オプシンが3種類になり，さらに1つの細胞に重複発現することで，緑，赤，広帯域受容細胞を獲得した。オプシンの多様化は，ゲノム中のオプシン遺伝子のコピーから始まる。これを遺伝子重複と呼ぶ。当然，遺伝子重複の直後はコピー元の遺伝子とコピーによって新たに生じた遺伝子はまったく同一であるが，その後，両者で異なる分子進化を経ることにより，異なる機能を持つ遺伝子がつくられることがある。オプシン（視物質）の場合，異なる機能とは異なる波長域の吸収を意味する。遺伝子重複による視物質の多様化は，ヒトなどのような脊椎動物にも見られる普遍的な現象である（第5章，Box4）。

視細胞を多様化する方法の2つめは，色フィルターの多様化である。モンシロチョウは1種類の視物質PrLに色調の異なる色フィルターをかけることによって視細胞の分光感度を修飾し，緑，赤，暗赤の3種類の長波長受容細胞を獲得した。色フィルターによるシフトの幅は，大きいもので80 nmにも及ぶ。一方，アゲハでは，特に赤受容細胞の分光感度が色フィルターによる修飾を受けているものの，長波長受容細胞の緑，赤，広帯域受容細胞への多様化そのものは視物質の多様化により生じており，色フィルターの多様化によるものではない。同様に短波長受容細胞にも色フィルターが用いられている。アゲハでは，紫外吸収型視物質PxUVに紫外線吸収フィルターをかけることによって紫受容細胞を得たし，モンシロチョウでは，青吸収型視物質PrVに雄のみで紫光吸収フィルターをかけることにより，オスの二峰性青受容細胞とメスの紫受容細胞の感度が生成された。

色フィルターによる多様化は，特に注目に値する。ある動物に色覚があるかどうかを調べるとき，現代の生物学で最も簡便な方法はオプシン遺伝子を同定することである。そして多くの場合，視物質が2種類以上あれば色覚があると結論している。しかし，たとえ視物質が1種類しかなくても色フィルターなどを備えることで視細胞の分光感度を多様化させることは可能であり，その結果2種以上の視細胞があれば，原理的には色覚を持ちうる。また，視物質と色フィルターの多様化が共存すれば，同定した視物質の種類からは予想もつかないほど多様な視細胞が生じ，より複雑な色覚を持つ可能性もある。しかし，言えるのはそこまでである。色覚の有無やその特性は，最終的には行動学的に証明しなくてはならない。その際，オプシン遺伝子や色フィルターなどの形態的特徴，分光感度に関するデータは非常に強力な情報となる。

2.2. ふたつのしくみの選択 －色フィルターか？オプシンか？－

　例えば，長波長受容細胞を見てみると，モンシロチョウは色フィルター，アゲハはオプシン遺伝子の多様化により，それぞれ多様な視細胞の分光感度が生じた。それでは，それぞれの種はなぜ別々のしくみを選択したのだろう？　本章で触れなかったチョウ類も含めて比較することで，その答えに近づけるかもしれない。

　本章で扱った種以外にもさまざまなシジミチョウで単一の視物質に個眼内色素を変化させることにより視細胞を多様化させている例が見つかっている。また，他の多くのチョウでも個眼内にフィルターとしてはたらきうるさまざまな色素が見られることから，色フィルターによる視細胞の多様化はチョウ類にとっては一般的なことであるようだ。一方で，長波長受容細胞の多様化において，アゲハチョウ科のみに長波長吸収型のオプシン遺伝子の重複が見られることは非常に興味深い。3種類持つナミアゲハに加えて，例えば北米のトラフアゲハでは4種類，ウスバシロチョウでは2種類のオプシン遺伝子が同定されている。なぜアゲハチョウ科のみに遺伝子重複が起こったのか，明確な答えは得られていないが，"タペータム" と呼ばれる器官の有無が関与しているかもしれない。タペータムは，個眼の最基底部にあって，吸収されなかった光を反射し再び個眼に戻す鏡としてはたらくことにより，視細胞の感度の上昇に寄与する。タペータムはほとんどすべてのチョウ類にあるが，アゲハチョウ科のチョウはこれを持たない。色フィルターは視物質が吸収する波長域をカットして視細胞の感度ピークをシフトさせるので，波長シフトが大きいほど絶対感度は低下してしまう。モンシロチョウやシジミチョウなどのタペータムを持つ種は，この感度低下をタペータムによってある程度補っている可能性があるが，アゲハではそうはいかない。そこで，アゲハでは視物質を増やすことで長波長受容細胞の多様化させることが選択されたのかもしれない。

　短波長受容細胞の多様性に関して特に目をひくのは，モンシロチョウのケースである。ミツバチ，ヒメアカタテハ，アゲハの青吸収型視物質は1種類だが，モンシロチョウは遺伝子重複により2種類の青吸収型視物質を持つ。さらに蛍光物質によるフィルターにより雌雄間の多様性をも生み出している。モンシロチョウのオスは交尾相手のメスを探す際にメス翅の紫外線反射を指標にしている (Obara, 1970)。したがって，短波長域における正確な波長弁別能が要求される。このことと短波長受容細胞の多様化の間には深い関係があるように思われる。また，最近，モンシロチョウと同じシロチョウ科のモンキチョウ (Awata et al., 2009) や，シジミチョウ科のチョウ (Sison-Mangus et al., 2008) にも青吸収型オプシンの多様化が報告された。

分子系統解析からシロチョウ科とシジミチョウ科の青吸収型オプシンの遺伝子重複は独立に起こったらしい。これに関してもアゲハチョウ科は例外的で青吸収型オプシンの遺伝子重複が見られないのは興味深い。さらに，近年ドクチョウ科のチョウが遺伝子重複により生じた2種類の紫外吸収型オプシンを持つことが報告された (Briscoe et al., 2010)。これらの吸収ピークはそれぞれ 355 nm と 398 nm であることが推定されている。短波長域においては，アゲハは紫外吸収型視物質にフィルターをかけて 400 nm に感度のピークを持つ紫受容細胞を（図8），モンシロチョウは青吸収型視物質を重複させ 420 nm にピークを持つ紫受容細胞（図4）を獲得した。ともに方法は異なるものの，紫外と青の間を埋める波長域に感度を持つ視細胞が生じた点では共通している。ドクチョウ科のチョウの場合は，アゲハともモンシロチョウとも異なる，紫外吸収型視物質の重複という方法で同様の結果を得たことになる。いずれにしても多くのチョウ類で，視細胞の多様性を増す方向に進化していることは非常に興味深い。

2.3. 多くの昆虫に普遍的な個眼構成 − 3タイプの個眼 −

　視細胞の多様化は種によってさまざまな方法がある一方で，個眼構成には普遍的な特徴がある。個眼は形態的特徴や含まれる視細胞の組み合わせにより分類することができるが，どの種の個眼も3タイプに分類できる。すべてのタイプの個眼は必ず2つの短波長受容細胞と6つの長波長受容細胞を含み，2つの短波長受容細胞の組み合わせに着目すると，必ず「紫外1つ＋青1つ」，「紫外2つ」，「青2つ」の3通りである。モンシロチョウには一見「青2つ」の個眼はないように見えるが，オスの「二峰性青2つ」，メスの「紫2つ」がこれに当たる。これらの視細胞に発現する PrV は分子系統学的には青吸収型オプシンの一種だからである (Arikawa et al., 2005)。そして複数の長波長吸収型視物質を持つアゲハでは，「緑6つ」，「緑2つ＋緑と赤の重複発現4つ」，「緑2つ＋赤4つ」というようにやはり個眼タイプごとに3通りの組み合わせになっている。このように1つの個眼には特定の組み合わせで複数種類の視細胞が含まれている。これは，ただ1つの個眼（＝1画素）で色覚が成立しうることを示唆している。実際にアゲハを用いた行動実験により，色を識別するために対象物にどれくらいのサイズが必要か求めたところ，視角にして約1°であった。これは，個眼1つ分の視野にほぼ等しい。この結果からも1つの個眼で色覚が成立する可能性があることが示された(Takeuchi et al., 2006)。さらに，個眼タイプごとに含まれる視細胞が異なるので，同じ波長の光に対する反応が異なることが予想されることから，個眼ごとの反応を比較することによって，色を弁別

するしくみがあることも考えられる。

おわりに

　チョウ類は多様な視細胞を備えた3タイプの眼でどのような色世界を見ているのだろう。これまでに調べられたすべての訪花性昆虫では，紫外，青，長波長吸収型オプシンをそれぞれ1つ以上持ち，個眼タイプ（＝視細胞の組み合わせ）が3つであることが共通していたので，訪花性以外の昆虫でもこの原則を保持しているのかも知れない，と（根拠もなく）想像していたところ，コクヌストモドキなど一部の甲虫目昆虫は，紫外，長波長吸収型オプシンのみ持ち，青吸収型を持たないこと，オプシン発現の組み合わせに訪花性昆虫のようなバリエーションがなく，すべての個眼が均一であることが報告され (Jackowska et al., 2007)，少なからず驚いた。さらに私自身も最近，直翅目のサバクトビバッタ，半翅目のツマグロヨコバイの個眼構成を調べたところ，紫外，青，長波長吸収型オプシンをそれぞれ1つずつ持つ点は訪花性昆虫と共通していたが，1つの個眼には，短波長吸収型オプシン（紫外，青吸収型）を発現する視細胞が1つしか含まれないことが分かった。そして個眼タイプは2つ（紫外吸収型オプシンを発現する視細胞を含む個眼と青吸収型オプシンを発現する視細胞を含む個眼）であり，かなり単純であるようだ。これらのことから，訪花性昆虫に見られる視細胞や個眼構成の多様性は，訪花性昆虫に独特のものであり，餌や配偶者の探索などのため色覚に強く依存した生活様式と密接に関係していると思われる。

　これまで，昆虫の色覚研究は本章で扱ったような訪花性昆虫を対象に行われることがほとんどだったが，最近は非訪花性の昆虫を対象にした研究が徐々に増えてきている。これらの知見をさらに蓄積することにより，訪花性昆虫の特性が浮き彫りになり，かつ，昆虫全体の色覚進化の理解が進むことが期待できる。また，昆虫たちは多様な視細胞を獲得することでどのような利益を得るのか？　一体何に使っているのか？　いろいろと想像することは楽しいものだが，これを1つ1つ実験的に明らかにすることが今後の大きな課題である。

参考文献

Arikawa, K., K. Inokuma & E. Eguchi. 1987. Pentachromatic visual system in a butterfly. *Naturwissenschaften* **74**: 297-298
Arikawa, K. & D. G. Stavenga. 1997. Random array of colour filters in the eyes of butterflies.

Journal of Experimental Biology **200**: 2501-2506.

Arikawa, K., D. G. W. Scholten, M. Kinoshita & D. G. Stavenga. 1999a. Tuning of photoreceptor spectral sensitivities by red and yellow pigments in the butterfly *Papilio xuthus*. *Zoological Science* **16**: 17-24.

Arikawa, K., S. Mizuno, D. G. W. Scholten, M. Kinoshita, T. Seki, J. Kitamoto & D. G. Stavenga. 1999b. An ultraviolet absorbing pigment causes a narrow-band violet receptor and a single-peaked green receptor in the eye of the butterfly *Papilio*. *Vision Research* **39**: 1-8.

Arikawa, K., S. Mizuno, M. Kinoshita & D. G. Stavenga. 2003. Coexpression of two visual pigments in a photoreceptor causes an abnormally broad spectral sensitivity in the eye of a butterfly, *Papilio xuthus*. *Journal of Neuroscience* **23**: 4527-4532.

Arikawa, K., M. Wakakuwa, X. Qiu, M. Kurasawa & D. G. Stavenga. 2005. Sexual dimorphism of short wavelength photoreceptors in the small white butterfly, *Pieris rapae crucivora*. *Journal of Neuroscience* **25**: 5935-5942.

Autrum, H. & V. von Zwehl. 1964. Die spektrale Empfindlichkeit einzelner Sehzellen des Bienenauges. *Zeitschrift für vergleichende Physiologie* **48**: 357-384.

Awata, H., Wakakuwa, M., Arikawa, K. 2009. Evolution of color vision in pierid butterflies: Blue opsin duplication, ommatidial heterogeneity and eye regionalization in *Colias erate*. *Journal of Comparative Physiolosy A* **195**: 401-408.

Briscoe, A. D., G. D. Bernard, A. S. Szeto, L. M. Nagy & R. H. White. 2003. Not all butterfly eyes are created equal: rhodopsin absorption spectra, molecular identification, and localization of ultraviolet-, blue-, and green-sensitive rhodopsin encoding mRNA in the retina of *Vanessa cardui*. *Journal of Comparative Neurology* **458**: 334-349.

Briscoe, A. D., S. M. Bybee, G. D. Bernard, F. Yuan, M. P. Sison-Mangus, R. D. Reed, A. D. Warren, J. Llorente-Bousquets & C. C. Chiao. 2010. Positive selection of a duplicated UV-sensitive visual pigment coincides with wing pigment evolution in *Heliconius* butterflies. *Proceedings of the National Academy of Sciences of the United States of America* **107**: 3628-3633.

Chang, B. S. W., D. Ayers, W. C. Smith & N. E. Pierce. 1996. Cloning of the gene encoding honeybee long-wavelength rhodopsin: a new class of insect visual pigments. *Gene* **173**: 215-219.

von Frisch, K. 1914. Der Farbensinn und Formensinn der Biene. *Zoologische Jahrbücher Abteilung für allgemeine Zoologie und Physiologie der Tiere* **35**: 1-182.

Jackowska, M., R. Bao, Z. Liu, E. C. McDonald, T. A. Cook, M. Friedrich. 2007. Genomic and gene regulatory signatures of cryptozoic adaptation: Loss of blue sensitive photoreceptors through expansion of long wavelength-opsin expression in the red flour beetle *Tribolium castaneum*. *Frontiers in Zoology* **4**: 24

Kitamoto, J., K. Sakamoto, K. Ozaki, Y. Mishina & K. Arikawa. 1998. Two visual pigments in a single photoreceptor cell: identification and histological localization of three mRNAs encoding visual pigment opsins in the retina of the butterfly *Papilio xuthus*. *Journal of Experimental Biology* **201**: 1255-1261.

Kitamoto, J., K. Ozaki & K. Arikawa. 2000. Ultraviolet and violet receptors express identical mRNA encoding an ultraviolet-absorbing opsin: identification and histological localization of two mRNAs encoding short-wavelength-absorbing opsins in the retina of the butterfly *Papilio xuthus*. *Journal of Experimental Biology* **203**: 2887-2894.

Menzel, R. & W. Backhaus. 1989. Color vision honey bees: phenomena and physiological mechanisms. *In*: Stavenga, D. G. & R. C. Hardie (eds.), Facets of vision, p. 281-297. Springer-Verlag, Berlin Heidelberg New York London Paris Tokyo.

Obara, Y. 1970. Studies on the mating behavior of the white cabbage butterfly, *Pieris rapae crucivora* Boisduval III. Near-ultra-violet reflection as the signal of intraspecific comunication. *Zeitschrift für vergleichende Physiologie* **69**: 99-116.

Qiu, X., K. A. J. Vanhoutte, D. G. Stavenga & K. Arikawa. 2002. Ommatidial heterogeneity in the compound eye of the male small white butterfly, *Pieris rapae crucivora*. *Cell and Tissue Research* **307**: 371-379.

Qiu, X. & K. Arikawa. 2003a. The photoreceptor localization confirms the spectral heterogeneity of ommatidia in the male small white butterfly, *Pieris rapae crucivora*. *Journal of Comparative Physiology A* **189**: 81-88.

Qiu, X. & K. Arikawa. 2003b. Polymorphism of red receptors: Sensitivity spectra of proximal photoreceptors in the small white butterfly, *Pieris rapae crucivora*. *Journal of Experimental Biology* **206**: 2787-2793.

Seki, T., S. Fujishita, M. Ito, N. Matsuoka & K. Tsukida. 1987. Retinoid composition in the compound eyes of insects. *Experimental Biology* **47**: 95-103.

Sison-Mangus, M. P., A. D. Briscoe, G. Zaccardi, H. Knüttel & A. Kelber. 2008. The lycaenid butterfly *Polyommatus icarus* uses a duplicated blue opsin to see green. *Journal of Experimental Biology* **211**: 361-369.

Spaethe, J. & A. D. Briscoe. 2005. Molecular chracterization and expression of the UV opsin in bumblebees: three ommatidial subtypes in the retina and a new photoreceptor organ in the lamina. *Journal of Experimental Biology* **208**: 2347-2361.

Takeuchi, Y., K. Arikawa & M. Kinoshita. 2006. Color discrimination at the spatial resolution limit in a swallowtail butterfly, *Papilio xuthus*. *Journal of Experimental Biology* **209**: 2873-2879.

Townson, S. M., B. S. W. Chang, E. Salcedo, L. V. Chadwell, N. E. Pierce & S. G. Britt. 1998. Honeybee blue-and ultraviolet-sensitive opsins: cloning, heterologous expression in *Drosophila*, and physiological characterization. *Journal of Neuroscience* **18**: 2412-2422.

Wakakuwa, M., D. G. Stavenga, M. Kurasawa & K. Arikawa. 2004. A unique visual pigment expressed in green, red and deep-red receptors in the eye of the small white butterfly, *Pieris rapae crucivora*. *Journal of Experimental Biology* **207**: 2803-2810.

Wakakuwa, M., M. Kurasawa, M. Giurfa & K. Arikawa. 2005. Spectral heterogeneity of honeybee ommatidia. *Naturwissenschaften* **92**: 464-467.

Wakakuwa, M., D. G. Stavenga & K. Arikawa. 2007. Spectral organization of ommatidia in flower-visiting insects. *Photochemistry and Photobiology* **83**: 27-34.

White, R. H., H. Xu, T. A. Munch, R. R. Bennett & E. A. Grable. 2003. The retina of *Manduca sexta*: rhodopsin-expression, the mosaic of green-, blue- and UV-sensitive photoreceptors, and regional specialization. *Journal of Experimental Biology* **206**: 3337-3348.

コラム1　行動から探るチョウの色覚

　　　　　　　　　　　　　木下 充代（総合研究大学院大学）

はじめに

　眼をひらくと，そこには"私の見ている世界"が広がっている。この"私の見ている世界"は，外の世界にある光の情報が眼というフィルターを通り，さらに脳のはたらきによって再構成された主観的な世界である。

　さまざまな動物が目を持つが，その前にはヒトとは違うかれらの主観的な視覚世界がある。われわれはヒトである以上，残念ながらヒト以外の動物が見ている世界を体験することはできない。しかし，ヒトの感覚を通じて動物の世界を"想像"することはある程度できるだろう。ヒト以外の動物が見ている世界を知るには，まずどうするか？　動物に何が見え，何が見えないかを直接聞くほかない。つまり，行動学的な検証によって，見えるもの見えないものを丹念に調べるのである。

　ヒトの見ている世界には"色"がついている。この光の波長情報を基盤とする色の知覚は，ヒト以外にトリ・サカナなどの脊椎動物だけでなくシャコ・ハチやチョウといった無脊椎動物にもあるごく一般的な感覚で，形・動き・奥行きといった視覚情報のひとつである。しかし，動物ごとに最初に光を生体の信号に変換する目と，その後の処理をする脳は違っている。そのため，それぞれの動物ごとに見ている色世界は随分と異なるようだ。本コラムでは，主に無脊椎動物の中でも優れた色覚を持つことが知られているアゲハチョウの色世界とその背景にあるしくみとの関係を，ヒトのそれと対比させながら見ていくことにする。

1. 色覚と色覚現象

　ヒトが見ている物体の色には，赤や青といった色の違い（色相），色の鮮やかさ（彩度），そして色の明るさ（明度）の3つの性質がある。この3つの性質のうち，色相を見分ける能力がいわゆる"色覚"である（池田，1988）。もう少し厳密に定義すると，色覚は物体表面の明るさではなく，物体表面で反射された光にどの波長域の光がどのくらい含まれているのか（反射スペクトル）を見分ける能力と言える。ある動物に色覚があると言うためには，この定義に沿った実験的証明が必要になる。

　訪花性昆虫は色とりどりの花を訪れることから，彼らが色覚を持つであろうこと

は容易に想像できる。事実，最初に色覚を持つことが行動学的に証明された昆虫は，ミツバチである（von Frisch, 1914）。まず，青色紙の上に蜜を満たした時計皿を置き，ミツバチに自由に訪問させる。次に，蜜を与えていた青色紙をさまざまな明るさの灰色と同時に見せると，ミツバチは蜜がなくとも青色紙の上でのみ蜜を探す。もし，青色紙を明るさで見分けているならば，青色紙を同じ明るさの灰色紙と間違えるはずである。しかし，実際にはそうはならない。なぜならミツバチは青色紙の"青"を"色"として見ているからである。ところが同じ実験を赤色紙で行うと，ミツバチは赤色紙とある特定の明るさの灰色の色紙を同じ程度選ぶ。つまりミツバチには，赤い色紙の"赤"は"色"として見えていないのである。

　同じ訪花性昆虫でも，ナミアゲハ（以後アゲハ）は赤いツツジやオレンジ色のユリなどをよく訪れる。ミツバチの実験と同じ方法で赤い色紙の上で蜜を探すように訓練したアゲハは灰色の色紙の中から赤色紙を選び，灰色と間違えることは決してない（Kinoshita et al., 1999）。これは，黄色・緑・青の色紙を覚えたアゲハでも同じ結果になる（口絵1-a, b）。また，色紙の反射スペクトルの特性（波長分布特性）をそのままにし，明るさだけを変えてもアゲハは正しい色紙を選ぶ。以上のことから，アゲハは色紙を明るさではなく色紙の波長分布特性を見分ける能力「色覚」を持つと言える。

　色の見え方には，いくつか特徴がある。われわれには，いつどこで見てもリンゴは赤く見えるし，メロンは緑色に見える。このとき実際に目に届いている光のスペクトルは，時間や天気や場所によって刻々と変化する照明光のスペクトルに従って，刻々としかも大きく変化してしまう。ところが目に届く光のスペクトルが変わるにもかかわらず，知覚される物体の色は大体ある範囲に収まる。この現象は色の恒常性と呼ばれ，刻々と変化する光環境のもとで色を指標に物を見分けるのに重要であると考えられている。

　目に届く光（反射スペクトル）が変化しても色の見え方が大体同じである色の恒常性と，反射スペクトルの波長分布特性を見分ける能力が色覚であることは，一見矛盾して聞こえる。すべての視覚のもとになっているのは反射スペクトルで，これは照明光のスペクトルと物体表面の反射率の割合によって決まる。実際には，照明光と物体表面の反射率を掛け合わせたものが，目に届く光である（第1章図3参照）。この3者の関係を使って，なぜ色の恒常性が起こるのかを上手く説明したのがEdwin Land（1964）である。色の恒常性が成り立つのは，脳が今見えているさまざまな物体表面からの反射スペクトルを比較することで，照明光のスペクトルを差し引いて，物体表面がどの波長をどのくらい反射しているのか（分光反射率）を導

き出すからだと考えられている。つまり，ヒトが知覚している"色"は，目に届いている反射スペクトルそのものではなく，照明光のスペクトルに影響を受けない物体表面の分光反射率に対応するのである。しかし，色の恒常性を説明する具体的な脳のしくみについては，まだ多くのことがわかっていない。

　アゲハやミツバチのような昆虫の色覚にも，色の恒常性は含まれている（Werner et al., 1988; Kinoshita & Arikawa, 2000）。白色光の下で黄色を学習したアゲハは，白色光のもとではもちろん，異なる色照明たとえば赤い照明光の下でも色モンドリアンと呼ばれる複雑なパターンの中から黄色の色紙を間違えることなく選ぶ（口絵2-a）。色の恒常性は，青緑とエメラルドグリーンのような似た色紙を使うとより厳密に調べることができる。緑色照明光の下に置いた青緑の色紙の反射スペクトルは，白色光の下に置いたエメラルドグリーンの反射スペクトルとほぼ一致する（口絵2-b）。もし，アゲハが知覚・学習する"色"が色紙からの反射スペクトルであるならば，白色光の下でエメラルドグリーンを学習したアゲハ（口絵2-c 白色光）は緑の照明光のとき青緑を選ぶはずである。しかし，実際にはエメラルドグリーンを学習したアゲハは緑色の照明下でもエメラルドグリーンを，青緑を学習したアゲハは青緑を選ぶ（口絵2-c 緑色光）。これは，アゲハが知覚する"色"は反射スペクトルではなく分光反射率であることを示している。ただし，色の恒常性には限界がある。濃すぎる緑色光の下では，アゲハは飛ばなくなる。これはアゲハの飛翔行動が引き起こされるには，広い波長域の光がある明るさ以上必要なためだろうと考えている。色の恒常性が成立するには，照明光に広い波長域の光が一定量含まれていることが大切で，照明光のスペクトルの偏りが大きすぎると色覚は失われてしまう。このことは，トンネル内のオレンジ光の中では，車内のすべてのものがオレンジの濃淡になってしまうことから理解できるだろう。

　先に述べたように色の恒常性では，注目している物体とその周辺にある物体や背景との反射スペクトルを相対的に比較することによって色の見え方が決まると説明されている（Land, 1977）。この色の見え方が相対的に決まることをよく示す現象が，"色対比"である。これは，周辺が濃い赤で中心が灰色のドーナツ型のパターンをヒトが見たとき，中心の灰色部分が緑色っぽく見える現象である。この現象は，周りにある色によって本来ないはずの色が誘導されることから色誘導とも呼ばれる。また，この周辺の色と中央に誘導される色とは，いわゆる反対色の関係にあることが知られている。ヒトの場合，赤が周辺にある場合誘導される色は緑，青が周辺にあるときは黄色が誘導される。

　色の恒常性を持つアゲハの色覚にも，色対比現象は含まれている（Kinoshita et al.,

2008)。黒の背景上に並べた黄色・黄緑・緑・青緑・水色の色紙から緑を選ぶよう訓練したアゲハは，訓練の時に使った5種類の色紙を灰色背景上に並べた場合も，緑色を間違いなく選ぶ（口絵3-a）。このように背景の明るさの違いは，色を指標とした弁別に影響しない。ところがアゲハは，背景を黄色にすると黄緑を選ぶ（口絵3-a）。同じ実験を青色の背景で行うと，アゲハは緑ではなく青緑を選ぶ（口絵3-b）。以上の結果は，背景の色によって誘導されたある色が選択した色紙に加わった結果，アゲハには黄色背景上の黄緑と青背景上の青緑が，それぞれ学習した緑に見えたと考えられる。背景の色によって誘導された色は，学習色の緑から色背景時に選ばれた色紙の反射スペクトルを引くことによって推測できる。緑から黄緑を引いたスペクトルのような光を見ると，ヒトには青く見える。つまり，黄色の背景は青を誘導したことになる（口絵3-c青線）。同様に緑から青緑のスペクトルを引いたスペクトルから，青背景は黄色を誘導したと言える（口絵3-c黄色線）。以上のように黄色と青は互いに誘導しあうので，どうやらこのふたつの色はヒトと同じく反対色の関係にあるようだ。また，アゲハの色覚では，緑背景が赤を誘導し赤紫の背景は弱く緑を誘導するので，緑と赤系の色の間にも反対色の関係がありそうである。反対色の組み合わせが，ヒトとアゲハの間で似ているのはたいへん興味深い。

2. 色覚の基盤となる網膜の構成

　ここまでヒト・アゲハ・ミツバチ等が色覚を持ち，その色覚現象も共通することを見てきた。では，その色覚の背景にある神経系の仕組みはどのようになっているのだろう？　色覚は，光の波長情報が異なる波長域に感度を持つ複数種類の視細胞によって受容されることから生じる感覚である。そのため色覚は，どのような種類の視細胞があり，それらがどのように分布しているのかという網膜の構成と深く関係する。

網膜の構成

　ヒトの目はいわゆるカメラ眼で，網膜は細胞が数層並んだシート状の構造をしており，視細胞は光が入る瞳から最も遠いところに一層に並んでいる。そこには明るいところではたらく錐体細胞と暗いところではたらく桿体細胞がある。錐体細胞は，網膜の中心窩と呼ばれる部分に集中して分布していて，感度を持つ波長域の違いから短波長（S）・中波長（M）・長波長（L）受容細胞の3種類に分けられている。この3種類の錐体細胞はヒト色覚の基盤であり，異なる比率で不規則に並んでいる。

一方昆虫の目である複眼の視細胞構成は，第2章に紹介されているように非常に複雑で，種によって多様である。アゲハの場合，複眼に含まれる視細胞は分光感度によって6種類に分類される（第2章図8）。一方，複眼を構成する個眼は9つの視細胞を含み，各視細胞には光受容部位（感桿）を構成する位置によって1番から9番まで番号がつけられている。個眼中の9つの視細胞が，6種類ある分光感度をどのような組み合わせで持つのかによって，個眼は3タイプに分類される（第2章表3）。これら3つの個眼タイプは，それぞれ異なる比率で不規則に複眼上に分布している。ここでは深く触れないが，昆虫複眼は，その領域によって視細胞の構成が異なり，これは複眼領域による視覚機能の分化と関係している（Lehrer, 1998）。例えば，アゲハ複眼の背側3分の1は空を見るように，物体の色や形を見るためには複眼の正面から腹側にかけての領域が使われているようである。
　さてアゲハの網膜の視細胞構成は上に述べたとおりである。続いて，この網膜のしくみが，どのように色覚とかかわっているのか？について見ていくことにしよう。

色覚系を特定する波長弁別能

　ヒトの色覚は，網膜の中心窩にあるS，M，Lの3種類の視細胞を基盤とした3原色の色覚系である。昆虫で最初に色覚が証明されたミツバチも3原色の色覚系を持つ。ただし，ミツバチの場合3種類の視細胞は，それぞれ紫外・青・緑の波長域に感度持つ。そのため，ミツバチが色を見ることができるのは紫外から緑までの波長域で，いわゆる赤が色として見えないのは赤の波長域に感度を持つ視細胞を持たないからである。
　視細胞と色覚との関係を見る1つの方法に，波長弁別能がある。波長弁別能とは，異なる色として弁別できる最小の波長差を指す。ヒトの場合，500 nmと600 nm付近では波長が約1 nm違う光を見れば異なる色として見える（図1，池田・芦沢，1992）。この波長弁別能が高くなる500 nm付近はSとM視細胞，600 nm付近はMとL視細胞の分光感度曲線が重なる波長域と大体一致する。このように異なる波長に感度持つ視細胞の分光感度が重なる波長域で波長弁別能が高くなるので，3原色の色覚系では2波長域で弁別能が高いことになる。事実ヒトと同じ3原色の色覚系を持つミツバチも，2波長で波長弁別能が高い（図1，von Helversen, 1972）。ただし，ミツバチの色覚はそれぞれ紫外・青・緑の波長域に感度を持つ視細胞を基盤とするので，波長弁別能が高くなるのは400 nmと500 nm付近で，最も弁別能が高い波長域でも4 nmの差しか見分けることができない。
　紫外から赤まで6種類もの視細胞を持つアゲハの色覚が，全種類の視細胞を使

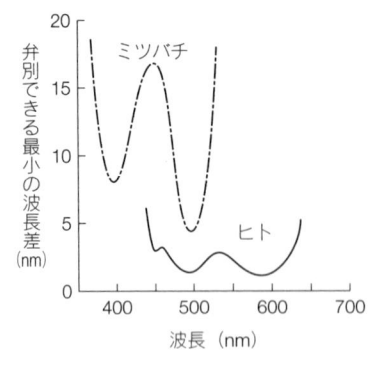

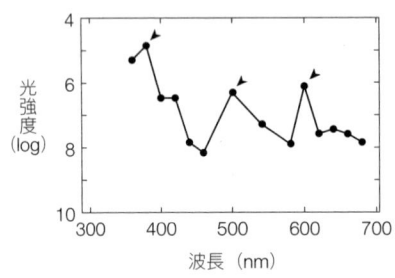

図1 3原色の色覚系における波長弁別能

3原色の色覚系では，2波長において波長弁別能が高くなる。ヒトでは500 nmと600 nm付近，ミツバチでは400 nmと500 nm付近に弁別能が高く，これらの波長域は視細胞の種類と深くかかわる。

図2 求蜜行動の作用スペクトル

吻伸展を指標とした各波長の光強度反応から，50%の確率でアゲハが吻伸展を示した光強度を縦軸にとり，吻伸展を引き起こす光強度が低いほど測定値が上に行くようにプロットした。アゲハの求蜜行動は，紫外（360 nm）・青緑（500 nm）・赤（600 nm）の波長域で感度が高くなる。

ったものだとすると，6原色の色覚系ということになる。もし，アゲハが6原色の色覚系を持つなら，波長弁別能は5つの波長域で高くなるはずである。

アゲハの波長弁別能を調べる前に，求蜜行動の各波長に対する感度（作用スペクトル）を調べなければならない。なぜならば，2つの異なる波長の光があったとき，物理的に同じ光強度であっても決して同じ明るさに見えるとは限らないし，どんな波長の刺激でも明るすぎれば白色光になり，暗ければ光として知覚されないからだ。求蜜行動の作用スペクトルの測定では，まず求蜜行動の光強度反応を波長ごとに調べ，その結果から同じ確率で求蜜行動を引き起こす光強度を求める。

アゲハは，石英の磨りガラスでできたスクリーンに照射した特定の波長の光（単色光）を蜜と組み合わせて学習し，学習単色光に自ら吻を伸ばす（吻伸展）ようになる。光強度反応の測定では，アゲハに学習単色光とただのスクリーンを同時に見せる。そして，単色光の光強度をいろいろに変えて，学習単色光に対して吻伸展する割合を観察する。アゲハは340 nmから680 nmまでの単色光を蜜と結びつけて学習でき，紫外・青緑・赤の波長域に高い感度を示す（図2, Koshitaka *et al.*, 2004）。この求蜜行動の作用スペクトルは，複眼全体の感度，言い換えると6種類の視細胞が高い感度を示す波長域と各視細胞の分布率とに関係しているように見える。

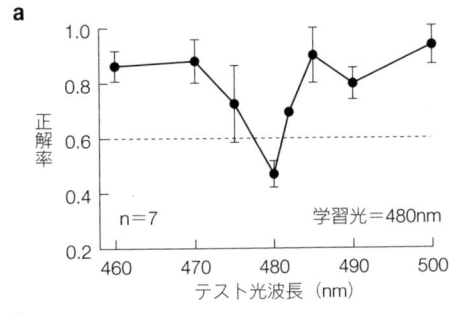

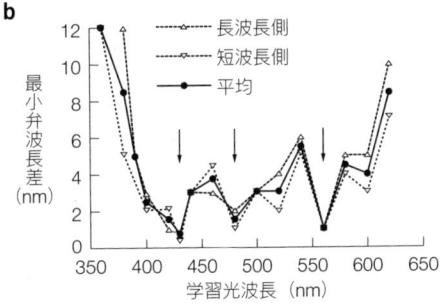

図3 波長弁別能

a: 480 nm 学習個体の波長弁別能。480 nm とテスト光（横軸）を同時に提示して 480 nm の選択率を測定する。480 nm 選択率が60%のときを弁別可能とすると，480 nm から長波長側でも短波長側でも約1 nm 違えば，アゲハは 480 nm を弁別できることになる。**b**: アゲハの波長弁別能。3波長域（430，480，560 nm）で波長弁別能が高くなる。

波長弁別能の測定では，アゲハが同じ確率で吻伸展を示す明るさに調節した学習単色光とそれとは異なる波長の単色光（テスト光）を同時に提示する。ここで用いる光の像は，色として見える光強度であること，どの波長域もアゲハにとって同じ明るさであることが大切である。これは，前出の作用スペクトルの知見を用いて調節する。異なる2つの波長の単色光がアゲハに異なる色に見えたとき，アゲハは学習波長の単色光に吻を伸ばす。480 nm を学習したアゲハは，まったく同じ2つの 480 nm の光をランダムに選ぶが，2つの単色光の波長差が大きくなると学習光を高い正解率で選ぶようになる（図3-a）。正解率が60%になったとき，2つの波長を弁別できたとする。すると，アゲハには 480 nm から短波長側もしくは長波長側に数 nm 違う波長の光は 480 nm とは異なる色として見えるといえる。学習波長を360 nm から 620 nm まで約 20 nm おきに学習波長を選び，そのうち学習が成立した16波長において，上で述べたような波長弁別テストを行うと，430，480，560 nm の3波長域で弁別能が高くなる（図3-b，Koshitaka *et al.*, 2008）。このことは，3原色の色覚系で2波長域の弁別能が高くなることを考えると，アゲハの色覚が4原色で，網膜にある6種類の視細胞のうち4種類だけが色覚にかかわる可能性を示している。

　6種類ある視細胞のうち色覚に使われている4種類を特定するためには，モデル

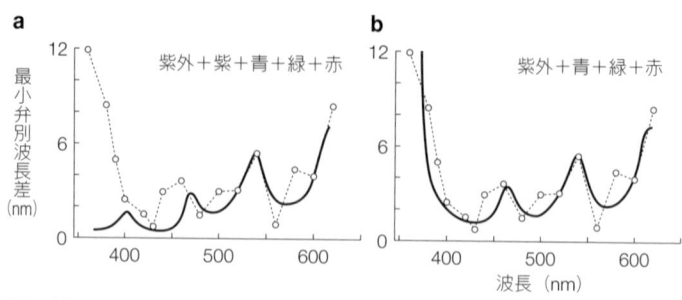

図4 波長弁別能のモデルによる評価
a: 広帯域細胞以外の5種類の視細胞がはたらいていると仮定。紫外波長域が行動実験結果と合わない。**b**: 紫外・青・緑・赤受容細胞がはたらいていると仮定。行動実験結果にもっともよく重なる。

計算による検証が適当である。ここで用いたモデルは，視細胞の種類，各視細胞の分光感度・ノイズレベル・数をもとに波長弁別能を予測するReceptor noise-limited color opponent modelである。6種類あるうちの紫外・紫・青・緑・赤受容細胞を基盤とした予想波長弁別能は，行動実験の結果と紫外領域でまったく一致しない（図4-a）。様々な視細胞の組み合わせでモデルの計算をしたところ，紫外・青・緑（視細胞5～8番）・赤受容細胞の4種類で行った予想曲線が，行動実験の結果にもっともよく重なった（図4-b, Koshitaka et al., 2008）。これは，アゲハの4原色が紫外・青・緑・赤受容細胞を基盤とすることを意味している。しかし厳密にいうと，モデル計算ではアゲハの色覚は上に述べた4種類の視細胞を基盤としているというのが一番理にかなっているようだが，これが真実であるかどうかは今後生理学的実験によってその実体が神経系に見つかるまで待たなくてはならない。

以上のことは，アゲハの視覚では担う視覚機能の分担が視細胞レベルで決まっていることを示している。個眼タイプIIに含まれる紫・広帯域受容細胞と全個眼の視細胞3・4番にある緑受容細胞は色覚にはかかわらないことは，大変興味深い。視細胞3・4番は，全個眼で緑受容型であることから，色覚よりも，高い空間分解能を必要とする形や動きを見るために使われている可能性が高い。事実，ハエやミツバチでは動きや形を見るシステムが，視細胞レベルで決まっており，1種類の視細胞によることが知られている（Strausfeld & Lee,. 1991; Giurfa et al,. 1996）。一方，タイプIIに含まれる紫と広帯域受容細胞は，それぞれ種特異的な波長情報の知覚や波長特異的行動もしくはヒトの桿体細胞のような薄暗い環境下での視覚機能を担っていることが考えられるが，今のところ確固たる証拠はない。つまり，視細胞のうちいくつかは，その機能がまだよく理解されていないのである。

3. 色覚行動と波長特異的行動

さてここまでは，色覚とその仕組みを調べる目的で，アゲハの求蜜行動を中心に取り上げてきた。しかし，色覚がかかわるのは求蜜行動だけではないし，その他の行動例えば逃避行動，追随行動，飛行制御，また特定の波長の刺激だけで引き起こされる波長特異的行動では色覚がかかわらないことが知られている。最後に，色覚とかかわる行動にはどのようなものがあるのかを見てみよう。

多く訪花性昆虫は，蜜源の探索に色覚を含むさまざまな視覚情報を使っている。ハナバチやホウジャクのなかまは生まれつき青を好んで訪花する（Giurfa et al., 1995; Kelber, 1997）。メスのアゲハは黄色か赤（Kinoshita et al., 1999），モンシロチョウは青と赤の波長域（Scherer & Kolb, 1987）を好む。この生得的な色の嗜好性は遺伝的に決まっているが，昆虫達は花を訪れて蜜を得ることで新しい蜜源である花の色を覚え，より効率よく蜜を得ていると考えられる（Weiss, 1991）。

種や性の弁別，食草の種類や葉の質を見分けるのにも，色は重要な指標になる。例えば，モンシロチョウのオスは，メスを探すときオスに比べ紫外領域の反射率が高いメスの羽の色を指標にしている（Obara & Hidaka, 1968; Morehouse & Rutowski, 2010）。また産卵中のメスアカモンキアゲハは，色覚を使ってより若く黄色みの強い色の葉を選ぶ（Kelber, 1999）。これらの行動では，学習による色嗜好性の変化はあまりない。そのため過去には，産卵行動は，波長特異的行動であると考えられていた。波長特異的行動とは，ある特定の分光感度を持つ視細胞，例えば緑に感度を持つ視細胞の興奮のみによって引き起こされる。つまり，仮に産卵行動が波長特異的行動で緑感受性視細胞依存であるならば，その行動にかかわる視覚世界はモノクロになり，複数種類の視細胞における反応の違いを基盤とする色覚を必要としなくなるからだ。以上の理由で，ある行動の特定の波長への嗜好性が色覚によるのか，それとも波長特異的行動なのかについては，詳細な行動実験によって正しく調べる必要がある。

おわりに

本コラムで紹介したアゲハの色世界を知るための行動実験は，もともとヒトの色覚を調べるために発達してきた心理物理学的手法を応用したものである。視覚刺激の物理的特徴とアゲハの弁別結果を比較して，視覚刺激に含まれる情報の何が知覚されているのか？その知覚を説明できる神経の仕組みには何が必要か？　を考え

る。この推測した神経の仕組みは,生理学で具体的に検証できる。私はこの行動実験による検証と生理学実験をいったりきたりする神経行動学的手法が,動物の行動とそのしくみを調べるのに最も適した方法のひとつだと考えている。

　ミツバチでしか昆虫の色覚が詳しく調べられていなかった頃,昆虫の色世界はミツバチと同じであると考えられていた。しかし,鱗翅目昆虫をはじめヒト以外の動物において色覚研究が進むにつれ,その色世界が種によってとても多様であることが明らかになりつつある。この種間の違いは,環境適応と進化の歴史が異なることを反映している。色覚はごく一般的な感覚であるにもかかわらず,知覚レベルで調べられている種はごくわずかである。これからも,今回紹介した方法を使って他の動物の視覚世界を覗いて行きたいと思う。

参考文献

von Frisch, K. 1914. Der Farbensinn und Formensinn der Biene. *Zoologische Jahrbücher Abteilung für allgemeine Zoologie und Physiologie der Tiere* **35**: 1-182.
Giurfa, M., J. Nunez, L. Chittka & R. Menzel 1995. Colour preferences of flower-naive honeybees. *Journal of Comparative Physiology A* **177**: 247-259.
Giurfa M., M. Vorobyev, P. Kevan & R. Menzel. 1996. Detection of coloured stimuli by honeybees: minimum visual angles and receptor specific contrasts. *Journal of Comparative Physiology A* **178**: 699-709.
von Helversen, O. 1972. Zur spektralen Unterschiedsempfindlichkeit der Honigbiene. *Journal of Comparative Physiology* **80**: 439-472.
池田光男　1988. 眼はなにを見ているか―視覚系の情報処理―. 平凡社.
池田光男・芦沢昌子　1992. どうして色は見えるのか―色彩の科学と色覚―. 平凡社.
Kelber, A. 1997. Innate preferences for flower features in the hawkmoth *Macroglossum stellatarum*. *Journal of Experimental Biology* **200**: 827-836.
Kelber, A. 1999. Ovipositing butterflies use a red receptor to see green. *Journal of Experimental Biology* **202**: 2619-2630.
Kinoshita, M. & K. Arikawa. 2000. Colour constancy in the swallowtail butterfly *Papilio xuthus*. *Journal of Experimental Biology* **203**: 3521-3530.
Kinoshita M., N. Shimada & K. Arikawa 1999. Colour vision of the foraging swallowtail butterfly *Papilio xuthus*. *Journal of Experimental Biology* **202**: 95-102.
Kinoshita, M., Y. Takahashi & K. Arikawa 2008. Simultaneous color contrast in the foraging swallowtail butterfly, *Papilio xuthus*. *Journal of Experimental Biology* **211**: 3504-3511.
Koshitaka, H., M. Kinoshita & K. Arikawa. 2004. Action spectrum of foraging behavior of the Japanese yellow swallowtail butterfly, *Papilio xuthus*. *Acta Biologica Hungarica* **55**: 71-79.
Koshitaka, H., M. Kinoshita, M. Vorobyev & K. Arikawa. 2008. Tetrachromacy in a butterfly that has eight varieties of spectral receptors. *Procceding of Royal Society of London Biological Scicience* **275**: 947-954.

Land, E. H. 1964. The retinex. *American Scientist* **52**: 247-264.
Land, E. H. 1977. The retinex theory of color vision. *Scientific American* **237**: 108-128.
Lehrer, M. 1998. Looking all around: Honeybees use different cues in different eye regions. *Journal of Experimental Biology* **201**: 3275-3292.
Morehouse, N. I. & R. L. Rutowski. 2010. In the eyes of the beholders: Female choice and avian predation risk associated with an exaggerated male butterfly color. *American Naturalist* **176**: 768-784.
Obara, Y. & T Hidaka. 1968. Recognition of the female by the male, on basis of ultra-violet reflection, in the white cabbage butterfly, *Pieris rapae* crucivora Bioisduval. *Proceedings of the Japan Academy* **44**: 829-832.
Scherer, C. & G. Kolb. 1987. Behavioral experiments on the visual processing of color stimuli in *Pieris brassicae* L. (Lepidoptera). *Journal of Comparative Physiology A* **160**: 645-656.
Strausfeld, N. J. & J. Lee. 1991. Neuronal basis for parallel processing in the fly. *Visual Neuroscience* **7**: 13-33.
Werner, A., R. Menzel & C. Wehrhahn. 1988. Color constancy in the honeybee. *Journal of Neuroscience* **8**: 156-159.
Weiss, M. R. 1991. Floral colour changes as cues for pollinators. *Nature* **354**: 227-229.

第3章 ハナバチに見えている （あなたの知らない）花の世界

牧野 崇司（山形大学理学部）
横山 潤（山形大学理学部）

　例えば色とりどりの飴玉からメロン味の飴玉を取り出すとき，あるいは鈴なりの林檎から食べ頃の林檎を探すとき，私たちは色を手がかりに目標を定め，手を伸ばす。このとき，青い林檎の中にポツンと混ざった赤い林檎を探すことは簡単だが，微妙に熟れ具合の異なる林檎の中から一番赤い物を探すとなると一手間である。私たちにとって，色がどれだけ違って見えるのかという「色コントラスト」は，物の見つけやすさや，識別のしやすさに大きく影響する。

　野外で花を探すハナバチにとっても色コントラストは重要な手がかりとなるが，その利用には，私たちにはない「条件」が存在する。驚いたことに，ハナバチによる色コントラストの利用は花が近くに見えるときに限られる。花が遠くに見えるとき，ハナバチは色コントラストではなく，緑受容細胞からの情報（緑コントラスト）のみを利用するのだ。物の遠近にかかわらず色を認識している私たちからすれば不可解な現象だが，彼らは花の遠近に応じて2種類のコントラストを使い分けている。したがって，ある花の色がハナバチの目にどのように見えるのかを正しく理解するには，その花が反射する光の情報を，色コントラストと緑コントラストに分けて解析する必要がある。本章の前半では，コントラストの使い分けを明らかにした実験と，そこから派生する視覚メカニズムの研究をいくつか解説していく。途中から話の軸足を徐々に花に移していき，章の最後に，ハナバチの利用コントラストを考慮しながら展開される花の生態学的研究を紹介する。

1. 2種類のコントラストを使い分けるハナバチ

　ハナバチが2種類のコントラストを使い分けている，という結論がいかにして導き出されたのか？　この節ではGiurfaらが行った一連の実験（Giurfa et al., 1996, 1997）について解説する。実験にはY迷路という装置を使う（図1）。このY迷路の内壁は灰色に塗られている。実験ではトレーニングとしてまず，ふたまたに分かれた通路のどちらか一方の奥の壁に，色紙などで作った円盤を貼りつけ，中央にあけ

64　第3章　ハナバチに見えている（あなたの知らない）花の世界

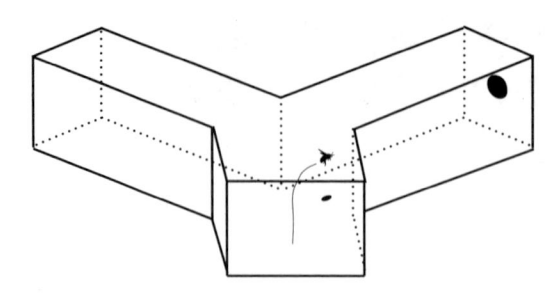

図1　Y迷路

た穴から蜜が得られることをセイヨウミツバチ（*Apis mellifera*）に学習させる。円盤の背景は灰色である。このとき，蜜の有無を通路の左右と関連づけて覚えないよう，蜜を出す側を適宜入れ替える。そして本番では，どちらか一方にのみ円盤を提示し，ハチに左右を選ばせる。枝分かれの手前で円盤を認識できれば正解率は高く，できなければ選択はランダムとなり，50％前後になる。円盤を徐々に遠ざけるか，もしくは小さくしていくことで，認識できる限界の視角を探していく。**第1章**で解説した視力検査と原理は同じである。この操作を6つの色で行った。

　結果は図2のようになった。円盤を遠ざける場合と小さくする場合で結果に差はないため，横軸に視角をとってまとめて示している。どの色も視角がある程度小さくなったところで急に正解率が落ちている。そしてその落ち方は2つのグループに分けられる。大きな視角で早々と認識できなくなるグループ（紫外緑2・紫外青）と，より小さな視角でも認識可能なグループ（緑・青1・青2・紫外緑1）である。この違いは何を意味しているのだろう？

　そのヒントは図2の棒グラフに隠されている。この棒グラフは，ミツバチの色覚モデルで評価した色の特徴をまとめたものである。例えば，色コントラストは，円盤の色が背景の灰色からどれだけ異なって見えるのかを示し，値が大きいほど異なる色として認識されることを意味している。ここでは計算の詳細を省くが，図2における色コントラストは，ミツバチの紫外・青・緑の各受容細胞に吸収される光の量などを，Backhaus（1991）のCOCモデルに沿って計算することで求めたものである。各受容体のコントラストは，背景と円盤に対する，それぞれの受容体の反応の比を意味している。例えば緑コントラストの値は，緑受容細胞が，円盤と背景のそれぞれから受け取る光量の差を，背景から受け取る光量で割ったものである。例えば緑の円盤は背景の灰色よりも緑受容細胞を強く刺激するため，緑コントラストが大きくなる。明るさコントラストは各受容細胞の受光量の総和から計算している。

　さて，図2の棒グラフから，大きな視角で認識できなくなる紫外緑2と紫外青は，

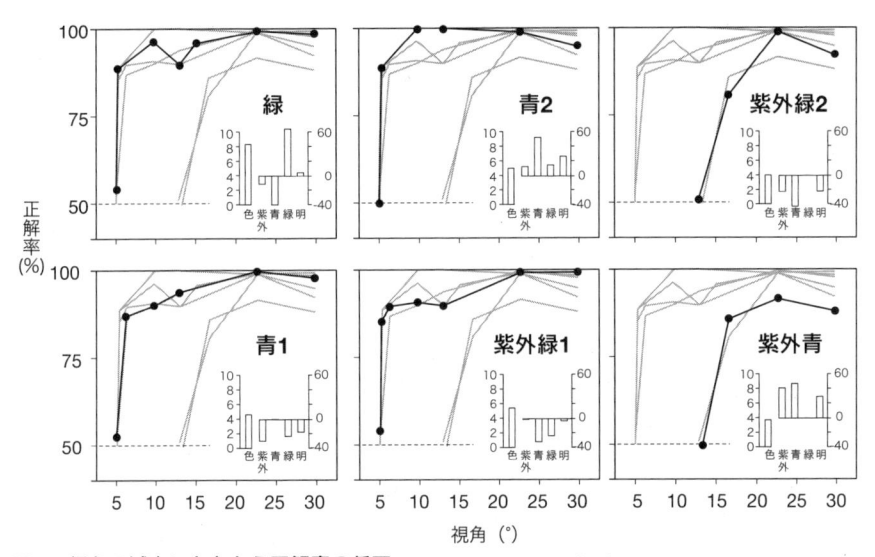

図2 視角の減少にともなう正解率の低下（Giurfa et al., 1996 より作図）
------は正解率50％（ランダム選択）を示す。各パネルに埋められた棒グラフは，背景に対する色コントラストと，紫外・青・緑・明るさコントラスト（％）を示す。どの色も視角がある程度小さくなったところで正解率が急落する。その限界から色は2つのグループに分けられ，より小さな視角でも認識可能な4色（左列・中央列）は，他の2色（右列）よりも，背景に対する緑コントラストの絶対値が大きい。

他の4色に比べて緑コントラストが小さい（ほぼゼロ）という共通点を持つことがわかる。一方，他のコントラスト（色・紫外・青・明るさ）では2群に分かれる現象をうまく説明できない。紫外緑2と紫外青は，緑コントラスト以外のコントラストは十分に大きいのに，サイズが小さいと認識されなくなってしまう。ハチは，小さな物体の認識に緑コントラストのみを利用するようだ。ただし，緑コントラストを欠いた物体でも視角が大きければ認識できる。これは色コントラストを利用しているためと考えられている（Giurfa & Lehrer, 2001; Brandt & Vorobyev, 1997）。

ミツバチは小さな物体の認識に緑コントラストのみを利用するという結果を前に，さらなる疑問がわいてくる。彼らは視角が大きな場合にも緑コントラストを利用するのだろうか？　この問いに答えるため，Giurfaらはさらなる実験を行っている。Y迷路の一方の奥にトレーニングで学習させた「正解」の円盤を，もう一方の奥に正解とは色，もしくは緑コントラストが異なる「ハズレ」の円盤を提示し，ミツバチに選ばせたのだ。この実験を，視角が大きな場合（30°）と小さな場合（6.5°）で行った（視角30°の場合には直径8cmの円盤を20cm離した位置に，視角6.5°の場合には同サイズの円盤を70cm離すか，もしくは直径2.3cmの円盤を20cm

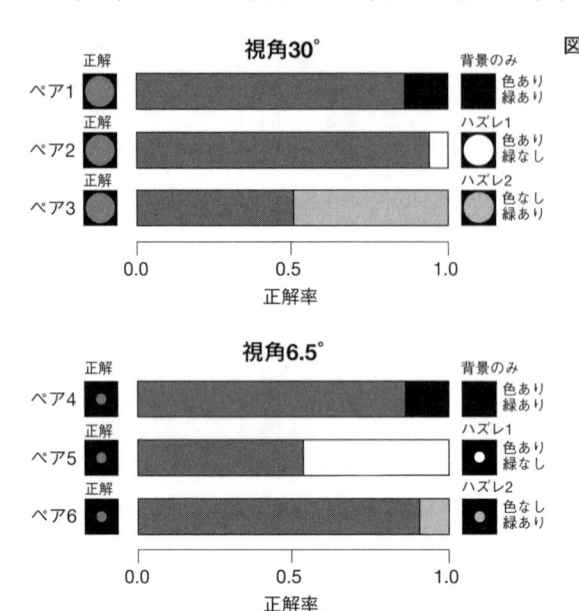

図3 色または緑コントラストの異なるペアから正解を選ぶ実験の結果（Giurfa et al., 1997 より作図）上に視角30°，下に6.5°の結果を示す。ハズレとして，ペア1・4では背景を，ペア2・5では正解と色コントラストは異なるが緑コントラストがほぼ等しい円盤（ハズレ1）を，ペア3・6では緑コントラストは異なるが色コントラストがほぼ等しい円盤（ハズレ2）を用いた。ハチは視覚30°のとき，色コントラストの等しいペア3を弁別できず，視覚6.5°では，緑コントラストの等しいペア5を弁別できない。

離して設置している）。なお，背景に対する正解のコントラストは，色・緑ともに十分に高く，ハチはいずれの視角でも正解を選ぶことができる（図3のペア1と4）。

視角が30°のとき，ハチは，色コントラストが存在するペア2を識別できたが，色コントラストのないペア3を弁別することができなかった（図3）。ペア2は緑コントラストを欠いているのに弁別できること，また，ペア3は緑コントラストが異なるのに弁別できないことを合わせて考えると，ハチは視角の大きな物の弁別に緑コントラストではなく，色コントラストを用いていることがわかる。

視角が6.5°になると結果は逆転した。ハチは，緑コントラストが等しいペア5を弁別できないが，緑コントラストの異なるペア6を弁別できた（図3）。色コントラストが存在するペア5を弁別できず，色コントラストが存在しないペア6を弁別できることを合わせて考えると，ハチは視角の小さな物体の弁別に，色コントラストではなく，緑コントラストを用いていることがわかる。

対象物の視角に応じて用いるコントラストが切り替わるという，私たちには想像しがたい感覚のもと，ミツバチは花を探しているようだ。視角に関係なく両方のコントラストを併用できた方が便利なように思えてならないが，実験結果を見る限り，ミツバチは視角の小さな物体の認識に緑コントラストを，視角の大きな物体の認識に色コントラストを，それぞれ排他的に用いている。

2. 使用コントラストの切り替わりと見つけやすい花色の関係

　視角に応じた使用コントラストの切り替わりは，ハチの採餌行動にどんな影響をおよぼすのか？ Spaethe et al. (2001) は，花の見つけやすさが色によって異なること，そして，見つけやすい色の順位が花の大きさによって入れ替わることを，ミツバチと同じミツバチ科に属するセイヨウオオマルハナバチ (*Bombus terrestris*) を用いた室内実験で示している。彼らの実験によれば，小さな花を探すときには緑コントラストの高い花が見つかりやすく，大きな花を探すときには色コントラストの高い花がハチに見つかりやすいというのだ。

　この興味深い結果は 120 cm×100 cm，高さ 35 cm のケージでの実験から得られている。この実験もまず，人工花からの採餌をハチに覚えさせるところから始まる。人工花はアクリル製の円盤で，テスト前に床以外の色を経験させないよう無色透明のものを使用する。この透明の円盤を緑に塗られた床の上に複数設置し，ハチをケージ内に放つ。円盤の中央にあけられた穴には砂糖水（蜜）が入っており，ハチはそこから吸蜜することを覚える。こうしてケージ内で採餌することを学習したハチを以降のテストに用いる。

　テストに用いるハチには，7つの色のうちどれか1色が割り当てられる。テストではまず，直径 28 mm の円盤を3枚，一辺 30 cm の正三角形を描くよう配置する。円盤の中央の穴には 30 μl の砂糖水が入っている。ハチは3つの花から吸蜜すると満腹になり，蜜をおろすため巣に戻る。この，巣を出てから戻るまでの過程を「採餌飛行」と呼び，はじめに練習として 15 回，続けて本番として 5 回の採餌飛行を行わせる。なお，ハチが位置を手がかりに円盤を探すことを防ぐため，円盤の位置は採餌飛行ごとに変更している。次に，円盤の大きさを直径 15 mm と小さくしたのち，練習の採餌飛行を 1 回はさんで，本番の採餌飛行を 5 回行わせる。そこから円盤の直径を 8 mm とさらに小さくし，同様に練習 1 回，本番 5 回を行わせる（なお直径 8 mm の円盤には穴はあいておらず，ハチは円盤の脇の，床にあいた穴から吸蜜する）。計測したのは，本番の各採餌飛行において，ハチが最初に吸蜜した円盤を離れてから，次の円盤を見つけて降り立つまでにかかった時間である。これを「探索時間」として解析している。

　その結果まず，どの色の場合にも，ハチの探索時間は円盤が小さいほど伸びることがわかった（図 4）。小さな物ほど見つけにくいのは私たちと同じである。

　さらに，見つけやすい色・見つけにくい色がハチにも存在すること，そしてその見つけやすさは背景に対するコントラストと相関することがわかった。ただし，そ

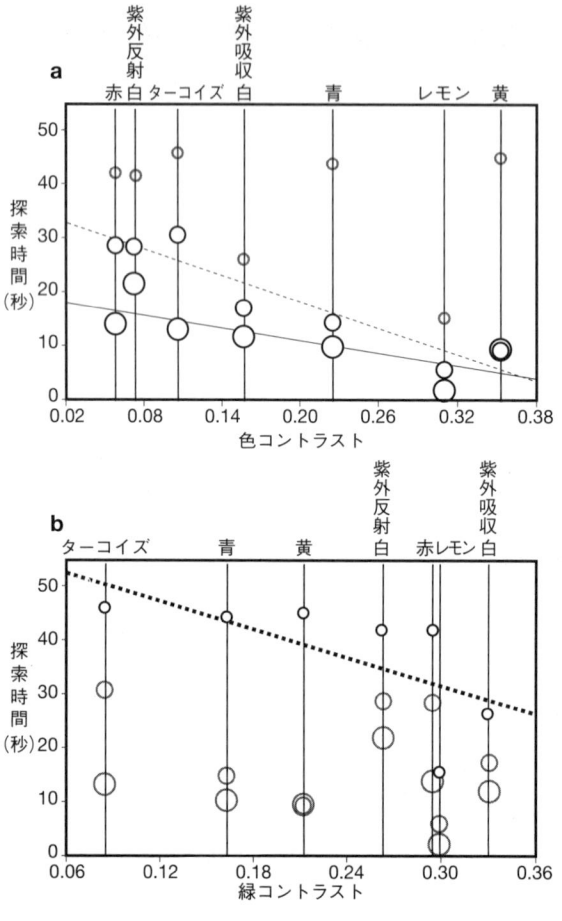

図4 背景に対する円盤のコントラストと探索時間の関係

(Spaethe et al., 2001を改変)

シンボルの大きさは円盤の大きさ（直径8mm，15mm，28mm）に対応する。コントラストと探索時間の相関が有意だった場合には濃く，有意でなかった場合には薄く示す。

a: 色コントラストと探索時間の関係。直径15mmと28mmの人工花において有意な負の相関が見つかった（15mm: スピアマンの順位相関係数 $rs = -0.86$，$P < 0.05$；28mm: $rs = -0.90$，$P < 0.01$）。一方で8mmにおける相関は有意ではなかった（$rs = 0.00$，$P = 1.0$）。**b**: 緑コントラストと探索時間の関係。直径8mmの人工花において有意な負の相関が見つかった（$rs = -0.89$，$P < 0.01$）。15mmと28mmにおける相関は有意ではなかった（15mm: $rs = -0.32$，$P = 0.48$；28mm: $rs = -0.11$，$P = 0.82$）。

れが色コントラストか緑コントラストであるかは，円盤の大きさによって変わった。すなわち，比較的大きな直径15mm・28mmの円盤では，ハチの探索時間は色コントラストの高い円盤ほど短かった（図4-a）。緑コントラストとの相関は有意ではない（図4-b）。一方，円盤の直径が8mmの場合には色コントラストとの相関は有意ではなくなり（図4-a），緑コントラストとの相関が有意となった（図4-b）。以上の結果は，大きな花を探すときには色コントラストの高い花ほど早く見つかり，小さな花を探すときには緑コントラストの高い花ほど早く見つかることを意味している。

ならば植物にとって，どんな色の花を咲かせることがハナバチの誘引において有利になるのか？　まず，小さな花を咲かせる植物は緑コントラストを高くすべきだろう。でなければ容易に見落とされてしまう。一方，大きな花を咲かせる植物に

とって緑コントラストは重要ではないかというと，そうではない。大きな花も遠くのハチには小さく見える。できる限り遠くのハチまで「射程圏」に収めようとするならば，大きな花といえども緑コントラストは高いほどよい。緑コントラストは花サイズによらず，ハナバチ媒の植物にとって重要な値と言える。また緑コントラストは，ハナバチに訪問されたくない植物にとっても重要である。緑コントラストを低く保つことで，彼らに発見されるリスクを抑えられるからだ。一方の色コントラストも，ハナバチを誘引するならば，高いに越したことはなさそうだ。ただし他種の花色との兼ね合いを考える必要があるだろう。例えば，いくら高い色コントラストで多くの送粉者を誘引しても，似た色の他種が咲いていると，他種との花粉のやりとりが増えてしまう。異種間の花粉のやりとりを抑えたければ，他種とは異なる色の花を咲かせるべきである。このときひょっとしたら，似た色を避けるために多少地味な花色でも我慢する（色コントラストや緑コントラストを犠牲にする）といったトレードオフが生じるかもしれない。花色の適応的意義を議論するには，色コントラストと緑コントラストをしっかりと分け，それぞれが果たす役割を考える必要がありそうだ。

3. 花内の配色がハナバチの認識に与える影響

　ここまでは単色の人工花を用いた実験を紹介してきたが，実際の花にはスイセンやムクゲのように，1つの花に複数の色が混在することもある。このとき，花内の配色は送粉者の認知にどう影響するのだろう？　この節では中央と周辺で色が異なる円盤をセイヨウミツバチに選ばせた，Hempel de Ibarra et al. (2001) の実験を紹介する。手順は先ほどの Giurfa らの実験とほぼ同じであるため省略する。
　まず，黄1とシアン（明るい青）を組み合わせた結果について説明する（色は，図5-a 右のシンボルのように，同心円状に配置されている）。それぞれを単色で提示すると正解率はどちらも視角5°まで高く維持されたのに対し，両者を組み合わせると正解率はその手前で低下する（図5-a）。このとき，黄1が外側に位置する円盤の方が，その逆よりも小さな視角で認識された。ハチが小さな視角で利用する緑コントラストに着目すると，緑コントラストはシアンよりも黄1の方が高い (Hempel de Ibarra et al., 2001)。もしかしたら，中央よりも周辺で緑コントラストが高い花の方が見つかりやすいルールが存在するのかもしれない。
　ではこのルールは他の色の組み合わせにも当てはまるのか？　また，周辺と中央で緑コントラストに差がない場合にハチはどう反応するのだろう？　Hempel de

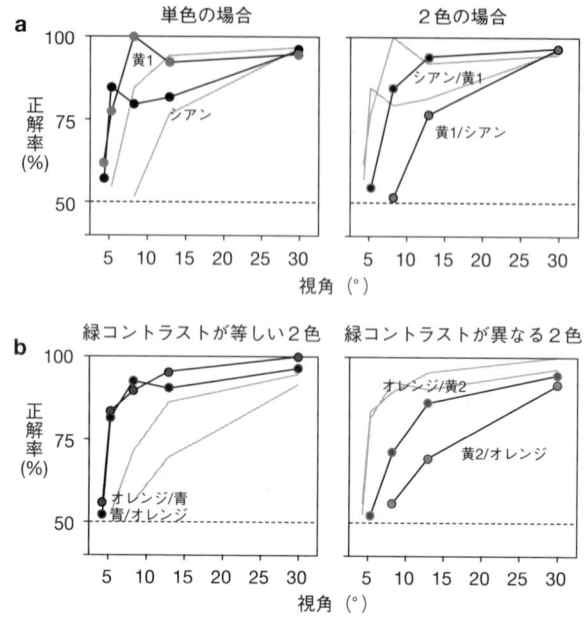

図5　視角の減少にともなう正解率の低下（Hempel de Ibarra *et al.*, 2001 を改変）
a: シアンと黄1を組み合わせた場合。色を組み合わせて2色にすると，単色の円盤よりも大きな視角で認識されなくなる。また2色の円盤を比較すると，緑コントラストが周辺で高いシアン／黄1の方が，中央で高くなる黄1／シアンよりも小さな視角で認識されている。
b: オレンジと青，黄2を組み合わせた場合。緑コントラストが等しいオレンジと青を組み合わせた円盤（左図）は，緑コントラストが異なるオレンジと黄2を組み合わせた円盤（右図）よりも小さな視角で認識されている。オレンジと黄2の組み合わせにおいては，オレンジよりも緑コントラストの高い黄2を周辺にした円盤（オレンジ／黄2）の方が，その逆（黄2／オレンジ）よりも小さな視角で認識されている。

Ibarraらはオレンジ・青・黄2の3色を組み合わせてさらに実験を行っている。ここで用いるオレンジと青は，緑コントラストはほぼ等しいが，色コントラストはハチに識別可能なレベルで異なる（Hempel de Ibarra *et al.*, 2001）。オレンジと黄2は逆に，ハチに認識できるほどの色コントラストはないが，緑コントラストが異なる。図6に示すよう，実際にハチは視角30°のとき，色コントラストに差がないオレンジと黄2（ペア3）を見分けることができず，視角5.4°のときには，緑コントラストの等しいオレンジと青（ペア5）を見分けることができない。この結果からもハチは小さな物体の認識に緑コントラストを利用し，大きな物体の認識に色コントラストを利用していることがわかる。

では，色を組み合わせて提示した結果を見ていこう。まず，緑コントラストの

3. 花内の配色がハナバチの認識に与える影響 71

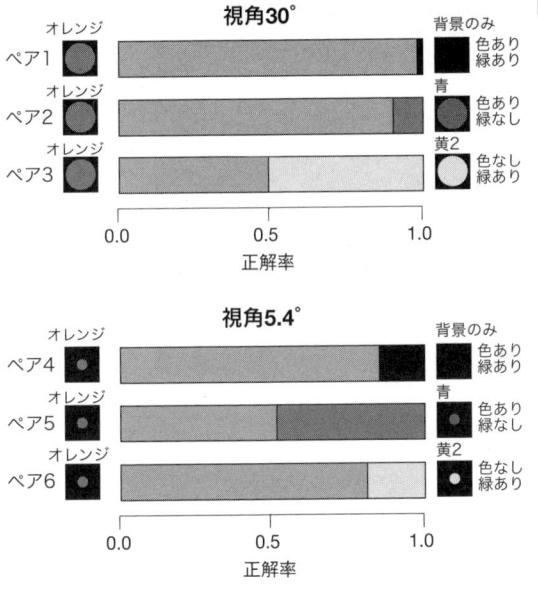

図6 色または緑コントラストの異なるペアから正解を選ぶ実験の結果（Hempel de Ibarra, 2001 より作図）
上は視角 30°，下は視角 5.4°の結果を示す。ハズレとして，ペア1・4では背景を，ペア2・5では正解（オレンジ）とは色コントラストは異なるが緑コントラストがほぼ同じ円盤（青）を，ペア3・6では緑コントラストは異なるが色コントラストがほぼ同じ円盤（黄2）を用いた。図3と同様に，ハチは視覚30°では色コントラストの等しいペア3を識別できず，視覚5.4°では緑コントラストの等しいペア5を識別できない。

等しいオレンジと青を組み合わせた円盤は，どちらが周辺に配置されても正解率は視角5°まで高く維持された（図5-b）。2色であっても，緑コントラストが等しければ認識の低下は起きないようである。一方，オレンジと黄2を組み合わせた円盤の正解率はそれよりも手前で下がった。そしてこの実験でも，緑コントラストの高い黄2が外側に位置する円盤の方が，その逆よりも小さな視角まで認識されていた。なお，黄2は青よりも緑コントラストが高い。したがって円盤全体の緑コントラストはオレンジと青の組み合わせよりも，オレンジと黄2の組み合わせで高くなる。それゆえ後者は前者より小さな視角で認識できてもよさそうだが，花内に緑コントラストの高低が生じると見つけにくくなるようだ。以上の結果は，単色か，もしくは2色でも緑コントラストの等しい花が，ミツバチの獲得に有利である可能性を示唆している。また，花内に緑コントラストの勾配が存在するハナバチ媒の植物においては，中央より周辺の緑コントラストが高くなることが期待される。

はたして現実の花の緑コントラストは周辺で高いのか？ この問いに答えるべく，Hempel de Ibarra & Vorobyev (2009) はヨーロッパの植物相に属するハナバチ媒の花，20目27科85種を採集し，その分光反射率を調べた。この分光反射率から紫外・青・緑受容細胞の反応を求め，ハチの眼から見える花のイメージ図を作成している（図7，口絵6）。この図7に例示された *Helianthemum nummularia* と *Rosa acicularis* の花の緑コントラストの分布（右列）を見ると，*H. nummularia* の緑コ

図7 中央と周辺で緑コントラストの異なる花の例（Hempel de Ibarra & Vorobyev, 2009 を改変）
上段に *Helianthemum nummularia*，下段に *Rosa acicularis* を示す。左の列は人の目から見た花の写真，中央の列はハナバチの視覚を考慮して作成されたイメージ図，右の列はハチの緑コントラスト（緑受容細胞の反応の強さ）を表す。中央の画像はハチの紫外・青・緑の各受容細胞の反応の強さをヒトにとっての青・緑・赤に置き換えて色づけされている。右の画像は緑コントラストの大きさを明るさで示している。*H. nummularia* の緑コントラストは花の中央で低く，*R. acicularis* の緑コントラストは中央で高い。口絵6も参照。

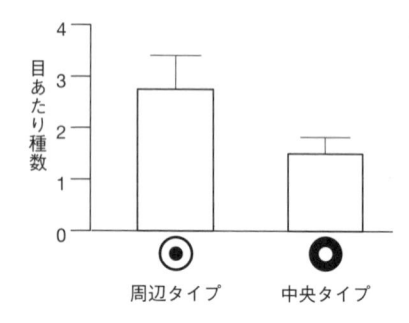

図8 目別に集計した周辺タイプ・中央タイプの種数（Hempel de Ibarra & Vorobyev, 2009 より作図）
調査した20目85種の花を，緑コントラストが周辺で高い「周辺タイプ」と，中央で高い「中央タイプ」に分け，目ごとに集計した種数を縦軸に示す。系統関係はAPGII（2003）に基づく。エラーバーは標準誤差。それぞれ *n* = 20。系統関係はAPGII（2003）に基づく。周辺タイプの種数が多いことがわかる。

ントラストは中央に向かって低く，*R. acicularis* の緑コントラストは中央に向かって高くなることがわかる。

こうした解析の結果，緑コントラストが周辺で高い「周辺タイプ」は全85種のうち55種となり，「中央タイプ」の種数を上回った。各タイプの種数を目ごとに集計したものが図8である。この解析からは，花の平均直径が，周辺タイプよりも中央タイプの花で大きい傾向も明らかとなっている。ハチへのアピールに劣る中央タイプの花は，そのハンデを，花を大きくすることで補っているのかもしれない。

4. 色覚モデルを応用した花色研究の例

ここまで紹介した例からわかるように，ハナバチは私たちとはまったく違った視覚世界で花を見ている。したがって私たちの見た目で花の色をあれこれ論じても，花色とハナバチの相互作用を正しく理解したことにはならない。送粉者の利用コントラストを考慮することは花色の役割を論じるうえで必須と言えよう。ここからはハナバチの色覚モデルを利用した，より生態学的な研究をいくつか紹介する。

4.1. 花の擬態：本当に似ているのか？

ハチに似たハナアブや毒ヘビそっくりの無毒ヘビなど，生きものの世界には擬態と呼ばれる現象がいたるところに存在する。花も例外ではない。例えばここで紹介するツルネラ科の *Turnera sidoides* spp. *pinnatifida*（以下ツルネラ）の花は，同所的に存在するアオイ科の植物の花に擬態することで，より多くの送粉者を獲得すると考えられている（Benitez-Vieyra *et al.*, 2007）。しかも興味深いことに，ツルネラのモデル（擬態相手）は場所によって異なるようなのだ。すなわちコルドバ集団にはオレンジ型の，サルタ集団には黄色型のツルネラが生育している。そしてオレンジ型も黄色型も私たちの目から見て，各集団においてモデルと目されている植物の花によく似ている（図9上段，口絵7）。また，送粉者であるハナバチの目にも，ツルネラは花弁だけではなく中央の色までもモデルそっくりに見えているようだ（図9下段，口絵7）。

同所的に咲く他の植物種も含めた，より詳細な結果を見ていこう。図10-aとcは，それぞれの集団で同時期に開花する植物種の花の色を，ハナバチの色覚モデル（RNLモデル；Vorobyev *et al.*, 2001）に従ってプロットしたものである。点と点の間の距離がそのまま色コントラストに対応し，点が近いほど色が似ていることを意味する。この散布図から，ツルネラの花色が，灰色のシンボルで示されたアオイ科の植物の花色にとても近いことがわかる。色コントラストをアオイ科の種とその他にわけて示したのが図10-b, dである。どちらの集団でも，モデルと目されていた種からの色コントラストが一番低く，その値は，ハナバチが色の違いを認識するのに最低限必要な値（2.3）を下回っていた。ツルネラは，ハチが認識できないほどモデルにそっくりの色をした花を咲かせていることが，色覚モデルからも支持される。

Benitez-Vieyra *et al.* (2007) は色覚モデルによる解析だけではなく，ハナバチの調査からも裏付けを行っている。彼らはコルドバ集団において63個体のハナバチを捕まえ，そのうち45個体の体表からツルネラとモデルの両方の花粉を検出して

74　第3章　ハナバチに見えている（あなたの知らない）花の世界

	コルドバ集団		サルタ集団	
	S. cordobensis モデル	T. Sidoides spp. pinnatifida オレンジ型	黄色型	M. malvifolium モデル

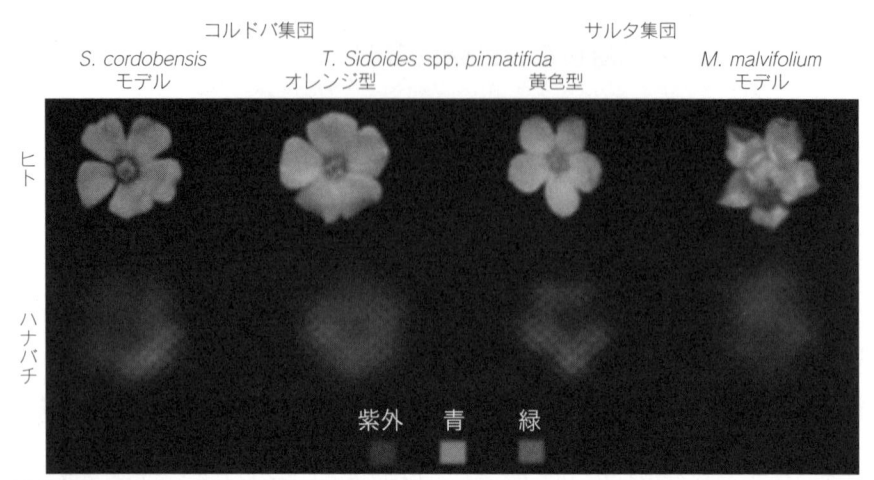

ヒト

ハナバチ

紫外　青　緑

図9　擬態する花の写真とハナバチの目を通して見える花のイメージ図（Benitez-Vieyra *et al.*, 2007 を改変）
中央の2列はどちらもツルネラ（*Turnera sidoides* spp. *pinnatifida*）の花で，左はコルドバ集団に生育するオレンジ型，右はサルタ集団に生育する黄色型である．コルドバ集団においてツルネラのモデル（擬態相手）と目される種（*Sphaeralcea cordobensis*）を最左列に，サルタ集団においてモデルと目される（*Modiolastrum malvifolium*）を最右列に示す．上段はヒトの目から見た通常の写真，下段はハナバチの視覚を考慮して作成した花のイメージ図である．このイメージ図はハチが花から視角にして 16°（距離にして 6〜9 cm）離れている場合の解像度を想定し，紫外・青・緑の各受容細胞の反応の強さを，ヒトにとっての青・緑・赤に置き換えて色づけされている．口絵 7 も参照．

いる．また，ふたまたに分かれた棒の先にツルネラとモデルの花をつけてハチに差し出し，どちらに近づくのかも調べている．これを 98 回試したところ，ツルネラは 53 回，モデルは 45 回選ばれ，その割合は偶然とは有意に異ならなかった．つまりハチは両種を特に区別せず選んでいる．なおサルタ集団においても，柱頭に付着した花粉の調査から，ハナバチがツルネラとモデルの両方を訪れることが示唆されている．
　コルドバ集団では植物の繁殖成功も調べられている．ツルネラの柱頭に付着する同種花粉の数は，ツルネラが単独で生えているときよりも，モデルと混ざっているときの方が多い．また，ツルネラとモデルの結果率は，いずれもモデルの株密度が増加するほど高くなる一方で，ツルネラの株密度とは無関係だった．ツルネラもモデルも，糖量に換算して同程度の蜜を分泌しているため，擬態のタイプとしてはミュラー型擬態に分類される．ただし繁殖成功の結果は，擬態による利益は相利的なものでななく，ツルネラのみが得をする片利的なものであることを示唆してい

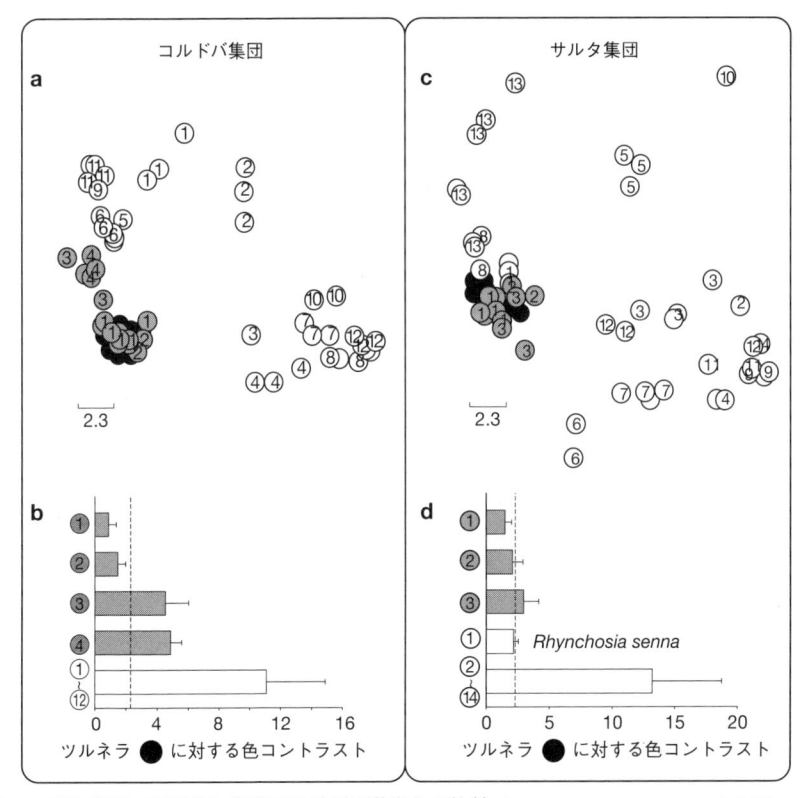

図10　同じ場所で同時期に開花する他種の花色との比較（Benitez-Vieyra *et al.*, 2007 より作図）
左（**a**, **b**）にコルドバ集団，右（**c**, **d**）にサルタ集団を示す。上段の散布図（**a**, **c**）はどちらも RNL モデル（Vorobyev *et al.*, 2001）に基づいて描かれている。数字のない●はツルネラを示す（**a**: オレンジ型；**c**: 黄色型）。◐はアオイ科の植物で，種ごとに番号をふった（**a**: 4 種；**c**: 3 種）。どちらの集団でも，モデルと目されていた種の番号を 1 としている。○はその他の植物種を表す（**a**: 12 種；**c**: 14 種）。シンボル間の距離が色コントラストの大きさに対応する。下段の棒グラフ（**b**, **d**）では，ツルネラに対する色コントラストを，アオイ科の植物種とその他の植物種に分けて示している。**a**, **c** のスケールと，**b**, **d** の……はハナバチが色の違いを認識するのに最低限必要な色コントラスト（2.3）を示す。

る。両種の花の色は互いに似る方向に進化したのではなく，ツルネラがモデルに似る方向に進化してきたのだろうと，Benitez-Vieyra らは考察している。

4.2. 送粉者の目から見た花色変化：本当に変化して見えるのか？

　花の色を白から赤に変えるニシキウツギや，黄からピンクに変えるシチヘンゲのように，世の中には花の色を，咲かせてから咲き終えるまでに劇的に変えてしまう

植物が、これまでに 500 種ほど報告されている（Weiss & Lamont, 1997）。こうした花色変化を示す植物の多くに共通する特徴として、色変化した後の花は送受粉を終え、蜜などの生産を停止していることが知られている。その役割については、古い花の維持で見た目を大きくして遠くから送粉者を誘引し、近くまで引きよせたところで若い花に誘導する、との説明がなされている（Weiss, 1991; Oberrath & Böhning-Gaese, 1999）。つまり、古い花を維持すれば送粉者の訪問は増えるが、送粉者が古い花を訪れてしまうとせっかく運ばれてきた花粉が無駄になりかねない。そこで花の色を変え、報酬を出す若い花に送粉者を誘導し、首尾良く花粉を受け渡す、という説明である。

この合理的な説明を聞くともっと多くの植物種が花の色を変えてもよさそうに思えるが、花色変化を示す植物はそれほど多くない（ように見える）。はたして送粉者の目から見ても、花色変化は少数派なのだろうか？ 例えば私たちには見えない紫外線領域で変化している種がいるかもしれない。やはり花色変化も、Suzuki & Ohashi (2014) が示した図 11 のように、送粉者の目を通して評価すべきだろう。図 11 は、花色変化を示すハコネウツギと、示さない（ように見える）近縁種タニウツギの花の分光反射率を連日測定し、ハナバチとハエの色覚モデルに従ってプロットしたものである。この図から、ハコネウツギの花色はどちらのタイプの送粉者にも変化しているように見える一方で、タニウツギの花色はほとんど変化していないことがわかる。タニウツギのケースでは、私たちの目には変化しないように見える花色が送粉者の目を通しても変化しないと判断されたが、はたして他の植物種ではどうだろう？ また、ハナバチには変化して見えるけどハエには変化しないように見える、といった特定の送粉者に向けた花色変化は存在するのだろうか？ こうした疑問に答えるべく、現在、200 種以上の花で測定した分光反射率をもとに、色変化の有無を解析した研究が進行している。近い将来、その成果を紹介できればと思う。

4.3. 群集内の花色の構成：ランダムに決まるのか？

早春のフクジュソウに始まり春本番を告げるカタクリやニリンソウ、初夏のモミジイチゴに梅雨時のホタルブクロ、夏のヤマユリを経て、秋にはリンドウ、アザミ、ノギクなど、1 つの場所ではたいていの場合、いろんな植物種が入れ替わり立ち替わりさまざまな色の花を咲かせていく。このとき同じ場所で同時に咲く植物種の花色に、例えば互いに似ているといった何らかのルールはあるのだろうか？

Gumbert (1999) は、ドイツの自然保護区内に 500 m^2 の調査区を 5 つ設置し、1993 年の 3 月から 10 月にかけて、開花した植物種を 2 週間おきに記録した。こ

4.3. 群集内の花色の構成：ランダムに決まるのか？

(a) ハナバチ

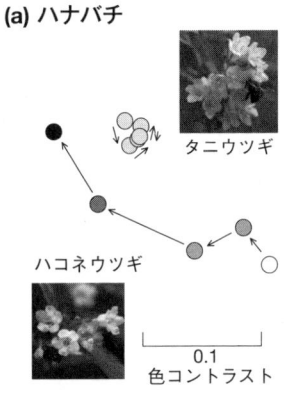

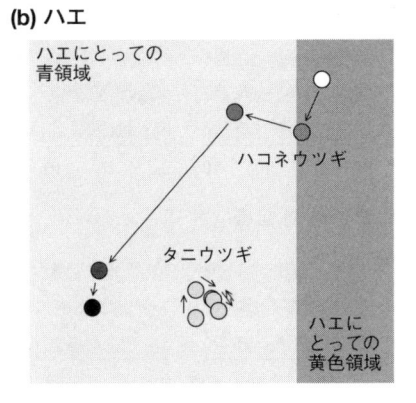

(b) ハエ

図 11 送粉者の色覚モデルで評価したハコネウツギおよびタニウツギの花色の経日変化
(Suzuki & Ohashi, 2014 より作図)
それぞれ 0 日目から 4 日目までを矢印で結ぶ。口絵 8 も参照。
a: ハナバチの色覚モデル (Chittka, 1992) にしたがって色空間に展開した，ハナバチの目から見た花色の経日変化。座標間の直線距離がそのまま色コントラストに対応する。座標がほとんど移動しないタニウツギの変化はハナバチには認識できない一方で，ハコネウツギでは 0 日目から 3 日目に色コントラストにして 0.15 変化しており，これはハナバチが変化を認識するのに十分な値 (Dyer, 2006) である。
b: Troje (1993) にしたがって色空間に展開した，ハエの目から見た花色の経日変化。ハエによる色の弁別は，対象となる 2 色が色空間の異なる領域（異なるグレーで塗り分けている）に属する場合に可能となる。つまりハエは，タニウツギの色の変化を認識できないのに対し，ハコネウツギでは 1 日目以前と 2 日目以降の花色を異なるものとして認識できると解釈することが可能である。

のとき，調査区に 10 株以上見られた種を「普通種」，10 株未満の種を「希少種」として分類した。Gumbert は花の分光反射率を測定し，ハナバチの色覚モデル (Chittka, 1992) に従って，同じ場所で同時に咲いていた花種間の色コントラストを総当たりで計算した。その色コントラストの度数分布を，普通種どうしの色コントラストに限定して示したものが図 12-a，そして，希少種からみた全種に対する色コントラストを示したものが図 12-b の，それぞれ黒い X 印である。

この色コントラストの度数分布がはたして偶然の産物かどうかを検証するため，Gumbert は，開花種がランダムに構成された場合に期待される色コントラストの度数分布を作成した。例えば合計で 97 種が記録されたある調査区で期待される度数分布を作成する場合，まず，5 つの調査区から見つかった全 168 種から，97 種をランダムに抽出する作業を 1,000 回繰り返す。抽出ごとに色コントラストの度数分布を作り，1,000 回分を平均してできあがるのが，図 12 に示される黒の折れ線

a: 普通種 対 普通種

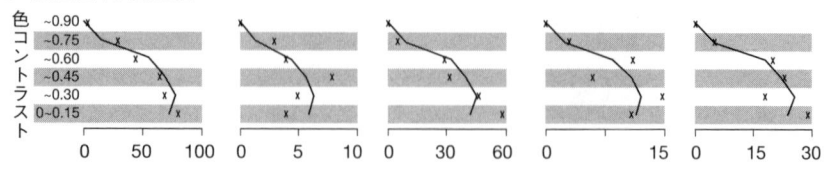

b: 希少種 対 全種

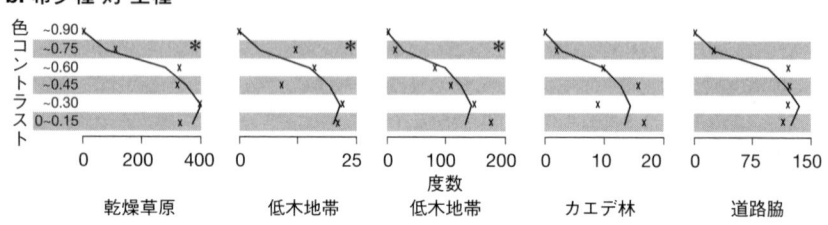

図12　群集を構成する花種間の色コントラストの度数分布（Gumbert *et al.*, 1999 より作図）
×は実測値，折れ線は1,000回のランダム抽出から得られた予測値を示す。ランダムから期待される分布とは有意に異なる分布に＊をつけた。
a: 集団に10株以上含まれていた「普通種」を総当たりさせて得られる色コントラストの度数分布。
b: 10株未満の「希少種」からの色コントラストを，全種に対して計算して得られた度数分布。

である。

　この解析の結果，普通種どうしの色コントラストはランダムを仮定した分布からは有意に異ならないことがわかった（図12-a）。その一方で，希少種から見た色コントラストは，3つの調査区でランダムから有意に異なり，その異なり方は調査区によって異なっていた（図12-b）。すなわち乾燥草原と低木地帯ではランダムよりも色コントラストの高い組み合わせが多く，湿潤草原では色コントラストの小さな組み合わせが多かった。つまり乾燥草原と低木地帯では，希少種が他種とは大きく異なる花色を示すのに対し，湿潤草原では，希少種が他種に似た色の花を咲かせることが明らかになったのである。

　かたや色が異なる方向の，かたや色が収斂する方向の自然選択を示唆する結果を前に，好奇心の強い方はさまざまな仮説を考え始めることだろう。希少種は，例えば普通種の広告に便乗すべく花の色を似せているのかもしれないし，あるいは普通種とはまったく異なる色で送粉者の注意を目一杯ひき，遠くの同種に花粉を届けているのかもしれない。それぞれの調査区にいかなる背景があるのかはさておき，色の定量はこのように，私たちに新たな発見やこれから検証すべき仮説をもたらしてくれる。

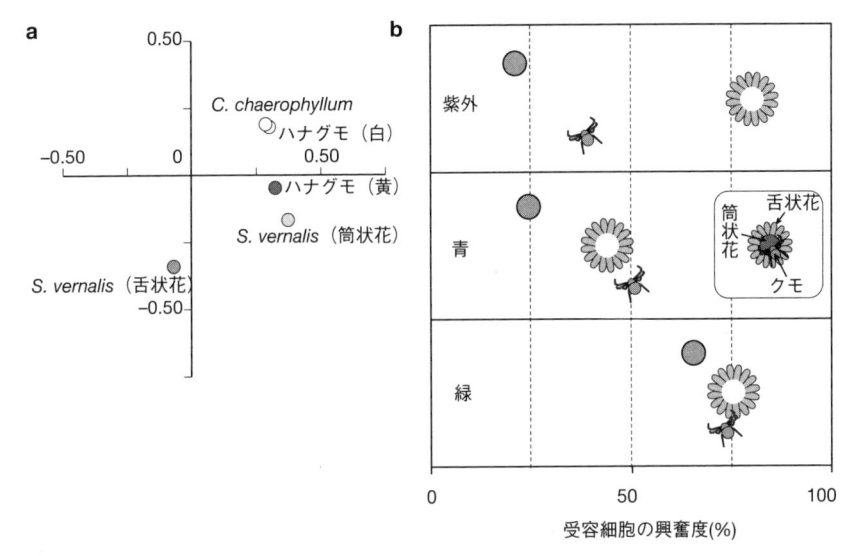

図13 ハナグモの体色と花色の比較（Chittka, 2001を改変）
a: ハナバチの色覚モデル（Chittka, 1992）に従って色空間上に展開した花の色と，花色に応じて色を変えるハナグモの体色。白タイプのハナグモの体色が *C. chaerophyllum* の花色とほぼ一致している（色コントラスト：0.016）。黄タイプのハナグモの体色は *S. vernalis* の筒状花の色に近い（0.065）が，紫外線を反射する舌状花の色からは大きく離れている（0.24）。
b: *S. vernalis* の筒状花と舌状花，黄タイプのハナグモに対する紫外・青・緑の各受容細胞の興奮度。紫外と青の受容細胞においてクモと花は大きく異なるが，長距離からの認識に用いられる緑受容細胞の興奮度は花とクモでほとんど変わらない。

4.4. 花に隠れる捕食者の体色：隠せているのかいないのか？

最後に花と送粉者の関係から少し目線をずらして，花の上で送粉者を捕食するハナグモの体色に関する研究を紹介しよう。獲物である送粉者を待ち伏せするハナグモにとって，うまく姿を隠せるかどうかは狩りの成否を左右する。カニグモ科のあるハナグモ（*Misumena vatia*）は，待ち伏せに使う花の色に応じてその体色を黄，もしくは白に変えることができる。体色変化によって背景である花に溶け込もうとするハナグモの試みは，私たちの目には成功しているように見えるが，はたして送粉者の目を欺くことはできるのだろうか？ Chittka（2001）はセリ科の *Chaerophyllum temulum* の白い花と，キク科の *Senecio vernalis* の黄色い花，そして各花に対応した白タイプ・黄タイプのハナグモの体色を，ハナバチの色覚モデル（Chittka, 1992）を用いて評価した（図13-a）。その結果，*C. temulum* の白い花と，白タイプのハナグモは，色コントラストにして0.016とよく一致していた。一方，黄タイプのハナグモは，*S. vernalis* の中心部を構成する筒状花の色に，完璧ではないもののそれな

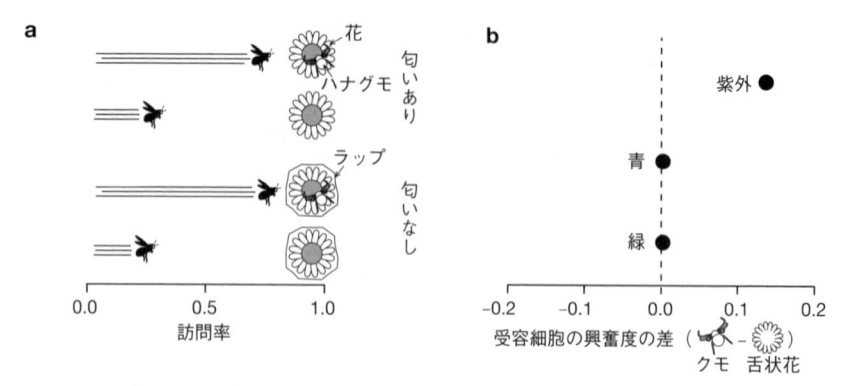

80　第3章　ハナバチに見えている（あなたの知らない）花の世界

図14　ハナグモの有無がミツバチの訪問率に与える影響および各受容細胞の興奮度（Heiling et al., 2003 より作図）

a：マーガレット（*Chrysanthemum frutescens*）の花におけるハナグモの有無がミツバチの訪問率に与える影響。上2つは，麻酔したハナグモを置いた花と，花のみの訪問率の比較を示す。下2つは，クモの匂いを手がかりとして使えないよう，花とクモをラップで包んだ場合の訪問率を示す。いずれの条件でも，ミツバチはハナグモを置いたマーガレットをより多く選ぶ。

b：各受容細胞におけるハナグモと花の興奮度の差。どちらも人の目には白く見えるが，ミツバチの紫外線受容細胞はハナグモに強く反応する。

りに似ていた（0.065）が，舌状花からは0.24も離れていた。つまりハナグモは，私たちにこそ目立たないけれども，ハチの目にはハッキリと認識できる状態にある。ただしこれは，ハチが十分に近づいた場合の話である。実はハナグモの緑コントラストは舌状花や筒状花とほぼ等しいため（図13-b），ハナバチは遠くからはハナグモの姿を認識できない。勢いよく飛んでいると，認識できるほど近づいた頃には回避が間に合わない（クモの攻撃圏内に飛び込んでしまう）場面が生じそうである。そうした事情を考えると，ハナグモはそれほど完璧に体色を似せる必要はないのかもしれない。

　ハナグモについてはHeiling et al. (2003) の結果も紹介しておこう。彼女らが対象としたオーストラリアのハナグモ（*Thomisus spectabilis*）の体色は個体によって白から黄まで幅がある。そのうち白い個体の体色は，マーガレット（*Chrysanthemum frutescens*）の白い舌状花を背景にすると人の目からは目立たない。ところが麻酔したハナグモをのせた花とコントロールの花を同時に提示すると，ミツバチはクモをのせた花を選ぶ（図14-a）。クモが何かしらの誘引物質を放っている可能性を考え，クモを花ごとラップで包み，匂いが漏れないように提示してもなお，ハチはクモ付きの花を選んだ（図14-a）。飛んで火に入る夏の虫とはこのことだが，どういうわ

けかミツバチは，クモの姿に引きよせられている。

　この不可解な行動については，ミツバチの視覚の観点から以下のような考察がなされている。花とクモの分光反射率から各受容細胞の興奮度を計算すると，青と緑の受容細胞の興奮度は花とクモでほとんど差がなかったのに対し，クモに対する紫外受容細胞の興奮度は花よりずっと大きかった（図14-b）。そのため花に対するクモの色コントラストは数値にして0.14となり，これはハチに識別できる目安の0.05を大きく超える。このハナグモも，人にこそ目立たないがハチにはしっかり見えるのだ。ただし緑コントラストは花と変わらないため，遠くからやってくるハチにクモの姿は見えない。しかし近づいたときに著しく目立つことでハチの関心を引き，自身の元に誘導するようだ。Lunau et al. (1996) によれば，ハチは生まれつきコントラストの大きな花を好む。ハナグモはこの生得的バイアスを利用し，ハチを捕まえているのだろうとHeilingらは考察している。

おわりに

　ハナバチが見ている世界を案内するという目的のもと，視覚メカニズムの解明を目指した研究を前半に，花色の生態的意義に着目した研究を後半に紹介した。視覚メカニズムの研究そのものがたいへん興味深いだけではなく，そこから得られる知見が新たな着眼をもたらしたり，モデルによる客観的な定量が仮説の検証を可能にしたりすることで，花色が持つ生態的役割の理解が大きく前進することをおわかりいただけたと思う。例えば2色の円盤の実験がなければ「周辺で緑コントラストの高い花が多い」という現実の傾向に気づくことは難しそうだし，「緑コントラストに差がないので困らないだろう」というハナグモの体色に関する解釈も，視覚メカニズムの知見があって初めて成立することである。なにより「色コントラストと緑コントラストに分けて色を解析する」という発想は，視覚メカニズムの研究なくしては出てこないだろう。

　花色の多様性に興味を持つ私たちとしては，色覚モデルの応用を読者の方々にもお薦めしたいのだが，1つ注意したいことがある。それは，色覚モデルにもとづく評価は，あくまでもモデルが正しいと仮定したうえで成立する，ということである。モデルは万能ではなく，うまく説明できない現象が存在することもある。例えば花の研究で目にすることの多いヘキサゴンモデル（Chittka, 1992）は，ハナバチ類の弁別能をそれなりにうまく説明できるものの，例えば紫外線の反射を含む白を緑の背景から識別できる事実を説明できないとしてVorobyev et al. (1999) から批判さ

れている。しかし，モデルに穴があるから何もしない，という姿勢でいるよりも，モデルの限界をわきまえたうえで結果を世に問うことには意義があると私たちは考える。このとき，色覚モデルを魔法の道具として安易に使うのではなく，その原理や特性を十分理解したうえで適用するという姿勢を心がけたい。

　注意ということで少々堅苦しくなったが，「花の形質を解釈するうえで送粉者の目線は欠かせない」というスタンスに異論はないだろう。ここで紹介してきた色覚モデルによる色の数値化はとても難しそうに思えるかもしれないが，数式は高校数学の知識で理解できるものだし，計算量も表計算ソフトの力を借りれば難なくこなせる類のものである。モデルについては**コラム2**や**第5章**の**Box 3**でも取り上げられている。本書で興味を持たれた方には，臆することなく挑んでもらいたい。また，この章では話題をハナバチに絞ったが，**第2章**や**コラム1**でも紹介されているように，他の訪花者の視覚に関する研究も日進月歩で進んでいる。ぜひ，そちらの成果にも手を伸ばしていただければと思う。本章をきっかけに，私たちの知らない花の世界がまた1つ明らかになるとすれば幸甚の至りである。

引用文献

APG II. 2003. An update of the angiosperm phylogeny group classification for the orders and families of flowering plants: APG II. *Botanical Journal of the Linnean Society* **141**: 399-436.

Backhaus, W. 1991. Color opponent coding in the visual system of the honeybee. *Vision Research* **31**: 1381-1397.

Benitez-Vieyra, S., N. Hempel de Ibarra, A. M. Wertlen & A. A. Cocucci. 2007. How to look like a mallow: evidence of floral mimicry between Turneraceae and Malvaceae. *Proceedings of the Royal Society of London Series B: Biological Sciences* **274**: 2239-2248.

Brandt R. & M. Vorobyev. 1997. Metric analysis of threshold spectral sensitivity in the honeybee. *Vision research* **37**: 425-439.

Chittka, L. 1992. The color hexagon - a chromaticity diagram based on photoreceptor excitations as a generalized representation of color opponency. *Journal of Comparative Physiology A* **170**: 533-543.

Chittka, L. 2001. Camouflage of predatory crab spiders on flowers and the colour perception of bees (Aranida: Thomisidae / Hymenoptera: Apidae). *Entomologia Generalis* **25**: 181-187.

Dyer, A. G. 2006. Discrimination of flower colours in natural settings by the bumblebee species *Bombus terrestris* (Hymenoptera: Apidae). *Entomologia Generalis* **28**: 257-268.

Giurfa, M., M. Vorobyev, R. Brandt, B. Posner, & R. Menzel. 1997. Discrimination of coloured stimuli by honeybees: alternative use of achromatic and chromatic signals. *Journal of Comparative Physiology A* **180**: 235-243.

Giurfa, M., M. Vorobyev, P. Kevan & R. Menzel. 1996. Detection of coloured stimuli by honeybees: minimum visual angles and receptor specific contrasts. *Journal of Comparative Physiology*

A **178**: 699-709.

Giurfa, M. & M. Lehrer. 2001. Honeybee vision and floral displays: from detection to close-up recognition. *In*: Chittka, L & J. D. Thomson (eds), Cognitive ecolgy of pollination, p. 61-82. Cambridge University Press.

Gumbert, A., J. Kunze & L. Chittka. 1999. Floral colour diversity in plant communities, bee colour space and a null model. *Proceedings of the Royal Society of Lonson SeriesB: Biological Sciences* **266**: 1711-1716.

Heiling, A. M., M. E. Herberstein & L. Chittka. 2003. Pollinator attoraction: Crab-spiders manipulate flower signals. *Nature* **421**: 334.

Hempel de Ibarra, N., M. Giurfa & M. Vorobyev. 2001. Detection of coloured patterns by honeybees through chromatic and achromatic cues. *Journal of Comparative Physiology A* **187**: 215-224.

Hempel de Ibarra, N. & M. Vorobyev. 2009. Flower patterns are adapted for detection by bees. *Journal of Comparative Physiology A* **195**: 319-323.

Lunau, K., S. Wacht & L. Chittka. 1996. Colour choices of naive bumble bees and their implications for colour perception. *Journal of Comparative Physiology A* **178**: 477-489.

Oberrath, R. & K. Böhning-Gaese. 1999. Floral color change and the attraction of insect pollinators in lungwort (*Pulmonaria collina*). *Oecologia* **121**: 383-391.

Spaethe, J., J. Tautz & L. Chittka. 2001. Visual constraints in foraging bumblebees: flower size and color affect search time and flight behavior. *Proceedings of the National Academy of Sciences of the United States of America* **98**: 3898-3903.

Suzuki, M. F. & K. Ohashi. 2014. How does a floral colour-changing species differ from its non-colour-changing congener? – a comparison of trait combinations and their effects on pollination. *Functional Ecology* **28**: 549–560.

Troje, N. 1993. Spectral categories in the learning behaviour of blowflies. *Zeitschrift für Naturforschung C.* **48c**: 96-104.

Vorobyev, M., N. Hempel de Ibarra, R. Brandt & M. Giurfa. 1999. Do "white" and "green" look the same to a bee? *Naturwissenschaften* **86**: 592-594.

Vorobyev, M., R. Brandt, D. Peitsch, S. B. Laughlin & R. Menzel. 2001. Colour thresholds and receptor noise: behaviour and physiology compared. *Vision Research* **41**: 639-653.

Weiss, M. R. 1991. Floral color changes as cues for pollinators. *Nature* **354**: 227-229.

Weiss, M. R. & B. B. Lamont. 1997. Floral color change and insect pollination: a dynamic relationship. *Israel Journal of Plant Sciences* **45**: 185-199.

第4章 色を操る悪魔の子――
托卵鳥ジュウイチの雛
―鳥類における色を用いた
コミュニケーションと，寄生者による搾取―

田中 啓太 (立教大学理学部)

1. 托卵鳥ジュウイチの雛

　ジュウイチ *Cuculus fugax* は東アジア固有のカッコウ科の托卵鳥で，日本には夏鳥として飛来し，低山から亜高山帯にかけて広がる人里はなれた森林で繁殖する。托卵鳥とは自身では子育てをせず，他種の巣に卵を産み込んで雛を育てさせるという繁殖システムを持った鳥のことである。他人の子を育てさせられる側からすると，托卵鳥は親子の絆という，最も原初的で本質的な社会関係をむさぼる厄介者でしかない。一方，多くの托卵鳥にとってみれば，そういった寄生は子孫を残す唯一の方法である。自身の遺伝子を次世代に残すためには両者は一歩も譲れないはずである。すると，いかに宿主の本当の子であるかのようになりすますか，宿主を騙し，見破られるようになればさらに巧妙に騙し，という，"軍拡競走型"の共進化が繰り広げられてきたのは間違いない。その結果，全鳥類のうち約1％いるとされている托卵鳥は実にさまざまな手段で宿主を騙している。これから紹介するジュウイチの雛が宿主を操っている方法は，数ある托卵鳥の騙し戦略の中でも非常に珍しいといえる。そこで本章では，ジュウイチの雛がいかに宿主を操っているか，そこでは色がどのように使われているか，そして，そもそも鳥にとって色とは何であるかを認知生態学的視点からとらえ，ジュウイチの雛の騙しの戦略について考える。

1.1. 邂逅

　突然，頭上で小鳥が「ヒィッ，ヒィッ」とヒステリックに鳴きながら，わずか2～3mほどしか離れていない木の枝を行き来しはじめた。季節はそろそろ梅雨明けも近づいてきたころ，場所は富士山の標高約2,000m付近にある亜高山針広混交林で，マツ科のシラビソを中心に，コメツガやカラマツ，ダケカンバなどからなっている。その鳥は明らかにこちらの存在を脅威とみなしており，ときおり，「カカッ

と乾いた警戒音を出す。背中の色はややくすんだ青で，羽根を逆立てている脇腹のオレンジ色が目立つ。スズメ目ヒタキ科，ルリビタキ Tarsiger cyanurus のオスである。体長は 14 cm ほどで，スズメよりひと回り小さく，警戒心が強いために人に近寄ってくることはめったにない。

「巣だ」

この鳥は地上の，木の根元や土手などに開いた穴に巣をつくる。ここはその雄の縄張りの中であり，近くに巣があるはずで，怪しい侵入者からわが子を守るために決死の威嚇をしているのだ。

長年，夏になると押し寄せるおびただしい数の登山者の靴によって掘られ続けてきたため，登山道は高さ2〜3mの小さな谷か，沢のようになっている。苔むした壁面からはシラビソやナナカマドなどの稚樹がつま先立ちするように生えており，よく見るとそこここに，火山砂礫が崩れ落ちてできた握りこぶし大の隙間がある。ハンディライトで中を照らすと，ほとんどの場合，中には砂利や落ち葉が詰まっているのが見えるだけである。しかし，その瞬間は突然やってくる。穴の奥にある，松の小枝や苔などがカップ状に敷き詰められた巣の中に，それはいた。辛うじて手のひらに収まるほどの大きさだが，体は巣からはみ出さんばかり，黒ずんだ黄色の皮膚に，まだ開いていない真っ黒な羽鞘はタワシのようだ。

一瞬，状況がつかめない。ルリビタキは通常4〜5羽の雛を孵し，両親で育てるが，巣の中にいるのは「タワシ」1羽のみである。また，親鳥であってもルリビタキの大きさは握った手にすっぽり収まる程度でとても小さく，雛はとくに孵化したてのものであれば指先ほどの大きさしかない。そして，薄い肌色に綿毛が生えているばかりでとても弱々しく，この巣の主とは似ても似つかない。思わず息を飲む。

「ジュウイチだ！」

その巣はジュウイチによって托卵されており，ルリビタキのつがいはその雛をわが子と騙され，育てているのだ。

筆者は約 10 年にわたり，ジュウイチという鳥を研究してきたが，托卵された巣の発見は決して日常的に起こることではない。最も大きな原因は宿主の巣の見つけにくさである。小鳥は生態系の中ではどちらかと言えば弱者に属すると言えるだろう。この調査地でも少なくとも1年で見つかるルリビタキの巣の半数程度，場合によっては卵や雛を温めている雌親までもが，天敵であるイタチ科のテンによって捕食される。そのため，彼らはできるだけ天敵に見つからないように目立たない巣をかけるのだ。ヒトである我々研究者にとっては，調査地の急な勾配と低い酸素濃度も，その見つけにくさに拍車をかけていることは言うまでもない。

もうひとつの大きな原因は，宿主の個体群が托卵を受ける割合，つまり，寄生率が低いことである。ジュウイチに関しては現在までに確認された寄生率はおおよそ10％程度であり，年変動もそれほど大きくない。すると，托卵される巣を見つけるためには，確率的にその10倍の宿主の巣を見つけなければならない。現時点ではなぜ寄生率が10％程度で安定しているのかはわからない。しかし，托卵鳥が寄生者（パラサイト）であり，宿主にとって天敵の一種であることを考えると，巣の見つけにくさ自体，ジュウイチによる托卵を免れるために進化したのかも知れない。ともかく，10個発見した巣のうち1個が托卵されるかどうかという確率に左右される研究は，そもそもの宿主の巣の見つけにくさを考えるととてつもなく分の悪い賭けである。ちなみに，テンによって捕食されるのは，やっとの思いで見つけたジュウイチに托卵された巣ももちろん例外ではない。

1.2. 翼の裏のパッチの謎

　鳥インフルエンザなどへの対策のためにラテックス製の手袋をはめ，抵抗する雛をそうっと巣からつかみ出す。威嚇のために大きく開けた口の中の皮膚は一面，鮮やかな黄色で，その舌には餌の取りこぼしがないように，喉の奥に向けて弁状になった襞（ひだ）がついている。雛の体をひっくり返すと，腹面の皮膚はすべて黒みがかった黄色である。翼の先を指でつまんで広げると，一際鮮やかな黄色が見える。翼の裏側には羽毛がまったく生えておらず，黄色の皮膚がパッチ状に裸出しているのだ（口絵 9-a, 10-a）。ジュウイチ以外の鳥，例えば同じ科のカッコウ *Cuculus canorus* の雛は，巣立ち前であってもある程度育っていれば，翼の裏側はびっしり生えた細かい羽毛で覆われており，皮膚が見えることはない。ジュウイチも巣立ちとともに皮膚の色は薄れて羽毛が生え，しばらくすれば他の鳥と同じように羽根に覆われるようになるが，巣にとどまっている段階では羽芽（う が）（後に羽毛となる，毛根のようなもの）すら存在しない。

　一般的な羽毛の機能は，飛翔の効率化と体温保持である。巣立ちの前に雛が巣から出ることはないので，羽根が生えていないことによる飛翔効率への影響はさほど大きくはないだろう。しかし，とくに富士山のような亜高山で繁殖する鳥の雛にとって，羽根が持つ体温保持機能は非常に重要である。陽光は樹々の葉で遮られてしまい，巣がある林床まで届くことはほとんどない。そのため，雨天・曇天の続く梅雨の期間中，日中であっても気温が10℃を超えない日もまれではない。自身では体温を調節することができない孵化直後のジュウイチやルリビタキなどの雛にとって，こうした低温は脅威である。事実，巣の中に冷たい雨や霧が吹き込むなどして

雛が死んでしまうことも決して珍しいことではない。皮膚のすぐ下に太い血管が何本も通っている翼の下面に羽根が生えていないことは，体温保持を行ううえで不利なのは間違いないだろう。ここに羽根が生えていないことでジュウイチの雛は，これらの欠点を補って余りある，何か大きな利益を得ているはずである。

　この謎を解く鍵は雛の行動にあった。ジュウイチの雛は宿主の仮親が餌を巣に運んでくると，そのたびに翼を持ち上げて細かく震わせ，口の中と同じ色をしたその皮膚パッチを仮親に対して誇示するような行動を見せる（口絵9-a）。多くの鳥にとって雛が大きく開けた口というのは親から餌をもらううえで非常に重要である。鳥類，とくにカッコウやジュウイチの宿主となるようなスズメ目鳥類の雛は，口の中の皮膚が赤や黄色をしており，餌を運んできた親に対し，口を大きく開けて親が餌を口に入れてくれるのを待つ。皮膚に沈着している色や，開口部の皮膚の面積は，雛自身の空腹さや健康状態を示す信号となっており，それに応じて親は雛への給餌量を調節することがさまざまな研究からわかっている（Kilner, 1997）。すると，ジュウイチ雛の口の中と同じ色をした皮膚パッチは同じく餌請い信号としてはたらいていると考えられる。この仮説を証明するため，筆者は共同研究者とともに野外において生きたジュウイチの雛を用いて実験を行った。

　実験には以下のような条件を設定した。まずは，自然な状態として何も操作をせず，ビデオを設置しただけの対照区I，次に，パッチに何か人工的なものが塗られていることの影響を調べるために無色の液体を塗った対照区II，そして，黒い顔料を塗った処理区である。可能な限り雛に害を及ぼさないよう，無色の液体と顔料は少なくともヒトには無害の舞台俳優が使うものを用いた。巣に設置した小型赤外線カメラから入力した映像を録画し，宿主の給餌回数を比較したところ，統計的に有意な減少が見られたのは翼のパッチを黒く塗った処理区のみだった（図1-a）。何かがパッチに塗られていることではなく，黒く塗られてパッチが見えなくなったことが宿主の給餌回数を減らさせたのである。この結果により，翼のパッチは宿主の給餌を引き出す機能を持っているということが証明された（Tanaka & Ueda, 2005）。

　ではなぜ宿主は翼のパッチが見えると給餌を増やすのだろうか。宿主は稀ではあるものの，誤って翼のパッチに給餌を試みる（口絵9-b；Tanaka *et al.*, 2005）。つまり，宿主には翼のパッチと雛の開けた口に見分けがついていないのだ。カッコウなどと同様，ジュウイチの雛は孵化後に宿主の卵や雛を巣の外に落としてしまうため，宿主の雛と一緒に育てられることはない。巣にいる雛の数は常に1羽であるにもかかわらず，宿主は巣内に複数の雛がいるように錯覚してしまい，実際には存在しないたくさんの雛に十分な餌を与えようとしているのだろう。

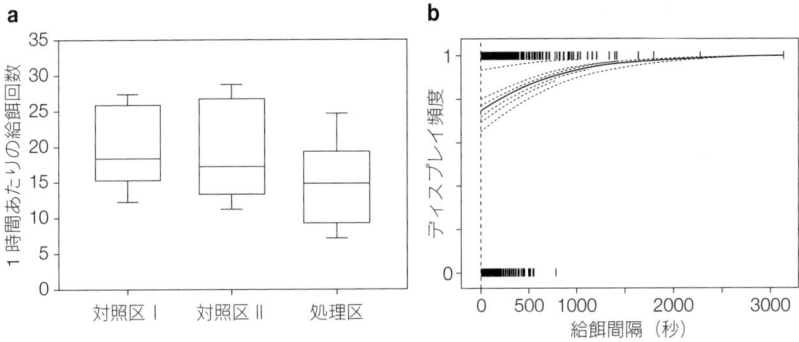

図1（Tanaka & Ueda, 2005 より改変）
a: 宿主によるジュウイチの雛への給餌回数は，透明の液体を塗った処理区IIでは大きな変化はなく（$P = 0.27$），黒い顔料を翼のパッチに塗った処理区でのみ減少した（$P = 0.0085$）
b: ジュウイチの雛がディスプレイする頻度は，空腹さの指標である，直前の給餌から経過した時間が増加するほど上昇する。点線は雛ごとに推定されたディスプレイ頻度，実線は全雛の平均ディスプレイ頻度を表す

1.3. 翼のパッチの必要性：カッコウとの比較から

　翼のパッチによる餌請いは，たしかにジュウイチの雛に利益をもたらすが，似たようなトリックを使う鳥は現在のところ見つかっていない（c.f. 川名，2009）。他の鳥ではまったく使われていない特徴を持つに至ったのは，ジュウイチにはパッチを必要とする，何か特別な事情があったのかもしれない。そこで，系統的にも生態的にも似たような地位にあるカッコウの雛との比較から，どのような生態的な制約のもとでこのような特徴が進化したかを考える。カッコウはヨーロッパから東アジアにかけての，いわゆる旧北区に幅広く分布し，報告されている宿主も優に100種を超える。また，とくにヨーロッパにおいては古くから研究が盛んであり，実にさまざまな適応戦略が解明されている。カッコウは托卵鳥研究におけるモデル生物と言っても過言ではない。

　托卵というシステムが機能するには，その雛が宿主に育てられ，独立に至るまで十分な餌を宿主に運んでもらわなければならない。通常の親子関係において雛は何らかの方法で親鳥に信号を送り，餌が必要であることを親鳥に伝えている。托卵鳥の雛の場合，宿主に餌を運んでもらうには，宿主の本来の親子関係において用いられるその「何らかの方法」をまねる必要があるのだ。その方法が間違っていれば生育に必要なだけの餌をもらうことができず，托卵は失敗に終わる。したがって托卵鳥の雛が発する信号は多くの場合，宿主の雛が発する信号に合致するように進化し

てきたと考えて差し支えないだろう。

　ヨーロッパ産のカッコウと，その宿主であるヨーロッパヨシキリの雛の特徴を詳細に比較したところ，興味深い事実が判明した。宿主に比べるとカッコウの雛の体は圧倒的に大きいが，その体に占める口内の皮膚面積の割合はヨシキリの雛よりもずっと小さいのだ (Kilner et al., 1999)。原因の1つとして，小鳥の雛では，幼いうちは口角（嘴の蝶番）に皮膚の襞が発達していることが挙げられる。これにより，口を開けたときにディスプレイできる皮膚の面積が体の大きさに対して相対的に大きくなるのだが，そのような特徴をカッコウの雛は持っていない。その結果，大きく開けた口で発する視覚信号から期待される餌量は，成長に必要な餌量より少なくなってしまう。その必要な餌量を確保するためには，何らかの方法で餌請い刺激を強くする必要が生じているのだ。その方法として採用されているのは鳴き声である。鳴き声も口内の皮膚と同様，さまざまな鳥の雛で重要な餌請いの信号であることが知られている。カッコウの雛が餌請いの際に出す鳴き声は非常に大きく，ピッチが速い。開口部の皮膚面積と鳴き声の速さ，体重の3者の関係をカッコウとヨシキリの雛で比較したところ，カッコウ雛の鳴き声の激しさは，宿主が運ぶ餌量のうち，視覚信号から期待される"必要量までの不足分"を補うレベルとなっていることが判明した (Kilner et al., 1999)。

　雛，宿主ともに体サイズはカッコウとジュウイチとでは大きく変わらないため，両者が生育に必要としている餌量は同じと考えられる。ただ，ジュウイチ雛の鳴き声はカッコウほど激しくはない。これには激しい鳴き声の"生態的コスト"が関係していると考えられる。というのも，どんな信号にも望まれない受信者が存在し，その最たるものが捕食者である。とくに食肉目の哺乳類は視覚よりはむしろ嗅覚や聴覚を使って獲物を探すので，鳴き声による餌請いは捕食者によって発見されるリスクを高めてしまう。ただし，哺乳類は鳥と違って飛ぶことができないため，実際に捕食される危険性は巣の位置が高いほど下がる。さまざまな鳥で比較してみると，高い場所（樹上など）に巣をかける鳥ほど雛の鳴き声は激しくなっていた (Briskie et al., 1999; Haskell, 1999)。地上に巣をつくる鳥に托卵するジュウイチとは対照的に，カッコウの主要な宿主であるヨシキリ類は，沼などに生えたヨシなどの茎に巣をかける。鳥以外の捕食者が巣へ接近するためには，まず水に入らねばならず，かつ，水面から巣まではそれなりの高さがある。少なくとも主要な宿主であるヨシキリ類に関しては哺乳類からの捕食圧はジュウイチに比べて低いだろう。ジュウイチは何とか声に頼らずに激しく餌請いをするため，視覚偏重の信号を進化させたのではないだろうか。

2. 鳥類の色覚から探る翼のパッチの意義

　ジュウイチの雛の翼を裏返してパッチの皮膚を間近に見ると，少なくとも筆者の目で見た限り非常に鮮やかな黄色で，とても目立っている。これまで論じてきたさまざまな証拠から，その鮮やかな色が宿主操作に重要な役割を果たしているのは間違いないように思える。しかし，ジュウイチの雛を見るルリビタキの眼には，翼のパッチは目立って見えているのだろうか？　これまでに蓄積された生理・解剖学的知見から，鳥類とわれわれヒトの色覚は大きく異なっていることがわかっている。そのため，ルリビタキが見るジュウイチの雛のパッチの色が，われわれが感じるほど目立つとは限らない。この問題を解決するには，まず鳥類の色覚の特徴を知らなければならない。そこで 2.1 ではまず，鳥類の色覚をヒトと対比させながら解説する。2.2 ではそれをふまえ，翼のパッチの色をルリビタキの眼を通して評価し，その機能について議論する。

2.1. 鳥の色覚メカニズム：ヒトとの違いと共通項

　脊椎動物の眼の構造や，光刺激の受信メカニズムは，ヤツメウナギからヒトに至るまで，原則として同じである（Arendt, 2003）。眼に入ってくる光子は角膜，水晶体，硝子体，もしくはそれに類似した構造を透過し，網膜に達する。網膜は視細胞とそれぞれの視細胞に連結した神経細胞や神経節から成っており（詳しくは第1章,図4），その軸索は盲点を通って間脳の視床下部や，中脳の上丘（哺乳類以外では視蓋と呼ばれる）といった第一次視覚中枢へとつながっている。第1章で詳しく解説されている通り，色覚や明所視を担っているのは網膜の光受容体のうち錐体であり，その点においてもヒトと鳥に違いはない。では両者の色覚において違いを生み出しているのは何だろうか？

　鳥とヒトの大きな違いのひとつに，色覚を担う錐体の数があげられる。第1章にあるとおり，ヒトでは 3 種類の錐体（L 錐体・M 錐体・S 錐体）が色覚を担う。これに対し，鳥ではそれよりひとつ多い，4 つの錐体（LWS 錐体・MWS 錐体・SWS 錐体・VS もしくは UVS 錐体）が色覚にかかわっている（表1）。これらの錐体は異なる視物質（レチナールが結合したオプシン）を有し，それぞれ独自の最大吸収波長（λmax）を持つ（表1）。なお，アミノ酸の配列にもとづく解析から，LWS 錐体に含まれる LWS オプシンは，ヒトの L 錐体・M 錐体のオプシンと，また，VS/UVS 錐体に含まれる SWS1 オプシンはヒトの S 錐体のオプシンと比較的構造が似ていることがわかっている。脊椎動物が持っているオプシンのタイプの違いは，

表1 脊椎動物のオプシンと,それぞれが存在する錐体タイプとその感受性(λmax)

オプシンの通称	錐体	λmax (nm)	色タイプ
LWS[†]	LWS,複合錐体	500〜570	赤型
Rh2/B	MWS	460〜520	緑型
SWS2	SWS	400〜450	青型
SWS1[†]	VS/UVS	350〜430	紫・紫外型

Rh(ロドプシン)2/Bは桿体に存在するRh1/Aに類似しているが,錐体に存在し,色覚に用いられている。霊長類が持つ2種類のLWSオプシンは真猿亜目の祖先において分化した(詳しくは第5章)。VS/UVS錐体は,最大吸収波長がヒト可視光に含まれているか(>400 nm;VS),それとも紫外領域にあるか(UVS)によって区別されている
[†]:ヒト網膜に存在するオプシン

表2 ヒトを含めた哺乳類と他の脊椎動物が持つ錐体タイプの違い

	単一錐体タイプ(原色)数	オプシン	油滴	複合錐体
他脊椎動物(鳥)	4	LWS, Rh2, SWS2, SWS1	有色	有
単孔類	2	LWS, **SWS2**	無色	有[†]
有袋類	3	LWS, **Rh2**, SWS1	無色	有
有胎盤類	2	LWS, SWS1	無	無
真猿亜目(ヒト)	3	LWS_g, **LWS_r**, SWS1	無	無

太字は哺乳綱内のそれぞれの分類群が特異的に持っているオプシン
[†]:カモノハシは持っているが,ハリモグラは持っていない。油滴と複合錐体の解説はBox 1参照

表2にまとめてある。

4つの錐体のうち,ヒトとの決定的な違いを生み出しているのが,紫外線を受容するVS/UVS錐体である。図2に示したように,どちらの錐体も400 nm以下の光,すなわち紫外線を受けとることができる。中でもUVS錐体(図2-a)は感受波長域が全体的に短波長側にシフトしており,紫外線受容に特化したものといえる。ただし,ほとんどの鳥類が持っているのはVS錐体で,短波長の紫外線感受性が高いUVS錐体を持つ鳥は,オウム目やカモメ類,アオガラをはじめとするスズメ小目などに限られる(Ödeen & Håstad, 2003)。なお,同じスズメ目でもスズメ小目以外(カラスなど)の鳥はVS錐体を持つ。なお,脊椎動物では鳥類に限らず,魚類や両生類,爬虫類にも紫外線が見えている。それに対し,霊長類や有蹄類など,ほとんどの哺乳類には紫外線が見えないが,一部例外として,有袋類と齧歯目にはUVSタイプの錐体を持つものが知られている(Jacobs, 2009)。VS/UVS錐体のほかにも,鳥には複合錐体と油滴という,ヒトにはない特徴が存在する。詳しくはBox 1にまとめたが,複合錐体は明度の知覚などを,そして油滴は錐体の感度の修飾を担っている。

ここまでの説明を読んで,紫外線受容の可否は単にVS/UVS錐体を持つかどう

かで決まるように思われるかもしれないが，実はそれだけではない。ヒトのS錐体は，潜在的には図2の点線で示された程度には紫外線を受けとることができる（Bowmaker & Dartnall, 1980）。それにもかかわらずヒトのS錐体が紫外線に反応しないのは，錐体に届く前に，角膜において反射・吸収されてしまうからである。鳥の角膜は紫外線を透過するため，紫外線はVS錐体やUVS錐体に届くことになる。この違いはどのように生じているのだろうか。そもそも紫外線はDNAそのものを

Box 1　複合錐体と油滴

　複合錐体は，2つの錐体が結合して1つの光受容体を形成したものである。哺乳類（厳密には真獣類）は持たないが，鳥類のみならず，多くの脊椎動物が持つ（表2）。複合錐体は，鳥類では明度知覚やパターン認識，動体検出を，魚類では偏光を受容することが知られている（Osorio et al., 1999b）。複合錐体と区別するため，色相を担う錐体を「単一錐体」と呼ぶことがある。鳥では複合錐体が単一錐体とは独立に明度の知覚を担うという点で，2種類の単一錐体（M錐体・L錐体）が明度知覚を担う霊長類と異なっている。網膜を構成する細胞数においても複合錐体は他の視細胞と比較して圧倒的に多く，鳥類の視覚全般において中心的な役割を果たしていると考えられている（Hart, 2001; Osorio et al., 1999a）。

　油滴もヒトにはない特徴である。油滴は錐体外節の付け根に存在し，外節へと透過していく光のフィルターの役目を果たす（フィルターについては第2章も参照）。油滴は通常カロテノイド色素を含み，赤・黄・無色・透明の4種類の油滴がそれぞれLWS・MWS・SWS・VS/UVS錐体に存在する。透明油滴がすべての波長を透過するのに対し，無色油滴は無色のカロテノイドで紫外線を吸収する。透明油滴以外はそれぞれの色より短い波長のスペクトルをすべて吸収することで，外節に到達する光スペクトルの範囲を狭めている。これにより，短波長側の光を遮断し，感受波長域が隣接した錐体同士が同時に反応することで視神経に伝える信号が干渉し合ってしまうことを防ぐ機能を持っている（Vorobyev, 2003）。というのも，視物質そのものが持つ感受波長域は，それぞれの錐体が反応を担っている範囲より短波長側に広くなっており，短波長側の錐体が持つ視物質の波長域と重複している。そのため，もし油滴が存在しなければ，例えごく狭い範囲の反射スペクトルであっても，複数種類の錐体が必ず反応することになってしまう。油滴の存在により短波長側の光がカットされることで，特定の波長の光に対して反応する錐体タイプを絞ることができ，色弁別能が向上するのだ。また，一般に錐体の感受性というとき，光スペクトルに対する視物質の感受性を油滴の透過率によって補正したものを指す。

　なお，複合錐体と油滴は，真獣類（有胎盤類：ヒト，マウス，ゾウなど）には存在しないが，比較的原始的な特徴を残している単孔類（カモノハシ，ハリモグラなど）や有袋類（カンガルー，コアラ，オポッサムなど）では存在することが知られている（表2; Jacobs, 2009）。

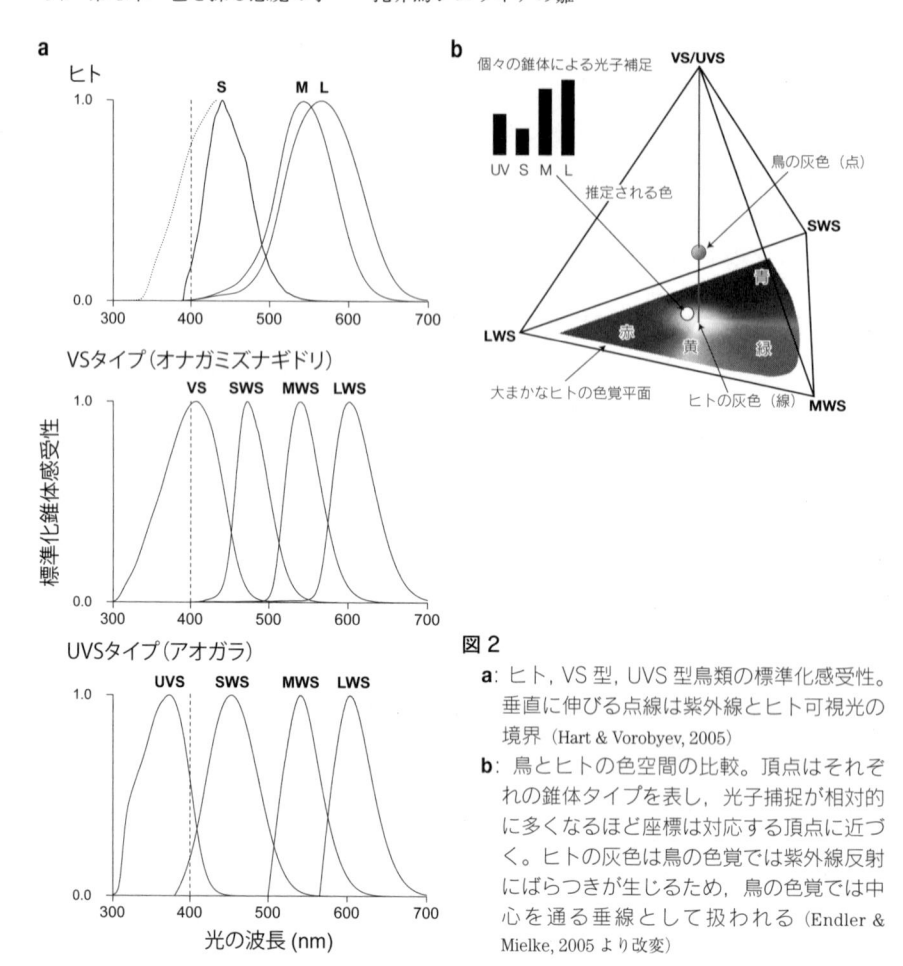

図2
a: ヒト，VS 型，UVS 型鳥類の標準化感受性。垂直に伸びる点線は紫外線とヒト可視光の境界（Hart & Vorobyev, 2005）
b: 鳥とヒトの色空間の比較。頂点はそれぞれの錐体タイプを表し，光子捕捉が相対的に多くなるほど座標は対応する頂点に近づく。ヒトの灰色は鳥の色覚では紫外線反射にばらつきが生じるため，鳥の色覚では中心を通る垂線として扱われる（Endler & Mielke, 2005 より改変）

損傷させ，また，酸素の活性化を通じて組織を酸化させるため，基本的には生物にとって有害である。そのため，組織への侵入を可能な限り防ぐことは適応的といえる。哺乳類ではまず，角膜を構成するコラーゲンの微細構造が，鳥類と比較して紫外線を反射しやすくなっている（Tsukahara et al., 2010）。さらに，ALDH3A1 と呼ばれるタンパク質が角膜に存在し，紫外線を直接吸収する（Estey et al., 2007）。このタンパク質が抗酸化機能を持っていることを考えれば，紫外線に対する防御物質と考えて差し支えないだろう。つまり，哺乳類では角膜において反射と吸収という二重の防衛線で紫外線の侵入を抑えており，おそらくその結果として紫外線を見ることができないのだろう。一方の鳥類では，角膜に ALDH3A1 が存在しない代わりに，

哺乳類の角膜にはない脂質の一種（酸化しやすい性質を持つ）と，脂質輸送を担うアポリポタンパクが豊富に存在する（Tsukahara et al., 2011）。眼球の他の部位について詳しいことはわかっていないが，少なくとも角膜においては，脂質が組織の身代わりとなって酸化し，酸化した脂質をアポリポタンパクが速やかに除去することで，透過する紫外線による損傷を抑えている。

　これらの事実は，鳥と哺乳類が紫外線に対して異なる適応をしていることを意味している。そこにはどのような進化的・生態的な背景があるのだろうか。ひとつの要因として，哺乳類の祖先が進化の途上で一度夜行性になったことがあげられている（Surridge et al., 2003）。視覚が頼りにならない夜間では，高度な色覚は必要ない。とくに紫外線はほとんど存在しないため，紫外線感受性を失ってしまったとしても不思議ではない。これは，とくに夜行性の哺乳類において聴覚や嗅覚が非常に発達しているという事実とも整合性がある。そのような現象は鳥類でも知られている。フクロウの多くは完全に夜行性だが，聴覚が非常に発達している一方で，紫外線受容を担うVS錐体は失われていると考えられている（Bowmaker & Martin, 1978）。2色型色覚になった真獣類のなかで一部の霊長類だけが再び昼行性となり，3色型の色覚を獲得したが（詳しくは第5章），紫外線感受性だけは再獲得に至らなかったのだろう。

　さて，ヒトよりひとつ多い，そして紫外線を感じる鳥類の錐体は，両者の色覚にどのような違いをもたらすのだろうか。錐体の種類数というものは，そのまま色覚のタイプを規定する。つまり，3種類の錐体を持つヒトは3色型色覚（trichromacy）を，そして4種類の錐体を持つ鳥は4色型色覚（tetrachromacy）を持つことになる（Endler & Mielke, 2005）。そもそも色は，各錐体タイプの反応の強さの違い（つまり，比）を知覚することで生じる感覚である。この反応比を幾何学的に表現したものを色空間と呼び，図2-bに示した。ある色の座標は，個々の錐体に対応する頂点のうち，反応比の大きいものの近くにプロットされる。任意の2種類の色は，この空間中に識別可能なほど離れて初めて，異なった色として知覚される。ヒトなどが持つ3色型色覚を色空間に当てはめるうえで必要なのは，図2-bに描かれている底面の正三角形，つまり二次元座標だけである。一方，鳥の4色型の色空間には立体の正四面体が必要となる。例えば，ヒトには同じに見える白でも，紫外線反射率が異なっていれば，鳥の色覚ではVS/UVS錐体の反応に変化が生じ，同じ白でも紫外線反射が強ければ，その強さに応じて固有座標が正四面体のVS/UVSの頂点に近づく。まとめると，3色型色覚のヒトと4色型色覚の鳥では，色覚の"次元"が厳密に数学的に異なっているということになる。このような色覚の次元を考慮した解析方法

図3

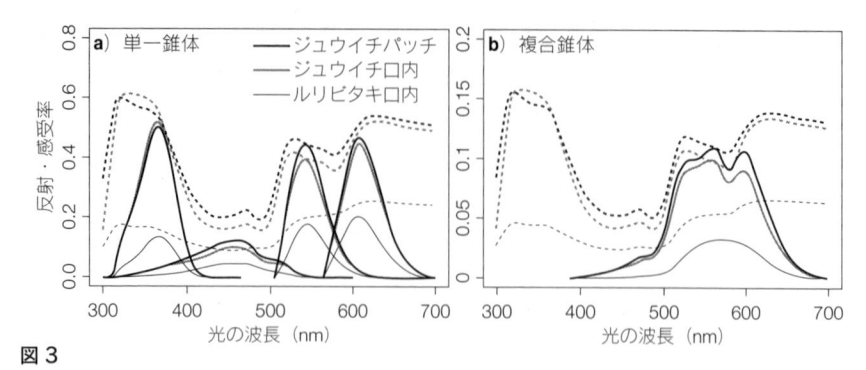

分光光度計で測定したジュウイチ，ルリビタキ雛の信号形質の反射率のスペクトル（点線）に，標準化したそれぞれの単一錐体（**a**），複合錐体（**b**）の感受性をかけあわせたもの（実線）。後者は光のスペクトルのうち，それぞれの錐体が感受できる部分を表しており，これを積分したものが光子捕捉となる。太線はジュウイチ雛の形質（── はパッチ， ── は口内），── はルリビタキ雛の口内からの反射。

は"視覚モデル（visual model）"と呼ばれており，近年さかんに行われている。その手順については**コラム2**で詳しく紹介する。

なお，錐体の数は異なるものの，視細胞が捉えた情報を色として処理するプロセスは，鳥とヒトであまり違わないようである。**第1章**や**コラム1**で取り上げられていた色の恒常性や反対色といった現象は，鳥類でも起きていると考えられている（Osorio et al., 1999a; Vorobyev et al., 1998）。もちろん，反対色については錐体の数が多いため，他の錐体からの信号伝達を抑制する経路は3色型色覚の霊長類と比較してより複雑になっている。反対色の組み合わせは，霊長類では緑−赤と，青−黄（緑＋赤）の2種類だが，鳥類では紫外−青，緑−赤，そして青−赤・緑の3種類となる（Osorio et al., 1999b）。ただ，紫外線領域は別として，少なくともヒトの可視領域ではヒトの反対色と大きくは変わらない。また，われわれ人間と同じように青系，赤系など，同系色どうしをカテゴリー化していると考える研究者もいる（Jones et al., 2001）。

2.2. ルリビタキが見るジュウイチの黄色

人間の目には，ジュウイチ雛のパッチや口蓋（こうがい）（口内）の皮膚は一面鮮やかな黄色として見え，一方のルリビタキの雛の口は，縁が薄い黄色に，そして口蓋はくすんだオレンジ色に見える。ではルリビタキの親鳥に見えている色は，どのように異なっているのだろうか。これを調べるうえでまず必要とされている情報は，鳥にとっての可視光（ヒトの可視光＋紫外線領域）における反射スペクトルである。そこ

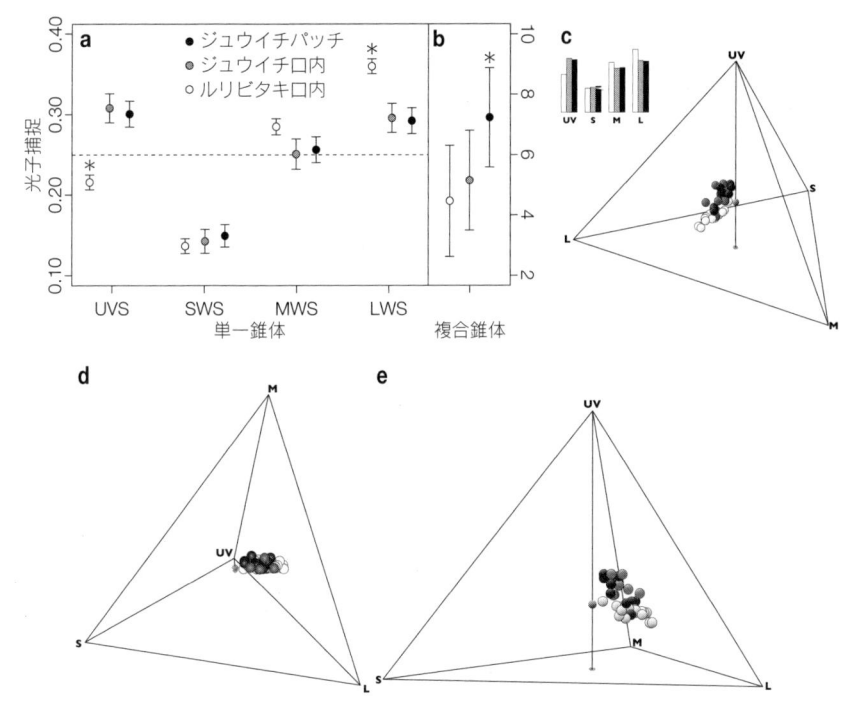

図 4
個体差，年変動などを考慮した，それぞれの単一錐体タイプ (**a**) と複合錐体 (**b**) による光子捕捉の推定値．＊は他より統計的に有意に異なっていたもの．エラーバーは標準誤差．---- は灰色の期待値（Tanaka *et al.*, 2011 より改変）．**c**: 鳥の色空間にプロットされた 6 羽のジュウイチ雛の口内と翼のパッチ，12 羽のルリビタキ雛口内の色．左上グラフはそれぞれの標準化光子捕捉．白はルリビタキ雛の口，灰色はジュウイチ雛の口，黒はジュウイチの翼のパッチを示している．中心の球体は鳥の，垂線はヒトにとっての灰色の期待値．**d, e**: **c** の色空間プロットを真上から見たもの (**d**) と真横から見たもの (**e**)．**d** は人にも見える違いを，**e** は人には見えない違いを示している．

で分光光度計を用い，ジュウイチの雛のパッチ，口内，そしてルリビタキの雛の口内それぞれの反射率のスペクトルを測定した．測定結果は図 3 に示す．次にすべきは，科学的な議論を行うために色を「数値化」することだが，ここで，**コラム 2** で紹介する視覚モデルを用いてルリビタキの色覚特性を考慮し，測定したジュウイチとルリビタキの雛の皮膚からの反射スペクトルを分析した．

色彩の弁別には色相と明度の両方が用いられる．反射スペクトルのうち，4 種類の単一錐体 (Box 1 を参照) が受け取った光は色相の，複合錐体が受け取った光は明度の情報として処理される．各タイプの錐体がそれぞれの波長においてどのくらい

光を受け取ったのかを計算し，それを元に各錐体が補足した光子量（光子捕捉と呼ばれる）の相対値を算出した．波長ごとの感受率を図3に，錐体毎の相対光子捕捉を図4に示してある．図4-cは，各個体からの光子捕捉を，図2-bにならって正四面体の鳥の色空間にプロットしたものである．視覚モデルの最終的な目的は，鳥にとって任意の2つの色が識別可能なほど異なっているかどうかを推定することだが，その結果を示す前に，ジュウイチとルリビタキで色の構成要素がどのように異なっているかを詳しく解説する．

　光子捕捉の値が他より統計的に有意に異なっていたのは，色相ではLWSとUVSの光子捕捉で，LWS，つまり赤の要素はルリビタキ口内のほうが強く，UVSではジュウイチのパッチ・口内がともにルリビタキより強くなっていた．ヒトにとっての黄色のスペクトルは赤と緑の中間に位置し，緑の要素（MWS錐体の反応）が相対的に弱くなるに従って黄色からオレンジへと変化するので，ルリビタキのLWS光子補足が多いということは，ジュウイチ雛の色で黄色味が強く見えることを反映している．つまり，紫外線を抜きにすればわれわれヒトに見えている色とそう変わらないといえる．一方，UVSの光子捕捉はジュウイチにおいて圧倒的に高くなっており，かつルリビタキとの差は灰色の期待値である0.25をまたいでいる（図4-a）．この灰色の期待値を超えるかどうかは非常に重要で，その結果としてまったく別の色と識別される可能性もある (Jones et al., 2001)．この点を考慮すると，LWSに見られたものと質的に異なった違いということができる．これらの違いは視覚モデルによって推定された識別閾値にも反映されていた．結果はやはり，ジュウイチの色はルリビタキの口内とは大きく異なっており，その一方でジュウイチの口内とパッチ同士は識別できない違いしか認められなかった（表3）．UVSにおける光子捕捉の差を考えると，この違いに最も大きく貢献しているのは紫外線反射といえる．ルリビタキの親にとっては，人間が見えている以上に異なった色に見えていると考えて差し支えないだろう．

　明度についても違いが認められたが，突出して複合錐体の光子捕捉の値が大きくなっているのはジュウイチのパッチのみであり，ジュウイチの口内についてはルリビタキの口内との有意な差は認められなかった．この結果も識別の閾値に反映されており，口内色の明度はジュウイチとルリビタキの間で暗い環境でも十分識別できるというレベルの違い（コラム2を参照）はなかった（表3）．つまり，少なくともパッチについては，ルリビタキの眼にも他と比べて際立って鮮やかに見えていることになる．ただし，この結果の解釈は，ルリビタキの仮親が実際にこれらの色を見る状況を考えながら慎重に行う必要がある．というのも，先述の通りジュウイチは孵

表3 ジュウイチ, ルリビタキ雛の, 信号形質間の色識別閾値（jnd）

	色相	明度
ルリビタキ口内 - ジュウイチ口内	5.90	**1.73**
ルリビタキ口内 - ジュウイチパッチ	8.80	8.51
ジュウイチ口内 - ジュウイチパッチ	**0.80**	6.78

jnd<1：識別不可能；1≦jnd<3：明条件でのみ識別可能；jnd≧3：暗条件でも識別可能

太字は，少なくともジュウイチの雛が育てられる暗い巣の光条件では，宿主が識別できないと判定された組み合わせ

化後しばらくすると巣を独占するため，仮親がジュウイチ雛の口とルリビタキ雛の口を直接見比べることはない。一方，ルリビタキの仮親は，直接比較することができるジュウイチの口と翼のパッチを区別できないこともある。餌を運んで巣に入ったその時々の雛の反応や，口とパッチの動作，巣の暗さなどが複合的に影響して，宿主は翼のパッチを実際の口と誤認してしまうのだろう。明度の違いが持つ効果は，そういった状況に応じて変化しているのかも知れない。

ではなぜジュウイチのパッチはルリビタキの雛と比べ，色相が変わるほど強く紫外線を反射しているのだろうか。ジュウイチが寄生者であり，宿主の雛と較べて大量の餌を必要としていることを考えれば，この強い紫外線反射が仮親を操り，より多くの餌を運ばせるための手口であると考えるのは当然だろう。紫外線反射が本当に仮親の給餌行動を引き出すのかどうか，その解明がこれからの課題である。

3. 鳥類による紫外線の利用

ここまで紹介した筆者の研究から，紫外色（色の構成要素としての紫外線反射）はジュウイチの雛が生き残っていくうえで重要な存在であることが示唆された。そして紫外色はジュウイチのみならず，その他の鳥においても広く利用され，さらにはその場面もさまざまであることを示す証拠が年を追うごとに増えている。鳥類が示す多様な行動の理解は，紫外線を考慮することでよりいっそう深まることが期待される。そこでこの節では，鳥たちの日々の生活で紫外色がどのように使われているのかを調べた研究を整理し，採食行動や求愛ディスプレイといった，生活史における文脈ごとに紹介する。なお，ここで注意すべきは，紫外光はあくまでも見えている色を構成している一要素に過ぎないという点である。そのため，紫外線反射を阻害するような実験操作は，信号形質の色相を変える効果を持っているが，必ずしもその形質自体を目立たなくさせる効果を持っているわけではない（Stevens & Cuthill, 2007）。

3.1. 採食

　チョウゲンボウ *Falco tinnunculus* はハヤブサ科に属する小型の猛禽類で、草原や耕作地などの開けた環境に生息し、小鳥やネズミなどを捕まえて食べる。その際、とくにハタネズミ *Microtus agrestis* などの齧歯類を捕まえるとき、紫外線を重要な手がかりにしている (Viitala *et al.*, 1995)。哺乳類の尿は縄張りの主張や発情期の判断など、個体間の相互作用において非常に重要な役割を担っているが、一方で、紫外線を蛍光発色することが知られている。そのため、マーキングした場所や通り道は、可視光では見分けがつかないが、天敵であるチョウゲンボウからははっきり見えており、中でもとくに集中している場所はハタネズミのすみかであることを暴露してしまっている。飼育下のチョウゲンボウに対し、屋内運動場にヒトの可視光のみと紫外線のみをそれぞれ照射する条件を設け、散布したハタネズミの尿の有無がその場所に対する選好性に影響するかが調べられた。その結果、可視光のみでは尿には反応しなかったが、紫外線のみの条件ではその場を好むということが判明した (Viitala *et al.*, 1995)。また、野外においてチョウゲンボウの縄張り内にハタネズミの糞尿を散布したところ、散布した場所では狩りを試みているのが頻繁に観察された。上空を滑空しながら餌を探すチョウゲンボウにはハタネズミの通り道から発せられる紫外線反射が見えており、それによって餌のすみかを突き止め、効率良く狩りを行っているのだ。

　紫外線を利用した鳥の採餌は、植物の繁殖形質の進化にも影響をおよぼしている。たとえば紫外色は花の色に多く用いられており、送粉者である昆虫や鳥に報酬である蜜のありかを教えている (詳しくは p. 231。口絵 15 も参照)。植物は花粉だけではなく、種子の散布も動物に頼ることが多い。その報酬として植物は、種子のまわりを栄養に富む果肉で包んだ果実をつくる。種子散布を担っているのは主に鳥類と哺乳類、とくに霊長類で、植物との間には相利共生の関係が成り立っている。鳥の移動能力を考えれば、できるだけ遠くに種子を運ぶことで利益を受ける植物は、鳥をターゲットに絞ることでより利益を受けるだろう。そのためには果実を小型化し、鳥にとって目立つ色にする必要がある。バラ科など、小型で色鮮やかな果実 (いわゆるベリー類) をつける植物は鳥散布であることが知られている。同所的に生息する 60 種の、果実表皮の紫外線反射率と果肉の成分との関係を調べてみたところ、抗酸化作用を持ち、価値の高い栄養素として知られるアントシアニンの含有量との間に正の相関が見られた (Schaefer *et al.*, 2008)。そこで、ズグロムシクイ *Sylvia atricapilla* を用い、鳥がアントシアニンを好むのかどうかを確かめた。この鳥は昆

虫食だが，小型の果実も好んで食べることが知られている。実験の結果，確かにズグロムシクイはアントシアニン含有量の高い果実を選んで採食していた（Schaefer et al., 2008）。果実表皮の紫外線反射はアントシアニンが直接生み出すものではないので，この2つに相関が見られるということは，紫外色を強くするメカニズムが別に存在すると考えられる。高い紫外線反射は栄養価の高い果実の存在を鳥に対して効率よく示すための，"正直な信号"として進化してきたのだ。このように，紫外線は鳥による餌を見つけるための単なる手がかりというだけでなく，鳥と植物の間で行われているコミュニケーションにおいても重要な役割を果たしている。

3.2. 雄雌間コミュニケーション

雌雄で色が違うことを色彩性的二型といい，さまざまな動物で見られるが，必ずしも普遍的に存在するわけではない。博物館に収蔵されている139種のスズメ目鳥類の標本の羽根の色彩について，鳥の眼から見える違いが調べられている。コラム2の視覚モデルを用いて解析を行った結果，分析した139種のうち雌雄で色彩に違いがあったものは，ヒトの目で判断した場合は31%に過ぎなかったが，鳥の色覚を想定した場合，少なく見積もっても60%に及んだ（Eaton, 2005）。この研究では，紫外線反射も含め，具体的にどの領域の反射光（つまり色の要素）が最も大きくヒトと鳥の違いに影響しているかは特定されていない。しかし，2.1で紹介した違いを考えれば，紫外線反射が大きく貢献していることは間違いないだろう。

オガワコマドリ Luscinia svecica はヒタキ科の小鳥で，夏鳥として比較的緯度の高い地域で繁殖する。雌は茶色とベージュで地味な配色であるのに対し，雄は喉に鮮やかなオレンジ・青・黒の縞模様のパッチを持つ。繁殖地に渡ってきたばかりのオガワコマドリを捕獲してケージ内で飼育し，喉パッチに紫外線反射阻害剤と，紫外線から可視光に至るまで全体的に反射率を下げる塗料を塗り，雌の好みに影響するかどうかを調べた。雌の好みの度合いは別々のケージに入れられた2羽の雄に対し，どちらの雄にどのくらい，より近づいたかによって判定された。その結果，紫外線反射のみを阻害する処理を施された雄より，全波長領域で一様に反射率を下げる処理を施された雄を雌はより好んだ（Andersson & Amundsen, 1997）。これはおそらく，紫外線反射のみが阻害されたことで色相自体が変化し，雌にとって信号として機能しなくなったためだろう。

一方，アオガラ Parus caeruleus では，紫外線反射は雌に対する求愛シグナルとなっているだけでなく，雄の質を表す正直な信号となっている（Sheldon et al., 1999）。アオガラはシジュウカラ科の小鳥で，雌雄ともに頭や背の羽根が鮮やかな青色をし

ている。可視光では大きく変わらないが，雄の紫外線反射は雌に比べて高くなっており，雌は紫外線反射の高い雄を好む (Hunt et al., 1998)。また，雄の紫外線反射率の高さは越冬期間中の生存確率と正の相関があるため，雄の質を表す正直な信号となっている。紫外線反射阻害剤を羽根に塗ると，雌は子供の性比，つまり，一腹の雛のうち雄/雌雛が占める割合を雌に偏らせた (Sheldon et al., 1999)。羽根の反射率（つまり質）の高い雄とつがったときはその質の高さを受け継ぐであろう雄の子を多く産み，質の低い雄とつがった時はその質の低さに生存・繁殖が影響を受けにくい雌の子を多く産むことで，できるだけ多くの子孫を残そうとしているというわけである。

3.3. 親子間コミュニケーション

鳥類，とくにスズメ目の小鳥の雛は，口の中が鮮やかな赤や黄色をしており，親子間のコミュニケーションに用いられている。複数の種の鳥の雛を用い，口内色の反射率のスペクトルを測定したところ,紫外線も反射していることが判明した(Hunt et al., 2003；Avilés & Soler, 2010)。シジュウカラ *Parus major* とホシムクドリ *Sturnus vulgaris* の雛を用い，皮膚からの紫外線反射を阻害し，そのことが親の給餌努力へ影響を及ぼすかが調べられた。口内以外の皮膚も紫外線を反射していたため，阻害剤は口内と口内以外の皮膚のどちらか，もしくは両方に塗るような条件が設定された。親の給餌努力の指標として用いられた雛の体重増加率は，口内，口内以外とも皮膚に阻害剤が塗られていない雛で高くなった (Jourdie et al., 2004)。紫外線に関しては，口内だけでなく，体の皮膚からの反射も親にとっては給餌量を決める手がかりになっており,とくに暗い巣の中で雛を見つけやすくなっているのだろう。また，紫外線反射率と雛の健康状態には正の相関が見られたため,親鳥は健康な雛に対し，選択的に給餌を行っているのかも知れない。

鳥の中でも紫外線感受性には二型が存在し（表1，図2-a），一部の種では感受性がとくに高いことが知られている (Ödeen & Håstad, 2003)。22種の鳥の雛を用い，雛の口内色スペクトルと，その種が持つ紫外線感受性を比較したところ，感受性の高い，UVSタイプの種では紫外線反射スペクトルのピークがより短い波長側にシフトしていることがわかった (Avilés & Soler, 2010)。VSタイプの種ではピークが短波長側に存在していても，親にはよく見えないが，UVSタイプであれば，そういったスペクトルは親に対して目立つ。より効率よくコミュニケーションを行うため，雛が発する色信号の特性が受信者である親の感受性に適合するよう，進化が起こったのだろう。

3.4. 托卵

　カッコウなどの托卵鳥が，巣に卵を紛れ込ませたことを宿主に悟られないようにするためにも，紫外線は使われている。鳥の卵の色は鶏卵のように全体的に白いことが多いが，青やチョコレート色，オリーブ色や縞模様など，色や模様は鳥によってさまざまである。カッコウの雌が産む卵の色や模様は，多くの場合，宿主のものとそっくりであることはよく知られており，宿主が寄生されたことを知って卵を排除したり，巣そのものを捨てたりしてしまうことが起因となって進化した擬態であることがわかっている。さまざまな宿主の個体群を用い，宿主の卵とカッコウ卵の色を比較すると，紫外線領域も含めてとても良く似ている（Avilés & Møller, 2004）。ウタツグミ *Turdus philomelos* の巣にさまざまな色の擬卵を入れ，人工的に托卵と同じ状況を作り出し，排除された卵とされなかった卵の色を比べた。ウタツグミの本来の卵は青緑と紫外線を反射しているが，排除された卵はその2つの領域での反射率が低い擬卵だった（Honza *et al.*, 2007）。

4. 色を産み出すメカニズム

　ジュウイチの研究紹介と鳥類全般のレビューを通して，鳥が生きていくうえで，紫外線を含む「色」を信号に使うことが重要な役割を果たしていることはおわかりいただけただろう。ここからは少し視点を変え，鳥類が発している色がどのように生み出されているのか，そのメカニズムを考えたい。というのも信号のメカニズムを考えることは，信号形質の進化を考えるうえでとても重要だからである。たとえば虹色をしたクジャクの羽根や，真っ赤なニワトリの鶏冠，さらにはベニジュケイの鮮やかな赤と水色の肉垂など，鳥には鮮やかな色彩をしているものが多い。こうした鮮やかな色は，羽根だけでなく，目の周りの皮膚や嘴にまでおよび，そのすべては色素を沈着させることにより，鳥の体内でつくり出されている。そのため，色の利用には生合成や資源配分といった，生化学的なコストがかかっているのは間違いない。つまり，鳥類による色を用いたコミュニケーションの進化には，その色がどのような代償をもとに，どのようにして生み出されているかが大きくかかわっているのである。

4.1. 発色メカニズム

　鳥の代表的な生体発色のメカニズムは大きく2つに分けられる。色素の沈着と

構造色である。色素とは特定の波長域のスペクトルを反射・吸収することで発色する性質を持った物質の総称であり，主に鳥の信号で使われているものは大きく分けて2種類，メラニンとカロテノイドがある。メラニンには黒色系のユーメラニンと赤色系のフェオメラニンの2種類がある。一方，カロテノイドは赤や黄色の色素であるが，紫外線を反射するタイプもある。鳥の雛の口内色はカロテノイドの沈着によるものである（Thorogood et al., 2008）。ただし，動物はカロテノイドを生合成できないため，摂食によってのみ入手可能である。また，クロロフィルやヘモグロビン，胆汁などの色素であるポルフィリンも，鉄や亜鉛と結合し，赤，茶，青，緑の色素となっていることが知られているが，卵殻の彩色以外で使われているのは非常に稀である（Kilner, 2006）。

　ポルフィリンなどの青・緑系の色素は原則として鳥の羽根には存在しないにもかかわらず，羽根に青・緑が使われている鳥は非常に多い。これは，かつては青空や雲と同じように，表面構造に当たった光子の不規則な散乱（レイリー散乱・ミー散乱）で起こると考えられていた。しかし現在では，規則正しく並んだ微細構造により，反射光が干渉しあうことでスペクトルが変化する，構造色という現象であることがわかっている。構造色は身近な例でいえばDVDなどの光学ディスクの裏側の色がそうであるが，カワセミやクジャクの羽根など，虹色に反射して見えるものが有名である。構造色は規則的な光の散乱によって起こるため，反射する物体と見る者の網膜の角度によって干渉しあう光の角度も変化し，眼に届くスペクトル，つまり色が変化する。そのため，全体的には光沢のある虹色に見える。鳥の羽根はヒトの毛髪，爪などと同様，タンパク質のケラチンでできているが，枝分かれしたものがさらに枝分かれするというように，非常に複雑な構造をしている。羽根の中でも最も末端の枝は小羽枝と呼ばれているが，この小羽枝のケラチンは薄い層が何層にも積み重なっている。小羽枝に当たった光はそれぞれの層で反射するため，反射された光子の間で干渉が起き，構造色を発する（Prum et al., 1999）。また，色素であるメラニンも微細配列によって構造色を発することが知られている。クジャクの羽根には発色のためにメラニンが含まれているが，おびただしい数の顆粒状になったメラニンはケラチン質の中で規則正しく配列されており，その格子状の配置によって反射光の干渉を生み出す（Yoshioka & Kinoshita, 2002）。

　皮膚の色も構造色の場合があることが近年の研究からわかってきた。表皮の下の真皮にはコラーゲンの線維が規則正しく配列しているが，その配置を二次元フーリエ解析という方法で分析すると，光の反射スペクトルと一致するスペクトルが検出される（Prum & Torres, 2003）。これは，コラーゲンの配列によって反射光の干渉が

起き，反射スペクトルが決まっているということを意味している．この構造色によってつくられる色は青や緑に限らず，黄色や赤，もちろん紫外領域も例外ではない．ただ，コラーゲンの配置（擬順序）や，皮膚組織に対する角度の影響により虹色の光沢は現れない．ちなみに霊長類のマンドリル Papio sphinx の雄の青い頬の皮膚も，青い色素ではなく，鳥の皮膚と同じメカニズムによって引き起こされる構造色である (Prum & Torres, 2004)．

一方，上記 2 つ以外の発色メカニズムも存在する．カナリア Serinus canaria の雛は，空腹時に餌請いをする場合，皮下毛細血管の血流量の増加により，空腹でないときに比べて口内の皮膚の赤みが増す．この色味の変化は親子間の信号として用いられており，雛の口内の皮膚に塗料を塗ってより赤みを強くすると，親は雛への給餌量を増やす (Kilner, 1997)．ニホンザルの顔や，繁殖期の尻が赤くなるのは同じメカニズムによる．また，信号として機能しているかは別として，ヒトの顔の赤みもそうである．詳しくは調べられていないが，このような発色をしているのはおそらくカナリアだけでないだろう．

さまざまな鳥の羽根の反射スペクトルを測ってみると，300 nm 以下の紫外線でも反射していることが多い (Eaton & Lanyon, 2003)．しかし，そのような短波長の紫外線を見ることができる鳥はいない．特に紫外線感受性が低い VS タイプの鳥（表 1；図 2-a）は，見えるのはせいぜい 350 nm 程度までに過ぎないため，信号として機能していないのは明らかである．これはおそらく物理的な制約により，効果的な色信号を発するための副産物として生じているのだろう．このように，隣り合ったスペクトル領域間，例えば光沢のある青と紫外線，では反射レベルに相関関係があることが多い．色の信号としての機能を考える上では，その色を使っている鳥にとって信号として有効な色彩がどのようなものであるかは，**コラム 2** の視覚モデルを用い，実際にディスプレイが行われている環境の照度なども考慮して定量化する必要があるだろう．

4.2. 発色のコスト

ある刺激が信号として機能しているかどうかを考えるとき，その刺激を生み出すために代償を支払っているかどうかという情報は非常に便利である．というのも，コストを支払ってでもその刺激が進化的に存在しているということは，そのような刺激を持つ個体はコストを上回る利益を得ているということを意味しているからである (Maynard Smith & Harper, 2004)．とくに上に挙げた雛の口内色の例のように，信号の特性と受信者の感受性が適合するような進化が起こる場合，感受されない信

号要素が淘汰される原因となるのは，それを産生・維持するためのコストである。しかし，紫外線反射そのもののコストは実はあまり調べられておらず，見過ごされてきたと言っても過言ではない。ただ，色を生み出すメカニズムを考えれば，これまでに得られた可視色に関する知見から，紫外線反射を生み出すコストを類推することは可能である。

　コストがかかる彩色として代表的なのはカロテノイドの沈着によるものである。というのも，先述の通り動物はカロテノイドを生合成できないため，強い色を発色するためにはカロテノイドを含んだ食物を大量に摂取しなければならない（Hill & Montgomerie, 1994）。また，カロテノイド自体に免疫力を高める効果があるため，色彩に費やしてしまうことはコストになる（Hill, 1999）。一方，生合成できるメラニンの沈着や，構造色の産生コストは相対的には低いといえるが（McGraw et al., 2002 ; Shawkey et al., 2003），まったくのゼロというわけではないこともわかってきている（Keyser & Hill, 1999）。栄養状態が悪ければ，例えば骨や筋肉，内蔵など，直接生存にかかわる部位の発達を優先させなければならず，丈夫で健康的な皮膚や複雑な微細構造を持つ羽根を発達させる余裕はなくなってしまうからである。

　以上を鑑みると，紫外線反射もそれなりの代償を支払って産生されていると考えて差し支えないだろう。しかし，紫外色も含めてある色が発色されるコストを考えるとき，沈着している色素と，表面の微細構造の，両方の効果を正しく捉える必要がある。つまり，ある色のスペクトルを，それを生み出している要素によって分離し，それぞれについてコストを測定する必要があるということである（Thorogood et al., 2008）。そのような研究は現時点まだ行われていないので，包括的な理解のためには今後の発展に期待したい。

4.3. ジュウイチの黄色の意義

　ここまで解説した発色のメカニズムとコストの話をふまえると，筆者の研究対象であるジュウイチの雛も，パッチの色を生み出すためのコストを支払い，その見返りとして，宿主による給餌を得ているのだろう。しかし現時点ではどのようなメカニズムで鮮やかな黄色と紫外線反射が生み出されているか，まったく分かっていない。鳥の雛の口内色全般を考えれば，カロテノイドを用いているのは間違いないだろう。また，コラーゲン小胞といった皮膚の微細構造も関係しているかも知れない。いずれにしても，こうした発色が大きな対価の上に成立していることを念頭において研究を進めることが，ジュウイチの雛がもつ黄色いパッチや，他の托卵鳥が宿主を騙すために用いている信号，ひいては鳥の親子間で用いられている色彩信号の進

化についての包括的な理解につながるに違いない。

終わりに：鳥が見ている色の世界

　生物学は大きくミクロとマクロの2つの方向に向かって発展してきた。その結果，全ゲノムの遺伝情報や神経細胞レベルでの脳の機能，地球レベルでの個体群動態や長い進化の歴史などが解明されてきた。しかし，これらの現象を人間が実際に自身の目で直接見ることはできない。つまり，細胞を見るためには顕微鏡が必要であるし，鳥の渡りの経路を見るためには人工衛星が必要である。このように，微視的であれ巨視的であれ，普段見えないものが見えた喜びというものが生物学の発展の原動力だったのは間違いないだろう。一方，動物の行動は，少なくとも脊椎動物の多くでは，自分の目で見ることができる。つまり，微視でも巨視でもなく，等身大の現象である。彼らは，多少のスケールの違いはあれ，われわれ人間が普段目にしている世界に生きているのだ。このことにより，われわれはつい，そこに見えていないものは何も無いように感じてしまう。しかし，多くの動物が紫外線を見ることができるという事実は，たとえ等身大であってもわれわれヒトには見ることができないものが存在していることを意味している。鳥が見ている色は，地球上には今なおヒトの手が行き届いていない，文字通り異次元の世界が展開されているということを教えてくれる。

謝辞

　本稿を執筆するにあたり，以下の方々に助力をいただいた。この場を借りて感謝したい。上田恵介先生と森本元氏には野外調査を遂行するうえで多大な援助をいただいた。岡ノ谷一夫先生，Martin Stevens 氏，塚本直樹氏，北村亘氏には執筆するうえで助言・助力をいただいた。

引用文献

Andersson, S. & T. Amundsen. 1997. Ultraviolet colour vision and ornamentation in bluethroats. *Proceedings of the Royal Society of London Series B: Biological Sciences* **264**: 1587-1591.

Arendt, D. 2003. Evolution of eyes and photoreceptor cell types. *International Journal of Developmental Biology* **47**: 563-571.

Avilés, J. M. & A. P. Møller 2004. How is host egg mimicry maintained in the cuckoo (*Cuculus canorus*)? *Biological Journal of the Linnean Society* **82**: 57-68.

Avilés, J. M. & J. J. Soler. 2010. Nestling coloration is adjusted to parent visual performance in altricial birds irrespective of assumptions on vision system for Laniidae and owls, a reply to Renoult et al., *Journal of Evolutionary Biology* **23**: 226-230.

Bowmaker, J. K. & Dartnall, H. J. A. 1980. Visual pigments of rods and cones in a human retina. *Journal of Physiology* **298**: 501-511.

Bowmaker, J. K. & G. R. Martin. 1978. Visual pigments and colour vision in a nocturnal bird, *Strix aluco* (tawny owl). *Vision Research* **18**: 1125-1130.

Briskie, J. V., P. R. Martin & T. E. Martin. 1999. Nest predation and the evolution of nestling begging calls. *Proceedings of the Royal Society of London Series B: Biological Sciences* **266**: 2153-2159.

Eaton, M. D. 2005. Human vision fails to distinguish widespread sexual dichromatism among sexually "monochromatic" birds. *Proceedings of the National Academy of Sciences of the United States of America* **102**: 10942-10946.

Eaton, M. D. & S. M. Lanyon. 2003. The ubiquity of avian ultraviolet plumage reflectance. *Proceedings of the Royal Society of London Series B: Biological Sciences* **270**: 1721-1726.

Endler, J. A. & P. W. Mielke Jr. 2005. Comparing entire colour patterns as birds see them. *Biological Journal of the Linnean Society* **86**: 405-431.

Estey, T., J. Piatigorsky, N. Lassen & V. Vasiliou. 2007. ALDH3A1: a corneal crystallin with diverse functions. *Experimental Eye Research* **84**: 3-12.

Hart, N. S. 2001. Variation in cone photoreceptor abundance and the visual ecology of birds. *Journal of Comparative Physiology A* **187**: 685-698.

Hart, N. S. & M. Vorobyev. 2005. Modelling oil droplet absorption spectra and spectral sensitivities of bird cone photoreceptors. *Journal of Comparative Physiology A* **191**: 381-392.

Haskell, D. G. 1999. The effect of predation on begging-call evolution in nestling wood warblers. *Animal Behaviour* **57**: 893-901.

Hill, G. E. 1999. Is there an immunological cost to carotenoid-based ornamental coloration? *American Naturalist* **154**: 589-595.

Hill, G. E. & R. Montgomerie. 1994. Plumage colour signals nutritional condition in the house finch. *Proceedings of the Royal Society of London Series B: Biological Sciences* **258**: 47-52.

Honza, M., L. Polančková & P. Procházka. 2007. Ultraviolet and green parts of the colour spectrum affect egg rejection in the song thrush (*Turdus philomelos*). *Biological Journal of the Linnean Society* **92**: 269-276.

Hunt, S., A. T. D. Bennett, I. C. Cuthill & R. Griffiths. 1998. Blue tits are ultraviolet tits. *Proceedings of the Royal Society of London Series B: Biological Sciences* **265**: 451-455.

Hunt, S., R. M. Kilner, N. E. Langmore & A. T. D. Bennett. 2003. Conspicuous, ultraviolet rich mouth colours in begging chicks. *Proceedings of the Royal Society of London Series B: Biological Sciences* **270 (suppl. 1)**: S25-S28.

Jacobs, G. H. 2009. Evolution of colour vision in mammals. *Philosophical Transactions of the Royal Society B: Biological Sciences* **364**: 2957-2967.

Jones, C. D., D. Osorio & R. J. Baddeley. 2001. Colour categorization by domestic chicks. *Proceedings of the Royal Society of London Series B: Biological Sciences* **268**: 2077-2084.

Jourdie, V., B. Moureau, A. T. D. Bennett & P. Heeb. 2004. Ultraviolet reflectance by the skin of nestlings. *Nature* **431**: 262.

川名国男. 2009. ミゾゴイの雛の翼開帳行動は分身の術か？ 山階鳥類学雑誌 **41**: 1-2.

Keyser, A. J. & G. E. Hill. 1999. Condition-dependent variation in the blue-ultraviolet coloration of a structurally based plumage ornament. *Proceedings of the Royal Society of London Series B: Biological Sciences* **266**: 771-777.

Kilner, R. 1997. Mouth colour is a reliable signal of need in begging canary nestlings. *Proceedings of the Royal Society of London Series B: Biological Sciences* **264**: 963-968.

Kilner, R. M. 2006. The evolution of egg colour and patterning in birds. *Biological Reviews* **81**: 383-406.

Kilner, R. M., D. G. Noble & N. B. Davies. 1999. Signals of need in parent-offspring communication and their exploitation by the common cuckoo. *Nature* **397**: 667-672.

Maynard Smith, J. & D. Harper. 2004. Animal Signals. Oxford University Press.

McGraw, K. J., E. A. Mackillop, J. Dale & M. E. Hauber. 2002. Different colors reveal different information: how nutritional stress affects the expression of melanin- and structurally based ornamental plumage. *Journal of Experimental Biology* **205**: 3747-3755.

Osorio, D., A. Miklósi & Zs. Gonda. 1999a. Visual ecology and perception of coloration patterns by domestic chicks. *Evolutionary Ecology* **13**: 673-689.

Osorio, D., M. Vorobyev & C. D. Jones. 1999b. Colour vision of domestic chicks. *Journal of Experimental Biology* **202**: 2951-2959.

Ödeen, A. & O. Håstad. 2003. Complex distribution of avian color vision systems revealed by sequencing the SWS1 opsin from total DNA. *Molecular Biology and Evolution* **20**: 855-861.

Prum, R.O., R. Torres, S. Williamson & J. Dyck. 1999. Two-dimensional Fourier analysis of the spongy medullary keratin of structurally coloured feather barbs. *Proceedings of the Royal Society of London Series B: Biological Sciences* **266**: 13-22.

Prum, R. O. & R. H. Torres. 2003. Structural colouration of avian skin: convergent evolution of coherently scattering dermal collagen arrays. *Journal of Experimental Biology* **206**: 2409-2429.

Prum, R. O. & R. H. Torres. 2004. Structural colouration of mammalian skin: convergent evolution of coherently scattering dermal collagen arrays. *Journal of Experimental Biology* **207**: 2157-2172.

Schaefer, H. M., K. McGraw & C. Catoni. 2008. Birds use fruit colour as honest signal of dietary antioxidant rewards. *Functional Ecology* **22**: 303-310.

Shawkey, M. D., A. M. Estes, L. M. Siefferman & G. E. Hill. 2003. Nanostructure predicts intraspecific variation in ultraviolet-blue plumage colour. *Proceedings of the Royal Society of London Series B: Biological Sciences* **270**: 1455-1460.

Sheldon, B. C., S. Andersson, S. C. Griffith, J. Ornborg & J. Sendecka. 1999. Ultraviolet colour variation influences blue tit sex ratios. *Nature* **402**: 874-877.

Stevens, M. & I. C. Cuthill. 2007. Hidden messages: are ultraviolet signals a special channel in avian communication? *BioScience* **57**: 501-507.

Surridge, A. K., D. Osorio & N. I. Mundy. 2003. Evolution and selection of trichromatic vision in primates. *Trends in Ecology and Evolution* **18**: 198-205.

Tanaka, K. D., G. Morimoto & K. Ueda. 2005. Yellow wing-patch of a nestling Horsfield's hawk cuckoo *Cuculus fugax* induces miscognition by hosts: mimicking a gape? *Journal of Avian Biology* **36**: 461-464.

Tanaka, K. D. & K. Ueda. 2005. Horsfield's hawk-cuckoo nestlings simulate multiple gapes for begging. *Science* **308**: 653.

Tanaka, K. D., G. Morimoto, M. Stevens & K. Ueda. 2011. Rethinking visual supernormal stimuli in cuckoos: visual modeling of host and parasite signals. *Behavioral Ecology* **22**: 1012-1019.

Thorogood, R., R. M. Kilner, F. Karadas & J. G. Ewen. 2008. Spectral mouth colour of nestlings changes with carotenoid availability. *Functional Ecology* **22**: 1044-1051.

Tsukahara, N., Y. Tani, E. Lee, H. Kikuchi, K. Endoh, M. Ichikawa & S. Sugita. 2010. Microstructure characteristics of the cornea in birds and mammals. *Journal of Veterinary Medical Science* **72**: 1137-1143.

Tsukahara, N. Y. Tani, K. Nihei, Y. Kabuyama & S. Sugita. 2011. High levels of apolipoproteins found in the soluble fraction of avian cornea. *Experimental Eye Research* **92**: 432-435.

Viitala, J., E. Korpimäki, P. Palokangas & M. Koivula. 1995. Attraction of kestrels to vole scent marks visible in ultraviolet light. *Nature* **373**: 425-427.

Vorobyev, M. 2003. Coloured oil droplets enhance colour discrimination. *Proceedings of the Royal Society of London Series B: Biological Sciences* **270**: 1255-1261.

Vorobyev, M., D. Osorio, A. T. D. Bennet, N. J. Marshall & I. C. Cuthill. 1998. Tetrachromacy, oil droplets and bird plumage colours. *Journal of Comparative Physiology A* **183**: 621-633.

Yoshioka, S. & S. Kinoshita. 2002. Effect of macroscopic structure in iridescent color of the peacock feathers. *Forma* **17**: 169-181.

コラム 2 視覚モデル：色の数学的再構築

田中 啓太

　鳥は4色型色覚を持ち，その色空間は3次元に及んでいる。鳥が見ている色を定量的に扱う，つまり，鳥が見ているある色は3次元の色空間のどの座標に存在するのか，また，ある2種類の色は色空間上でどのぐらい離れているのかを調べるには，多少複雑な数学モデルが必要になってくる。ここでは，調べる対象の反射率のスペクトルを測定してから，実際に数学的に再構築するまでの手順を紹介する。

　元になるデータはある信号形質，ジュウイチの場合であれば翼のパッチや口内の皮膚からの反射率，つまり，照射された光のうち反射した光の割合（％）である（第4章，図3）。そこでまず，写真ではなく，分光光度計を用いて紫外線まで含めた範囲（300～700 nm）の反射率と，可能であれば背景色と環境照度を測定する。環境照度は対象生物がその信号を用いてコミュニケーションを行っている環境における入手可能な光源であり，つまり，反射を生み出す元となる光のスペクトルであるが，その扱いには注意が必要である。というのも，色の恒常性は色覚を持った動物では普遍的に存在すると考えられており，von Kries 色順応係数を元に，補正をかける必要があるからである（Vorobyev et al., 1998）。環境光を一定と仮定すれば，照度スペクトルや恒常性による補正は省略できるが，その場合，標準化されていない錐体感受性を用いる。

　次に式（1）の通り，反射率（R），環境照度（I），各錐体タイプの感受性（C_r）から光子／量子捕捉（photon/quantum catch; Q_l）を算出する（Vorobyev & Osorio, 1998）。光子捕捉とは文字通り，対象の生物個体が対象の色を見ることで，それぞれの錐体タイプが捕捉できる光子の数を意味する。

$$Q_l = \int_{300}^{700} R(\lambda) \cdot I(\lambda) \cdot C_r(\lambda) \cdot d\lambda \quad \cdots\cdots (1)$$

　先述の通り，錐体の感受性は視物質の感受性と油滴の吸光度によって決定するため，双方を考慮する必要がある。錐体感受性に関しては，同定されている種は限られており，それが対象種であるとは限らないので，可能な限り近縁な種のものを用いる。ただ，少なくとも SWS1 が VS タイプか UVS タイプかは注意して適合させる必要があるだろう。もしその判断がつかないようであれば，両方の色覚タイプでの値を計算する必要があるかも知れない。光子捕捉は1つの反射スペクトルからそ

れぞれの錐体タイプにつき算出する（計4データ）。4種類の光子捕捉の相対値を正四面体（色空間）にプロットしたものが，鳥が認識している色の推定値となる（第4章，図2-b）。

　鳥に知覚されているかは不明だが，一般的に用いられている色のパラメータである彩度（chroma/saturation, D_T）を計算することも可能である。彩度は色の鮮やかさの指標で，灰色を中心としたとき，ある色の測定値が灰色の点からどの程度離れているかを，ユークリッド距離を計算することで得られる。処理としてはまず，以下の式で4種類の光子捕捉の相対値から3次元座標（$X\cdot Y\cdot Z$軸上）を算出し，

$$X=\frac{1-2S-M-U}{2}\sqrt{\frac{3}{2}},\ Y=\frac{3M-U-1}{2\sqrt{2}},\ Z=U-\frac{1}{4}$$

それぞれの座標の値を(2)式に当てはめたものが彩度となる（Endler & Mielke, 2005）。

$$D_T=\sqrt{X^2+Y^2+Z^2} \quad\cdots\cdots\ (2)$$

　光子捕捉からプロットされた色空間上の座標が認識において有効なのかを調べるためには，色覚についての識別の閾値 jnd（just noticeable difference；最小可知差異／最小弁別閾）を計算する必要がある。これは，視細胞レベルで生じる誤差を考慮することで，2種類の色（2種類のパッチ，もしくは，あるパッチと背景色）が色空間上で，識別可能なほど離れているかを計算する作業である。4色型色覚における jnd の計算式は(3)の通りになる（Vorobyev & Osorio, 1998）。

$$jnd=\sqrt{\Delta S}=\sqrt{\frac{\begin{array}{l}(\varpi_{UV}\varpi_S)^2(\Delta f_L-\Delta f_M)^2+(\varpi_{UV}\varpi_M)^2(\Delta f_L-\Delta f_S)^2+\\(\varpi_{UV}\varpi_L)^2(\Delta f_M-\Delta f_S)^2+(\varpi_S\varpi_M)^2(\Delta f_L-\Delta f_{UV})^2+\\(\varpi_S\varpi_L)^2(\Delta f_M-\Delta f_{UV})^2+(\varpi_M\varpi_L)^2(\Delta f_S-\Delta f_{UV})^2\end{array}}{(\varpi_{UV}\varpi_S\varpi_M)^2+(\varpi_{UV}\varpi_M\varpi_L)^2+(\varpi_S\varpi_M\varpi_L)^2+(\varpi_{UV}\varpi_S\varpi_L)^2}}$$

$\cdots\cdots$ (3)

一方，3色型色覚における閾値の計算式は

$$jnd=\sqrt{\Delta S}=\sqrt{\frac{\varpi_S^2(\Delta f_L-\Delta f_M)^2+\varpi_M^2(\Delta f_L-\Delta f_S)^2+\varpi_L^2(\Delta f_M-\Delta f_S)^2}{(\varpi_S\varpi_M)^2+(\varpi_S\varpi_L)^2+(\varpi_M\varpi_L)^2}} \quad (4)$$

となり（UVS錐体を持たない場合），錐体タイプの数が増加することで次元が増加しているのは一目瞭然である。Δfは各錐体タイプの光子捕捉の2パッチ間における対数比である。ϖ は錐体タイプごとの感受誤差，つまりエラー（ウェーバー比；後述）であり，0.05を相対的な錐体タイプ比の平方根で割ったものである（Vorobyev

& Osorio, 1998)。光子捕捉はそれぞれの値をその総和で割り（つまり，全体に対する個々の割合），標準化したものを用いる。ϖには，ショットノイズといい，物理的に生じる，捕捉される光子数の確率的変動を統合する場合もある（Siddiqi *et al.*, 2004)。ショットノイズは捕捉される量子が少ないほど振れ幅が大きくなるため，とくに照度の低い環境で用いられる信号を扱う場合には値を大きく設定する必要がある。

　ウェーバー比は心理学一般で用いられている識別の閾値で，あくまでも目安であるが，経験的に5%であるとされている。これは，例えば1kgの物体を持っているとき，その5%に当たる50gまでの重量の物体を追加されてもその増加は認識できないという，認知特性に基づいている（ウェーバー・フェヒナー則）。鳥の色覚も，明条件に限っては錐体の感受性とほとんど変わらないので，ウェーバー比の値を0.05と設定しても問題ないが，暗条件での色覚は単一錐体の感受性からずれるため（Maier, 1992；桿体がかかわっていると考えられている），何らかの対策を講じる必要がある。解決策の1つは，後述の通り，暗条件での識別可能な閾値の値を大きく設定することである。

　色相以外の色の特性として明度（色の明るさ）があるが，鳥類において明度の知覚を担っているのは複合錐体であると考えられている（第4章, Box 1)。そのため，明度の閾値を算出するには複合錐体による光子捕捉を計算し，*jnd* を求める必要がある。複合錐体は1種類であるため，複雑な計算は必要なく，計算式は [5] となる（Siddiqi *et al.*, 2004)。

$$jnd = \Delta S = \frac{\Delta f_D}{\varpi_D} \qquad \cdots\cdots \quad (5)$$

　上述の式から得られた *jnd* は二種類の色が識別可能かどうかの判断基準となる。原理的には *jnd* が1より大きければ識別可能であると考えても問題ではないが，より保守的に2が閾値として採用される場合もある。一方，暗条件では *jnd* が3以上でないと鳥は識別できなくなるということが示唆されている（Siddiqi *et al.*, 2004)。これらはあくまでも経験的な基準にすぎないが，研究対象の動物がコミュニケーションを行っている環境の明るさに応じて，判断の基準となる閾値を変えることは有効な手段といえる。

引用文献

Endler, J. A. & P. W. Mielke Jr. 2005. Comparing entire colour patterns as birds see them. *Biological Journal of the Linnean Society* **86**: 405-431.

Maier, E. J. 1992. Spectral sensitivities including the ultraviolet of the passeirform bird *Leiothrix lutea*. *Journal of Comparative Physiology A* **170**: 709-714.
Siddiqi, A., T. W. Cronin, E. R. Loew, M. Vorobyev & K. Summers. 2004. Interspecific and intraspecific views of color signals in the strawberry poison frog *Dendrobates pumilio*. *Journal of Experimental Biology* **207**: 2471-2485.
Vorobyev, M. & D. Osorio. 1998. Receptor noise as a determinant of colour thresholds. *Proceedings of the Royal Society of London Series B: Biological Sciences* **265**: 351-358.
Vorobyev, M., D. Osorio, A. T. D. Bennet, N. J. Marshall & I. C. Cuthill. 1998. Tetrachromacy, oil droplets and bird plumage colours. *Journal of Comparative Physiology A* **183**: 621-633.

第 5 章 サルの果物さがし：2 色型と 3 色型の比較から迫る色覚の適応的意義

平松 千尋（九州大学芸術工学研究院）

　ここは中米コスタリカの森の中，頭上ではクモザルたちが優雅に樹から樹へとトラベリングしている。私たちは草木の生い茂る道なき道を伝い懸命に彼らを追いかける。やっとクモザルたちの移動が終わったと思うと，そこはイチジクの大樹が作る木漏れ日瞬く空間だった。黄緑色の光が私たちを優しく照らす。樹冠の下は思ったよりも涼しく，これまで流した汗がひんやりとして心地よい。クモザルたちが一心にイチジクの実をほおばる下で私は慌てて彼らの行動の記録を開始する。

　筆者は博士課程の間，恩師である東京大学・新領域創成科学研究科の河村正二先生率いるプロジェクトに加わり，コスタリカの国立公園でフィールドワークをする機会をいただいた。なぜ，わざわざ地球の反対側の森の中まで出かけてゆき，なぜクモザルを追いかける必要があるのかと疑問に思われるかもしれない。フィールドワークに行く理由は，コスタリカの森で野生動物たちが営む日々の生活を観察することで，現在私たちが色とりどりの世界を見ている理由のヒントを得ることができると考えたからである。本章では，霊長類の色覚の進化についてコスタリカに生息するサルの事例研究を通して紹介したい。

　なお，本章は「霊長類研究」26 巻 2 号に掲載した総説をもとに，一般の読者にもわかりやすいように加筆したものである。

1. 色はなぜ存在するか

　幼少のころ，あまのじゃくだった私はかたくなに女の子の象徴であるピンクの物を持たされるのを拒み，クールな青や水色を選んだ。今でも青は好きな色ではあるが，色のバランスを考慮するようになった今では，部屋のカーテンは白でなければならず，赤も明度や色相の微妙な違いで部屋に置いてよいかどうかが分かれるこだわりようである。しかし，研究発表のスライドをつくるときなどは，自分の配色センスにとんと自信がなく，上手な色遣いのスライドを見るとアイデアを拝借させてもらっている。

　色に対するこだわりは人それぞれであろうが，洋服をはじめ，果物や新鮮な魚を

選ぶときに色は重要な基準となる。また，顔色は人の体調を察知するのに重要な手掛かりとなる。さらに，われわれは晴れた日の青空を清々しく思い，色とりどりの花を愛で，黄昏どきの夕日の色に魅了され感情を揺さぶられたりもする。このように，私たちの日常生活の中には当然のごとく色という感覚が入り込んでいて行動を左右している。このことを普段深く考えることはないが，昔のモノクロ映画を見てもストーリーを理解できるし，カラー写真よりも白黒写真の方が感情に訴える情景を伝えることもある。どうしてわれわれはこのような色彩感覚を有しているのかを考えてみるととても不思議である。

色は，物理的には電磁波のうち可視光線の波長の違いに由来する。17世紀，Newtonがこのことを突き止めて以来，光線に色はなく，色は感覚であるという見解が色の科学的理解として成立した。極論すれば，色は脳でつくられる錯覚であるということもできる。このような立場に立つことによって，ヒトにおける色覚の生理学的基盤が明らかになってきた。しかし，一般的に，空は青く，葉は緑色，林檎は赤色をしていることを錯覚であるととらえるより，それぞれの物体や事象が持っている特徴として受け止める方が素直である。色は脳で作られた感覚に過ぎないというのは1つの見方である。それがある面では正しいとしても，色の感覚と事象や物体が持つ特徴の関係は，言葉（たとえば"海"や"sea"）とそれが意味するもの（"地球上の陸地に対して塩水で満たされた部分"）の関係が恣意的で，言葉は人が勝手に当てはめた記号であるのとは違う。ある物体がわれわれにとってある色を呈するのには，色を呈する物体側の理由と，受け止める動物側の理由の両者にかかわる長い長い歴史，すなわち，生物の進化という現象が絡んでいる。

19世紀の作家，Allenは動物の色覚と花や果実の鮮やかな色とがどのようにつくられてきたかを次のように表した。「昆虫が花をつくり，花は昆虫の色覚をつくる。色覚は色のセンスをつくり，色のセンスは蝶や艶やかな甲虫をつくる。鳥や哺乳類は果実をつくり，果実が鳥や哺乳類の色のセンスをつくる。色のセンスはハチドリやオウムの羽や猿の毛皮の色をつくる。果実を採食する人の祖先は同じように色のセンスを獲得し，それが最終的に人に色彩豊かな芸術をもたらす（Allen, 1879）」。色覚の共進化説である。すなわち，花や果実は昆虫や鳥や霊長類から採食され種子や花粉散布が促されるよう鮮やかな色を呈するようになり，動物の色覚も鮮やかな花や果実を見つけるのに適するように進化したというものである。現在では，高度な色覚を有する魚類や爬虫類が顕花植物の登場するずっと以前から存在することから，Allenが提唱したとおりの共進化が起こったとは考えにくいが，色覚は脳においてつくられる感覚に過ぎないというばかりでなく，そのように感じる脳をつくり

だした"進化"という視点を入れることの大切さを示した名文である。進化の順序としては、まず昆虫や鳥の色覚ができ、それが花や果実の色に影響したと考えるのが適切だろう。しかし、昆虫や鳥の出現よりもずっと後に地球上に登場した霊長類に関してはどうだろう？　本章では、Allen いわくヒトの芸術をも生み出した霊長類の色覚の進化について考えていきたい。

　ヒトの色覚は3色型色覚と呼ばれることがある。なぜなら、ヒトの網膜には光受容器として3種類の錐体細胞、S錐体（短波長感受性）、M錐体（中波長感受性）、L錐体（長波長感受性）が備わっており、それぞれの錐体細胞がある波長に対し異なる反応をするため色の違いが知覚されるからである。3色型色覚の場合、色相、彩度、明るさという3つの属性からなる色空間のなかで、理論的には100万種類の色を区別することができると考えられている（鵜飼ら，2007）。よって、ヒトはS，M，L錐体への光の入力量の違いから、白色光のもとでは理論上、道路、木肌、草など、環境中に存在するほとんどの物体の色を表現できると考えられている（Lennie & D'Zmura, 1988; Maloney & Wandell, 1986）。一方、ほとんどの哺乳類は2色型の色覚を持つことがわかっている。色相と彩度が独立とはならない2色型色覚では、グレーなどの無彩色と区別できない混同色が存在する（第1章参照）。ヒトを含む霊長類は、2色型から3色型の色覚を進化させた、いわばマイナーな存在なのだ。では哺乳類以外の脊椎動物の色覚は何色型だろうか。哺乳類よりさらに低次元かと言えばそうではない。他の章に詳しいように、魚類や爬虫類、鳥類はヒトよりも高次元の色覚を有している。どうやら哺乳類では一度色覚の次元が下がる進化が起きたようである。これについては、哺乳類の祖先が恐竜が栄えていた中生代に夜行性の生活を営んでおり、外界の検知に視覚よりも嗅覚や聴覚を用いていたからだと考えられている。一度下がった色覚次元は、霊長類において再び上がったのである。ではなぜ、2色型色覚の哺乳類を遠い祖先に持つヒトが3色型色覚を有するようになったのだろうか？　これには、霊長類がたどってきた進化の道筋がかかわっている。

　進化とは、遺伝子の突然変異や遺伝的浮動、その時の環境といった偶然性と、その時々の環境に適応的である表現型が選択されるといった合目的性が絡みあった複雑な過程である。そのため、進化の道筋を実験的に再現することは不可能であり、われわれは現在ある事実から、過去にたった一度起こった進化の過程を推測するしかない。進化研究とは、現在あるさまざまな事実をかき集めて、それがどういう偶然性や合目的性で現在のかたちをしていたり、痕跡としてでも残っていたりするのかについて理にかなう説明を与えていく作業だと言えよう。進化の道筋を単なる仮説やストーリーで終わらせないためには、さまざまな側面からあらゆる方法論を駆

使して事象を捉えなければならないうえ,結論が簡単には見えてこないことが多い。これから紹介する霊長類の色覚進化の研究も,研究をスタートした当初推測していたような結論が得られ,進化の道筋が明確になったわけではない。「われわれの色彩感覚がいかなる歴史をたどって今日に至っているのか？」「その進化にはどのような生態的な背景（適応的意義）が隠されているのか？」本稿では,こうした色覚進化の問題を考えていくために必要な研究とはどういうものかを示すことができれば幸いである。

2. 3色型色覚進化のシナリオ

2.1. 脊椎動物の色覚

ヒトの3色型色覚進化のシナリオを考えるには,動物全体の色覚進化の流れを追わなければならない。昆虫の色覚については他の章に譲るとして,ここでは脊椎動物の色覚進化の流れを俯瞰したい。動物がどのように世界を見ているかを想像することは難しく,ともすれば,動物はヒトと同じ色彩感覚もしくは劣った色覚で世界を見ていることを前提としてしまう。しかし,行動実験や生理実験,また分子遺伝学によるアプローチによって,動物がどのような色覚で世界を見ているかをある程度知ることが可能となり,色覚に関しては,ヒトは他の動物よりも優れているとは決して言えないことがわかってきている。

第1章で解説されているように,網膜の錐体細胞の波長感受性を決めているのは視物質を構成するタンパク質,オプシンである。分子遺伝学の発展によって,ゲノム中に錐体で発現するオプシン遺伝子を何種類持つかによって色覚の次元性（2色型,3色型,4色型など）を推測することができる。図1はさまざまな動物が有するオプシン遺伝子の系統樹である。脊椎動物における色覚進化の道筋はオプシン遺伝子の系統関係から次のように推測できる。まず,カンブリア紀の大陸棚において進化したと考えられる水中生活を営んでいた脊椎動物の共通祖先において,吸収波長域が異なる4種類の錐体オプシンが出来上がった。それらは中〜長波長（ヒトでは赤緑）感受性のM/LWS (middle to long wavelength sensitive),短波長（ヒトでは青）感受性のSWS1 (short wavelength sensitive 1) とSWS2 (short wavelength sensitive 2),中波長感受性のRH2 (rhodopsin type 2) である。このことから,脊椎動物の共通祖先においてすでに高度な4色型色覚が成立していたと推定される。魚類,鳥類,爬虫類が基本的に現在も4種類の錐体オプシンを保持した4色型色覚であるのに

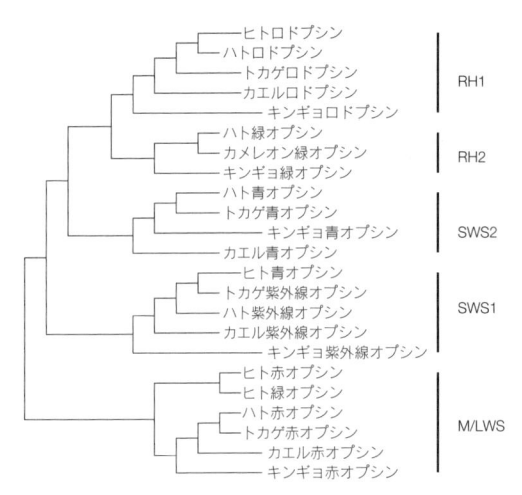

図1 脊椎動物におけるオプシン進化の系統樹（河村正二・未発表結果を許可を得て掲載）

系統樹の内容：
- RH1：ヒトロドプシン、ハトロドプシン、トカゲロドプシン、カエルロドプシン、キンギョロドプシン
- RH2：ハト緑オプシン、カメレオン緑オプシン、キンギョ緑オプシン
- SWS2：ハト青オプシン、トカゲ青オプシン、キンギョ青オプシン、カエル青オプシン
- SWS1：ヒト青オプシン、トカゲ紫外線オプシン、ハト紫外線オプシン、カエル紫外線オプシン、キンギョ紫外線オプシン
- M/LWS：ヒト赤オプシン、ヒト緑オプシン、ハト赤オプシン、トカゲ赤オプシン、カエル赤オプシン、キンギョ赤オプシン

対し，哺乳類の共通祖先は遠く恐竜が繁栄した中世代の夜行性生活の間にRH2を失い，その後単孔類の祖先はSWS1，その他の哺乳類の祖先はSWS2を失い2色型色覚へと色覚の次元を減少させたと考えられている（Yokoyama, 2000; Davies et al., 2007）。注意したいのは，ここでの色覚次元は各分類群での一般的な色覚次元を示しており，個々の種ではオプシン遺伝子の種類を減らし色覚次元を下げているものもいるということである。たとえば，夜行性の霊長類，クジラやアザラシなどの海棲哺乳類の中にはSWS1を失い色弁別しない1色型色覚のものもいる（Jacobs et al., 1996b; Kawamura & Kubotera, 2003, 2004; Peichl et al., 2001）。

近年，フクロネコやポッサムなど一部の昼夜行性有袋類において霊長類以外で初めて3種類の錐体細胞を持つ哺乳類が確認された。これらの種の3色性は，後述する霊長類におけるM/LWSオプシンの分化によるものとは異なると考えられており，3色型色覚の成立メカニズムや適応的意義について霊長類との比較研究が期待されている（Arrese et al., 2002; Arrese et al., 2006; Ebeling et al., 2010）。

2.2. 偶然？ 必然？ 霊長類の3色型色覚

2色型色覚へと色覚次元を退化させた哺乳類の中で，霊長類は再び色覚次元を進化させ，3色型色覚を獲得した（図2を参照）。これを成立させるには，視物質の吸収波長域を変化させるようなオプシン遺伝子の突然変異という分子レベルの偶然の要因とともに，その偶然の変化が集団中に広がり維持される条件が揃っていたことが重要だったと考えられる。その条件とは，まず，昼行性生活を営み始めた霊長類

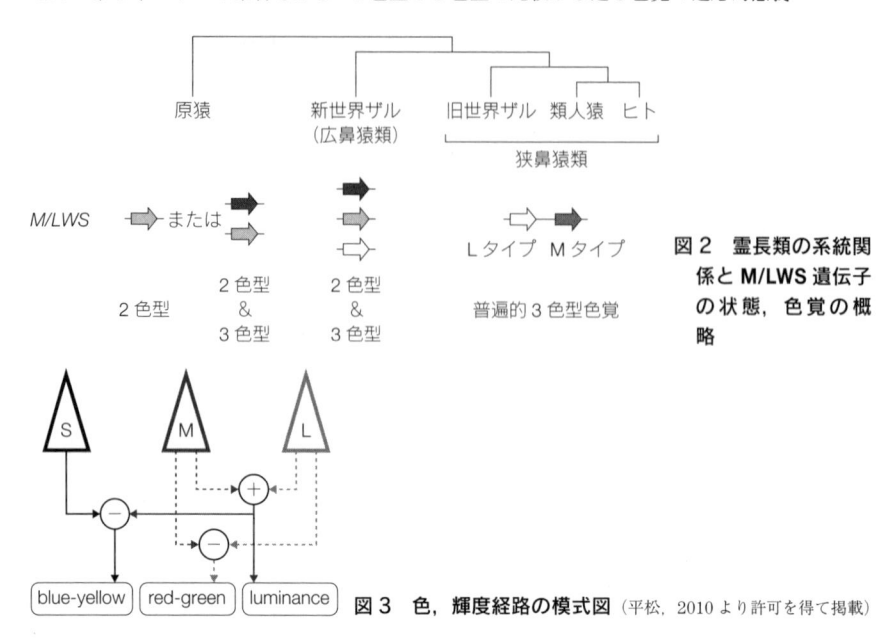

120　第5章　サルの果物さがし：2色型と3色型の比較から迫る色覚の適応的意義

図2　霊長類の系統関係とM/LWS遺伝子の状態，色覚の概略

図3　色，輝度経路の模式図（平松，2010より許可を得て掲載）

が恐竜の絶滅後の新生代初期における広葉樹大森林の発達の中で樹上生活に適応し，それに伴い，視覚への依存度が高まったことが挙げられるだろう。樹上生活により，両眼立体視による奥行き知覚などの空間視が発達し，また中心窩（網膜の中心部に位置し，錐体細胞が集中するくぼみ）の発達により，高解像度の中心視が可能となったと推察される（Heesy, 2009; Heesy & Ross, 2001）。高解像度の中心視は，中心窩において錐体細胞密度が増加したことと，錐体細胞で受け取られた光情報を脳へと送る網膜神経節細胞に，中心周辺拮抗型のはたらきをする神経節細胞があることで可能となった（Wikler & Rakic, 1990; Dacey, 2000）。それらの神経節細胞では，受容野の中心と周辺で反対の反応（例えば，中心が明るく周辺が暗い場合に反応する細胞をオン型，その反対をオフ型と呼ぶ）をするため，物体のエッジが検出されるという特徴を持つ。このような受容野を持つ神経節細胞に，それぞれ異なる波長域に応答する錐体細胞からの入力があると色の対比が可能となるのである（詳しくはBox 1を参照）。図3は，色を比較する神経回路の模式図を示す。2色型色覚である哺乳類ではもともと，M錐体とL錐体が分化する以前の錐体が輝度（luminance）シグナルを伝達し，また輝度シグナルとS錐体からの入力との比較により知覚的には青と黄（blue-yellow）の弁別に対応する色の軸を有していた。霊長類においてM錐体とL錐体が分化し，それらが波長比較をするようになり，緑と赤（red-green）

の弁別の軸が加わり，三次元の色空間が可能となった（De Valois & De Valois, 1993）。

互いに吸収波長の感受性が異なる複数のオプシン遺伝子を有していても，それが同じ錐体細胞中に発現してしまっては，図3の回路は成立しない。3色型色覚の成立には，さらに，錐体細胞に異なるオプシン遺伝子が発現しないような仕組みが必要であった。これは，M/LWSオプシン遺伝子がX染色体上に乗っているという偶然によってうまくいった。哺乳類では，オスは1本，メスは2本のX染色体を持つ。したがってメスの錐体細胞では，2本のX染色体のそれぞれからM/LWSオプシン遺伝子が一度に発現すると考えるかもしれない。しかしそうではない。実は，メスの細胞内では，遺伝子の発現量をオスと同じに保つよう，どちらか一方のX染色体がランダムに不活化されるという現象が知られている（Lyon, 1961）。そのためメスでは，2本あるX染色体が異なるM/LWSオプシン遺伝子を持っていれば，細胞ごとに発現するM/LWSオプシンが違ってくる。ただしX染色体を1本しか持たないオスでは，発現するM/LWSオプシンはどの細胞でも同じである。これにより後述の新世界ザルのようにM/LWSオプシン遺伝子が1座位に存在し，対立遺伝子の多型を持つ場合に対立遺伝子間の排他的発現が特別な仕組みなしに実現され，X染色体を2本有するメスは3色型色覚になる可能性がある（Mollon et al., 1984）。これに加えて，M/LWSオプシン遺伝子が重複して，いわゆるLオプシン遺伝子とMオプシン遺伝子を有する狭鼻猿類（ヒト，類人猿，旧世界ザル）では，さらに1本のX染色体からLかMかどちらか1つだけのオプシン遺伝子を発現させる必要が生じる。しかし，これもLCR（locus control region）と呼ばれるエンハンサー（遺伝子の発現を促進させる領域）が遺伝子重複領域の外にあったという偶然によって実現している。LCRはどちらか一方の遺伝子のプロモーター（遺伝子の転写を制御している配列）をほぼ無作為に選んで相互作用し，いったん相互作用するとその相手を変えないからである（Wang et al., 1992; Wang et al., 1999）。

このように，異なる波長感受性を持つ複数のオプシン遺伝子の存在，1つの錐体細胞では1種類のオプシン遺伝子のみが発現する仕組み，異なるオプシン遺伝子を発現する錐体細胞からの入力を比較する神経回路の存在，という3つの条件が偶然にも揃ったところで3色型色覚は可能となったのである。これは進化の奇跡の1つと呼べるのではないだろうか。しかし，この偶然が集団中で広まったのは，3色型になることに適応的な意義があったためであろう。

近年，網膜にヒトのLタイプのM/LWSオプシンを発現させたトランスジェニックマウスにおいて，赤と緑の弁別が可能となった例が報告された（Jacobs et al., 2007）。これまで，3色型色覚が霊長類に広まったのは，中心周辺拮抗型の神経節

細胞がすでに霊長類に備わっており，それを波長情報の抽出に簡単に利用することができたからだと考えられていた（Regan et al., 2001; Surridge et al., 2003）。しかし，この研究は，オプシン遺伝子に起こった突然変異により，錐体細胞が異なる波長に感受性を持つようになれば，色覚の神経回路が未発達でも波長情報を抽出することができる可能性を示している。このことは，これまで波長弁別を可能にする神経回路が先に成立していることが，3色型色覚が適応的であることに必要と考えられてきたが，オプシン遺伝子の分化のみでも3色型色覚が広まる可能性を示唆する。しかし，トランスジェニックマウスの中で，赤と緑の弁別能力が行動学的に示されたのは，網膜中にM錐体とL錐体がバランスよく分布している1個体のみであった。

Box 1 受容野・色の比較

　1つの神経細胞が入力を受ける空間範囲（視野）を受容野という。錐体細胞の段階では，網膜に投影された像と細胞がオーバーラップしている部分なので非常に小さい。網膜において，錐体細胞の光情報は，双極細胞や水平細胞やアマクリン細胞を介して神経節細胞に伝わる（第1章図4参照）。1つの神経節細胞は中心窩付近では数個，周辺視野では数百個の錐体細胞からの入力を受ける。よって，神経節細胞では空間情報が錐体細胞に比べて圧縮されている（すなわち受容野が錐体細胞に比べて大きい）。また，中心窩付近の神経節細胞の受容野は小さいが，網膜周辺になると大きくなる。神経節細胞からの出力は視床の外側膝状体を経て大脳皮質初期視覚野に入力され，高次の視覚野へと情報処理されながら伝達される。この過程でさらに空間情報は圧縮されていき，神経細胞の持つ受容野は大きくなっていく。

　霊長類の神経節細胞は主に3種類存在し，それぞれの光情報に対する応答特性は異なる。1つ目はパラソル神経節細胞で右図のように複数のM錐体，L錐体からの入力を受けるため比較的大きな受容野を持つ。M錐体とL錐体からの入力の区別をしないため，色情報は持たず，主に輝度や運動情報を伝える。2つ目はミジェット神経節細胞で，受容野の中心は1つのMまたはL錐体から入力を受け，周辺は複数のM錐体とL錐体から入力を受ける。周辺のM錐体とL錐体の数にばらつきがあった場合，受容野の中心と周辺で受け取る波長域が異なるため色情報が抽出できる。長波長側の入力を比較することになるため，図3 (p. 120) における red-green 軸の色情報を担う。3つ目はスモールバイストラティファイド神経節細胞で，M錐体とL錐体の入力の合計とS錐体を比べる。よって図3における blue-yellow 軸の色情報を担うことができる。前者2つの神経節細胞は，錐体細胞から神経節細胞への伝達の間に入る双極細胞がオン型（図中で神経節細胞に"＋"に入力）か，オフ型（図中で神経節細胞に"−"に入力）かによって，受容野の中心がオン（光があるときに応答）で，周辺がオフ（光がない時に応答）というオン中心受容野構造を持つタイプと，その反対のオフ中心受容野構造を持つタイプが

よって，もし波長感受性にかかわるオプシン遺伝子の変化が霊長類のような中心周辺拮抗型の神経節細胞を持たない動物で起こった時に，即，3色型色覚が集団に広まることにつながるかは疑問である。

2.3. 霊長類の色覚の多様性

3色型色覚の進化や，突然変異の維持を考えるヒントになりそうなのが，霊長類のなかで見られる色覚の多様性である。実は，すべての霊長類が3色型色覚を有しているわけではない。アフリカに生息するギャラゴ類，マダガスカルに生息するキツネザル類，また東南アジアに生息するメガネザル類など，原猿と呼ばれている霊

あり，両者は合わせて中心周辺拮抗型受容野と呼ばれる。スモールバイストラティファイド神経節細胞は，明確な中心周辺構造を持たないが，S錐体からの入力は常にオン，M，L錐体からの入力はオフである。ミジェット神経節細胞は霊長類に特異的な神経節細胞で，パラソル神経節細胞からできたと考えられる。パラソル神経節細胞に比べ，少ない錐体から入力を受けるので高い解像度を持ち，中心窩に多く存在する（Rodieck, 1998）。

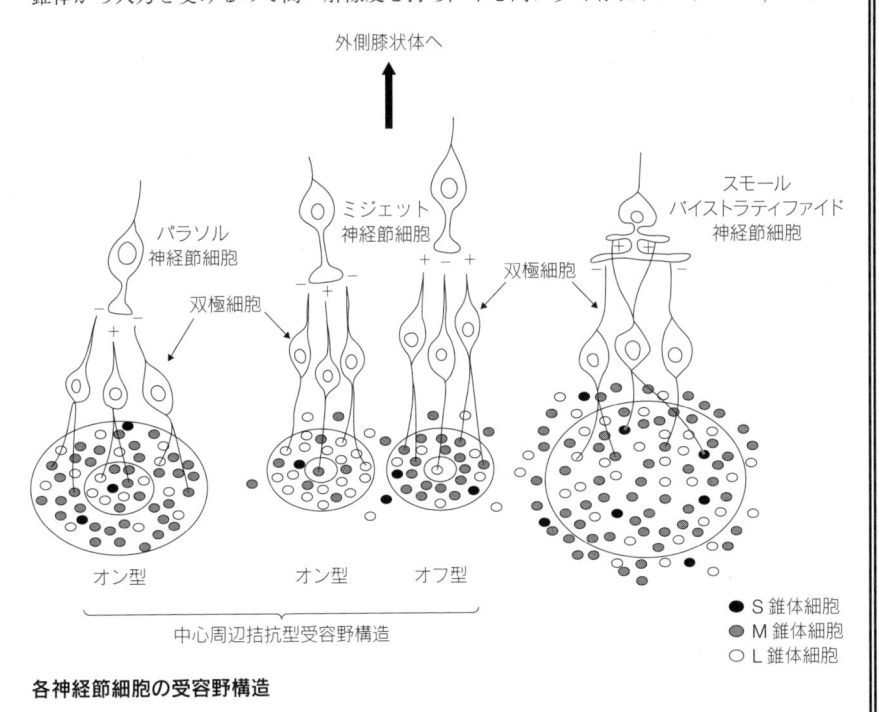

各神経節細胞の受容野構造

長類の祖先型に近い特徴を有しているサルたちは，夜行性生活を営むものが多く，基本的には哺乳類と同じ2色型色覚である（Jacobs, 2008）。また，ギャラゴ類では，短波長感受性のSWS1オプシン遺伝子を失いM/LWSオプシンのみ有し，1色型色覚のものもいる（Kawamura & Kubotera, 2003, 2004）。しかし，近年，マダガスカルに生息する原猿のなかで，昼行性や昼夜行性のシファカやキツネザルの一部の種において，後述する新世界ザルと同じ仕組みによる3色型色覚個体の存在が明らかとなった（Tan & Li, 1999; Heesy & Ross, 2001; Jacobs & Deegan; 2003, Veilleux & Bolnick, 2009）。このことからも，昼行性生活への適応が3色型色覚の進化に密接にかかわっていることが強く裏付けられる。

興味深いのは種間の違いだけではない。中南米に生息する新世界ザル（広鼻猿類）の多くの種は，色覚に多様性があることでたいへんユニークな存在である。図4-aは新世界ザルの色覚の遺伝様式を模式的に示したものである（原猿における3色型色覚も，同様の遺伝様式による）。新世界ザル類の多くはM/LWSオプシン遺伝子を複対立遺伝子（対立遺伝子の型が複数種類ある状態）として有する。このような遺伝的仕組みでは，同一種内に色覚の多様性が生まれる。異なる型の対立遺伝子を持つヘテロ接合のメスは，X染色体の一方の不活化によって3色型色覚となる。他方ホモ接合のメスとX染色体を1本しか持たないオスは2色型色覚となる（Mollon et al., 1984）。すなわち，さまざまな色覚型を持つ個体が同一集団内に混在している状態となる。図4-aに示すように，対立遺伝子の数が3の場合，3種類の3色型，3種類の2色型色覚，合計6種類の色覚型が同一種内に存在することになる。

対立遺伝子の数は2つの種や，5つ有している種も存在する（図4-bのアスタリスクの数参照）。対立遺伝子数（この場合，異なる波長感受性を持つオプシン遺伝子の数）を増やすことによって，組み合わせが増えるためさらに多様性が増し，3色型色覚になる個体の割合も増加するはずであるが，その分，吸収波長域の違いが小さい2つの対立遺伝子を有する3色型色覚個体は十分なメリットを得られない可能性がある。3つの対立遺伝子を持つ種が主であることから，この数には何らかの意味がありそうである。

一方で，新世界ザルの共通祖先とおよそ4000万年前に分岐した，われわれヒトを含む狭鼻遠類では，X染色体上に重複した2種類のM/LWSオプシン遺伝子（MタイプとLタイプ）が別々の波長感受性を示す（正しくは，遺伝子が波長感受性を示すのではなく，遺伝子がコードしているオプシンタンパク質によって囲まれるレチナールの波長感受性が変化する）ことによってメスでもオスでも3色型色覚が可能となっている（Vollrath et al., 1988）。

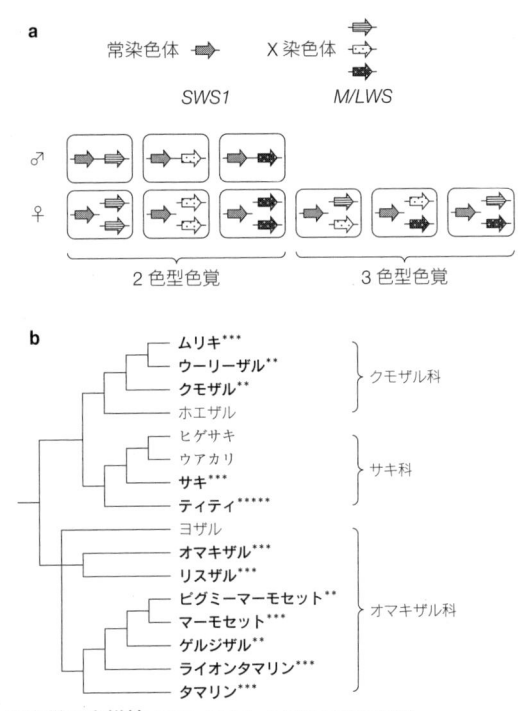

図4 新世界ザルの色覚の多様性(平松(2010)より許可を得て掲載)
 a: X-染色体上の M/LWS が3種類の対立遺伝子を持つ場合の種内の色覚多様性の模式図。ヘテロ接合のメスのみ3色型色覚となる。ホモ接合のメスとすべてのオスは2色型色覚となり，合計6種類の色覚型が同一種内に存在する。もう一方の常染色体上の SWS1 は省略。
 b: 新世界ザル16属の色覚。太字は多様性が報告されている属を示す。アスタリスクの数は対立遺伝子の数を表す。例外のヨザルとホエザルについては本文を参照。ヒゲサキとウアカリについては調べられていない。系統樹は Schneider(2000)より改変。クモザル科・サキ科・オマキザル科の三者の分岐の順番は不明確で諸説がある。

　新世界ザルの中で，ホエザルは例外的に，M/LWS 遺伝子が狭鼻猿類と同様に X 染色体上で重複し，M タイプと L タイプに分化しており，普遍的な3色型色覚を示すと考えられている(Jacobs et al., 1996a)。しかし，ホエザルと狭鼻猿類では，前述の発現を制御する LCR の重複の仕方が異なっており，ホエザルでは1細胞1遺伝子発現がどのように実現されているかはわかっていない(Jacobs et al., 1996a, Jacobs, 2008)。

　真猿類(原猿以外の霊長類)の中で唯一夜行性生活に先祖返りし，SWS1 オプシンを失って1色型色覚となったヨザルも，もう1つの例外である(Jacobs et al.,

1993)。前述のように，SWS1 の喪失は夜行性生活を営む原猿のギャラゴやロリスでも見られている現象である (Deegan & Jacobs, 1996; Jacobs et al., 1996b; Kawamura & Kubotera, 2003, 2004)。しかし，多くの夜行性の哺乳類が SWS1 を保持し 2 色型色覚を有していることから，夜行性生活を営む種間で，色覚がどのような行動に影響を与えているかを比較研究していくことが望まれる。

これまで紹介してきたように 3 色型色覚には，原猿と新世界ザルで見られる，一部のメスにのみ生じる多様性を伴った 3 色型色覚と，雌雄の区別なく狭鼻猿類が示す 3 色型色覚がある。両者の違いは遺伝的メカニズムの違いに起因したものであるが，どちらも突然変異によってできた M/LWS オプシンのサブタイプによって 3 色型色覚を成立させているという点では共通している（狭鼻猿類が有するサブタイプは，遺伝子重複後のアミノ酸の分化によってできた可能性と，新世界ザル（あるいは原猿類）との共通祖先が有していた対立遺伝子が組み換えにより同じ染色体上に重複してできた可能性が考えられるが，どちらが正しいかは明らかではない）。

3. 3 色型色覚の適応的意義

3.1 仮説

前節で紹介したように，霊長類の多くの種が 3 色型の色覚を進化させている。このことは，3 色型色覚がなんらかの利益をもたらす可能性を示唆している。はたしてその利益とはなんだろうか。まず考えられるのが，2 色型では不可能だった赤から緑の色相の弁別である。また，2 色型色覚では無彩色（グレー）と区別がつかない混同色が存在し，色相と彩度が明確に分けられないが，吸収波長域が重なる 3 種類の錐体細胞を有することで，連続的な色相の変化を知覚することが可能となる。自然画像の統計解析から，森林などの自然環境に含まれる色相は L 錐体と M 錐体の比較によって知覚できる red-green 軸上に多く，red-green シグナルの知覚が，昼行性生活を営む動物にとって環境の変化の検出を可能にしていることが裏付けられる (Goda et al., 2009)。

サルにおいて，色弁別が効果を発揮するのは，餌である果実や若葉を探したり，選んだりするときだと考えられている。特に，3 色型色覚の適応的意義として従来から考えられてきた最も有力な仮説は果実適応説である。霊長類の祖先が適応していた森林では，葉の茂り具合などで光強度が変化しやすいため，輝度シグナルによる果実の検出や熟度の弁別は信頼性に欠けると考えられる。一方，色相は輝度シグ

ナルにほとんど左右されることなく，赤やオレンジの果実を緑の背景から検出し，未熟な果実と熟した果実を弁別することができると考えられる（Mollon, 1989）。よって，果実適応説は，赤みがかった果実を緑の葉の背景から検出することに3色型色覚が優れており適応進化したと考える。

　赤みがかった果実や若葉の検出は3色型色覚の適応的意義の1つではあるが，霊長類種間での採食レパートリーは多様であることから，3色型色覚が採餌以外にも適応的である状況が考えられる。例えば，緑の背景からの同種他個体の検出や，赤色は血の色と結びついていることから，健康状態や感情の認知など社会的コミュニケーションを伴う行動において3色型色覚が重要な役割を果たしうるという説が提唱されている（Sumner & Mollon, 2003; Changizi et al., 2006）。特に，旧世界ザルのマカクザルにおいては，繁殖期に顔や性皮が赤くなる現象と3色型色覚との関連が興味深い（Dubuc et al., 2009, Higham et al., 2011）。また，マカクザルに対する行動実験によって，赤い光の下では青い光の下よりも行動が速くなることや，赤い服を着た人を避けるという行動が報告されていることから，赤色の知覚が行動パターンや情動に何らかの影響を与えている可能性が示唆される（Humphrey & Keeble, 1978; Khan et al., 2011）。この可能性については，さらなる検証が必要と思われるが，赤色がサルにとっては捕食者に狙われやすいと考えられる夕暮れや明け方を連想させ，そわそわしてしまうことや，社会的な優位性の認知に関連している可能性なども指摘されている。しかし，色覚の次元性を上げることは物体認知全般を向上させることにつながり，1つの特定の行動に対してではなく，さまざまな行動において3色型色覚は重要な役割を果たしうるために進化したと考える理論家もいる（Vorobyev, 2004）。3色型色覚の進化のきっかけは赤い果実や若葉の選択にあったかもしれないが，種によってはそのきっかけとは異なる理由で3色型色覚が維持されているという可能性も常に考慮に入れる必要があるだろう（Fernandez & Morris, 2007）。

　また，3色型色覚がもたらす利益だけではなく，コストに目を向けることも重要である。例えば，脊椎動物の眼では，光はレンズのはたらきをする水晶体で屈折され，網膜にある視細胞に届く。このとき，輝度情報を担うM錐体とL錐体への入力は，感受性のある波長域の違いにより屈折量が異なる。そのため，捉えられた像の輪郭がぼやけてしまう色収差と呼ばれる現象が起こり，空間視の正確性が妨害されることが考えられる。また，赤と緑でカモフラージュされた図からのテクスチャー情報の検出には2色型色覚の方が優れているなど，3色型色覚が不利となる状況があることも知られている（Morgan et al., 1992; Saito et al., 2005）。3色型色覚が集団中に広がるためには，3色型に伴うコスト以上のメリットがあったと考えられる。

このように，3色型色覚をもたらす究極要因については，さまざまな側面から検討する必要がありそうだ。さまざまな仮説が提唱されている一方で，決定的な証拠はいまだ得られていない。

3.2. 仮説の検証事例

ヒトとは異なる波長感受性の錐体視物質を有する動物を対象として前述の仮説を検証する場合，その動物が物体の色をどのように見ているかを客観的に表す指標が必要である。また，動物が生息する環境で視対象となる物体の見え方を推測する必要がある。近年，野外へと持ち運べる小型の分光輝度計を使用して，視対象の分光反射特性や生息環境の環境光などの客観的なデータを取ることができるようになったことから，3色型色覚の適応的意義の仮説を科学的に検証することが可能となってきた。Mollonらのグループは，新世界ザルや旧世界ザルの採食物や毛皮などの分光反射特性を測定し，対象種の色覚をモデル化する方法を導入した。そして，霊長類のM/LWSのサブタイプを持つことで検出可能となるred-greenシグナルが，果実や若葉，毛皮などを緑の葉の背景から分離することに有効であることを定量的に示した（Sumner & Mollon, 2000a, b; Regan *et al.*, 2001; Sumner & Mollon, 2003）。また，DominyとLucas（2001）はアフリカに生息する狭鼻猿類を対象として採食物の分光反射特性を測定した。その結果，柔らかく栄養価に富む若葉は成熟した葉よりも赤みがかっていることを示し，若葉採食が3色型色覚進化の原動力であったとしている。しかし，この説はアフリカ以外の植生では必ずしも当てはまらないことなどから一般化することはできない。

分光反射特性の測定と色覚のモデル化というアプローチによりred-greenシグナルの有効性を示した同様の研究事例は数例ある（Riba-Hernandez *et al.*, 2004; De Araujo *et al.*, 2006）。しかし，仮説を検証するためには，動物がそれをどのように役立てているか，直接行動を観察することによりred-greenシグナルの有効性を明らかにしなければならない。そのためには，2色型色覚個体と3色型色覚個体の行動を比較する必要があるが，例えば2色型色覚の原猿と3色型色覚のヒトを比較しても，そこには色覚以外の種間のさまざまな違いが存在するため，色覚に由来する行動の比較は容易ではない。そこで注目されるのが新世界ザルである。同一種内に2色型色覚と3色型色覚個体が混在する多くの新世界ザルでは，色覚以外の遺伝的違いをできる限り排除して色覚の違いによる行動の差異を検出できることが期待され，3色型色覚の適応的意義を探るうえで優れた研究対象となっている。

CaineとMundy（2000）は，3色型色覚のマーモセットが2色型色覚よりもオ

レンジ色の餌を緑の背景から速く見つけることを実験的に示し，3色型色覚の優位性を行動レベルで初めて証明した。しかし，彼女らの研究では，近距離に餌が置かれたときには2色型と3色型に違いが見られなかったことから，おそらく輝度や嗅覚情報などの色以外の手がかりによって，3色型の優位性は顕著ではなくなることを示している。Smithら（2003b）はタマリンを対象として果実を模した実験条件を構築し，3色型が2色型個体よりも効率よく熟した果実を模した箱を見つけることを示した。

3.3. 問題点

上記のように，視対象の分光反射特性を測定し，ヒトとは異なる波長感受性を有するサルにとってred-greenシグナルがどのくらい有効かをモデル化するという手法により，視認性に対するred-greenシグナルの有効性が示されてきた。また，3色型の優位性が最も現れやすい条件を模した実験系では3色型色覚の優位性が行動学的に証明されてきた。しかし，3色型色覚の適応的意義を明らかにするには，時々刻々と変化する自然環境下において3色型の優位性を行動レベルで検証する必要がある。なぜなら，実験環境で得られた3色型が有利な条件が野生下ではまれにしか見られなければ，3色型が集団中に広がる要因であったと言い切ることはできないからである。野生のサルの行動観察は長期間のフィールドワークを必要とするので骨が折れるうえ，環境の変化，対象種の社会構造など，さまざまなパラメーターを考慮する必要があり解析は複雑化する。また，個体の色覚型を判定し，動物の視対象の色を客観的に分析することが要求される。これまで，そのような多様な手法を用いることはハードルが高く進められてこなかったが，3色型色覚の適応的意義を探るためにはこのような融合的な研究が求められていた。

4. 野生の新世界ザルから探る3色型色覚の利点

4.1. 果実採食行動と色覚型の関連

筆者の大学院時代の指導教官である河村正二博士は，上記の視点から，新世界ザルを対象として色覚と行動との関連性を研究するプロジェクトを立ち上げた。河村博士の専門は分子遺伝学の手法を使って魚類や霊長類のオプシン遺伝子の進化を研究していくことであるが，野生霊長類の行動観察を専門とするカルガリー大学のLinda Fedigan博士，リバプール・ジョン・ムーア大学のFilippo Aureli博士らの

図5 フィールドワークの対象とした2種
a: チュウベイクモザルの親子
b: 休憩中のノドジロオマキザル

協力を得ることで，遺伝子と行動を結び付ける研究が可能となった。この国際共同研究グループは，2003年から中米コスタリカのサンタロサ国立公園に生息するチュウベイクモザル Ateles geoffroyi とノドジロオマキザル Cebus capucinus の自然集団を対象とし，研究を開始した（図5）。同所的に生息するクモザルとオマキザルの間には，さまざまな違いがあり，2種間の比較研究も興味深い。クモザルは果実採食性が強く，従来からの3色型色覚の果実適応説を検証するのに格好の対象である (Di Fiore et al., 2008)。一方，オマキザルは雑食性が強く，果実と同様に昆虫もよく食べる (Fragaszy et al., 2004)。霊長類の多くはグループで社会生活を営むことが特徴的であるが，その社会構造や活動様式は種間で大きく異なる。クモザルはメスがグループから出ていく父系社会で，グループの構成員が揃って行動をともにすることもあれば，サブグループを形成し，サブグループごとに移動することもある離合集散生活を営むことが特徴的である (Shimooka et al., 2008)。オマキザルは，オスがグループを出ていく母系社会で，グループ全体で移動をする (Fragaszy et al., 2004)。また，クモザルは樹上生活性が強くめったに地上に降りてくることはないが，オマキザルは昆虫を捕まえに地上に降りてくることも多い。幸い，サンタロサ国立公園は熱帯乾燥林に区分され，熱帯雨林ほど樹高が高くなることはないため，クモザルのような樹上性が高い動物の行動も比較的観察しやすい環境である。サンタロサでは，20数頭で構成される1グループのクモザル，1グループ20頭前後で構成されるオマキザル4グループが個体識別され，行動観察を行う研究者がいても逃げたりしないように人慣れされている。またオマキザルでは約30年におよぶ長期間の行動観察の蓄積があり，個体のグループ間の移動や親子関係などの記録が利用できる。

私が博士研究としてまず取りかかったのは，各個体の色覚型を判定することであった。色覚型は，糞から抽出したDNAサンプル（糞をした個体自身の腸壁細胞など

に由来する DNA を含んでいる）を用いて PCR により M/LWS オプシン遺伝子を増幅し，塩基配列を決定することで非侵襲的に判定することができる (Surridge et al., 2002)。よって最初のサンタロサ訪問では，個体識別されたクモザルが頭上で催すのを待ち，糞をしたらそれを見失わないうちに拾うという作業が主であった。おかげで，公園で働いているコスタリカの人々からは "チカ・デ・カカ（うんちの女の子）" などと呼ばれてしまう始末であった。

Box 2 に詳しいように，霊長類の M/LWS オプシンの吸収波長は 3 つのアミノ酸座位でおおよそ決定できることが示されている (Hiramatsu et al., 2004)。サンタロサのオマキザルとクモザルでもこれが成り立つかを確認するため，糞から抽出した DNA から M/LWS オプシン遺伝子の全塩基配列を決定して，視物質を再構成し吸収波長を実測した。オマキザルでは，これまでに報告されている 3 つの対立遺伝子 (Box 2 の M，ML，L) が同定され，λmax（最大吸収波長）はそれぞれ，532，543，561 nm であり 3 アミノ酸座位からの予測値とほぼ一致した (Hiramatsu et al., 2005)。一方，クモザルでは 2 つの対立遺伝子が同定された。このことは，クモザル集団中には，1 種類の 3 色型メスしか存在しないことを意味する。また，対立遺伝子のうち，一方はこれまでに知られている 3 つのアミノ酸座位の組み合わせのうちの 1 つ (Box 2 の L) であったが，もう 1 つは，これまでに報告されたことのない，180 番目がセリン，277 番目がフェニルアラニン，285 番目がスレオニンの組み合わせだった (Box 2 の ML")。クモザルの有する 2 つの M/LWS の λmax は，3 アミノ酸座位からの予測値が 552 nm と 560 nm であったが，再構成した視物質から得られた値は，それぞれ 538 と 553 nm であり，3 アミノ酸座位以外の座位が吸収波長に影響していることが示唆された (Hiramatsu et al., 2008)。この新しいアミノ酸座位の組み合わせを持つ対立遺伝子は，その後，ムリキやオマキザルで見つかっており (Talebi et al., 2006; Soares et al., 2010)，対立遺伝子の生成と消滅の過程を考えるうえで興味深い。また，λmax の実測値が 553 nm の 3 アミノ酸座位の組み合わせはオマキザルの L タイプと同じであるが，吸収波長域が異なるため，L' と表記することにする。

続く行動観察では，筆者がクモザルを担当し，Fedigan 博士の学生である Amanda Melin 氏がオマキザルを担当した。行動の記録は，色覚型が判定されたサルに対し，一定時間 1 個体に焦点を絞って行動を記録する focal animal sampling 法 (Altmann, 1974) を採用し，両種で同様のデータを取るため，同じエソグラム（さまざまな行動パターンの目録）を用いた。ここでは，筆者が担当したクモザルの観察内容と結果について詳しく述べたい。観察対象としたのは，幼若ザルを除く，ワ

カモノザルとオトナザルからなる2色型12個体，3色型9個体であった。観察者は各個体の色覚型を知らず既知の知識によるバイアスが入らないようにした。

行動観察の1日は，朝4時半に起きてご飯を食べ，5時にロッジを出発し，30分かけて前日確認しておいたサルの寝床である樹の下まで歩いて行き，サルが起きだすのを待つことから始まる。6時の日の出とともに，グループで寝ていたサルは起きだし樹冠を移動し始める。果実が豊富な雨季には大グループで移動することが多いが，果実が乏しい乾季には小さなサブグループに分かれて移動することが多くなる。クモザルの移動範囲は広いので，前日の寝床が確認できず，サルが起きだしてからサルを探すとなかなか見つからないことも多く大変であった。また，主に樹冠で生活するクモザルの行動の記録は双眼鏡をのぞきながら頭上を見上げる作業のため，首が痛くなることもしばしばであった。

クモザルは8か月の観察期間中に36種類の果実を採食した。観察者の主観で見

Box 2　M/LWSオプシン遺伝子のアミノ酸配列と視物質の波長感受性

実際に特定の波長域に反応するのは，オプシンタンパクに取り囲まれているレチナールであるが，反応する波長域を決めているのは，オプシンのアミノ酸配列である。M/LWSオプシンは，364個のアミノ酸からなる。ヒトにおいては，MとLの2つのサブタイプ間で，15個の違いしかない (Nathans *et al.*, 1986b)。このことは，これらのサブタイプが比較的最近分化したことを物語っている。

オプシンタンパク質を培養細胞に生産させ，暗室でレチナールと結合させて視物質を再構成すると，視物質の波長感受性を測定することができる。また，どのアミノ酸座位がサブタイプ間の波長感受性の違いに関与しているかを，座位特異的にアミノ酸を置換することによって，実験的に確かめることができる。Yokoyamaらはこの方法でさまざまな動物のオプシンの視物質を再構成し，霊長類のM/LWSではサブタイプ間の波長感受性の違いはたった3つのアミノ酸座位でほぼ決定されることを突き止めてきた (Yokoyama, 2000)。遺伝子はタンパク質に翻訳されるエクソンと呼ばれる部分と，エクソンの間にあり，転写後スプライシングにより除去されタンパク質には翻訳されないイントロンという領域から構成されている。図に示すように，M/LWSの波長感受性に関与するアミノ酸座位はエクソン3にコードされる180番目と，エクソン5にコードされる277番目と285番目である。たとえば，180番目のアミノ酸がアラニンからセリンに変化すると波長感受性のピークである最大吸収波長（λmax）が7 nm長波長側にシフトする。3つのアミノ酸座位の合計で，2つのサブタイプ間のλmaxは最大で30 nmの違いがある。よって3アミノ酸座位の組み合わせにより，視物質の波長感受性が推定でき，最も長波長感受性のLタイプから中波長感受性のMタイプまでに分類できる。狭鼻猿類は，最大の違いがあるLタイプとMタイプを重複遺伝子として有し

ると，採食する果実の色相は実に多様で，赤，オレンジ以外にも緑や茶色などさまざまな果実を食している。熟すと赤くなる果実から，緑や茶色の果実，白っぽく透明感のあるものや，濃く光沢感のある紫の果実もある。形や香りもさまざまであるし，熟していない緑の実のみが採食される果実もある。クモザルの色の見え方を定量的に表すためには色覚のモデル化（Box 3 参照）が必要である。そこで，サルが食べた果実をロッジへ持ち帰り，小型の分光器を用いて果実とその背景となる葉の分光反射率を測定した（図6-a）。物体の見えは，そのときの環境光にも依存するので，樹冠での見え方を再現するためにさまざまな環境光も測定した（図6-b）。そして，Box 3 に示されているように，物体の相対分光反射率（すべての波長を反射する白色板の反射率を 100％とした場合の，各波長の反射の割合）に，環境光，クモザルが有している錐体視物質の波長感度を掛け合わせて，それぞれの錐体が得る相対光子量を計算し，図 3 に示すように色覚の神経回路で計算されている blue-yellow,

---

ている。一方で，新世界ザルのオマキザルやリスザルは M，ML（M と L の中間あたりに λmax を有する），L タイプを，タマリンやマーモセットは M'，ML'，L タイプを対立遺伝子として有している（Hunt et al., 1993; Hunt et al., 1998; Kawamura et al., 2001）。また，原猿では M' と ML' タイプの 2 種の M/LWS オプシンが見つかっており（Tan & Li, 1999; Veilleux & Bolnick, 2009），異なるサブタイプを対立遺伝子として持ち合わせたヘテロ接合のメスは 3 色型色覚となる（p. 125 図 4-a 参照）。

対立遺伝子タイプ		180 Ala→Ser +7nm	277 Phe→Tyr +8nm	285 Ala→Thr +15nm	λ max (nm) 期待値	実測値
リスザル・オマキザル型	M	Ala	Phe	Ala	530	532[1]
	ML	Ala	Phe	Thr	545	543[1]
タマリン・マーモセット・原猿型	M'	Ala	Tyr	Ala	538	539[2]
	ML'	Ala	Tyr	Thr	553	553[2]
共通型	L	Ser	Tyr	Thr	560	561[1]
クモザル型	ML"	Ser	Phe	Thr	552	538[3]
	L'	Ser	Tyr	Thr	560	553[3]

図　M/LWS の吸収波長域に影響を与えるアミノ酸座位による M/LWS サブタイプの分類
1) Hiramatsu et al. (2005)
2) Kawamura et al. (2001)
3) Hiramatsu et al. (2008)

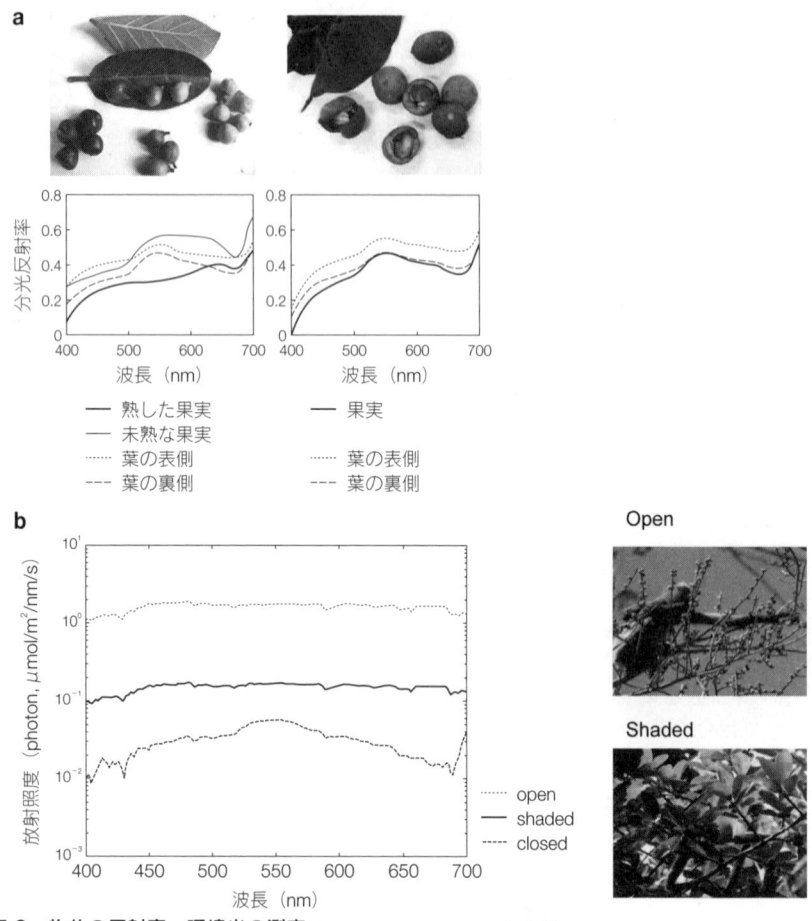

図 6　物体の反射率，環境光の測定（Hiramatsu *et al.*, 2008 より改変）
  a：クモザルが採食した主要な果実の分光反射率の例（左：熟すと実が赤くなる *Ficus ovalis*，右：緑の果実が採食される *Brosimum alicastrum*）
  b：葉の込み具合による分光放射照度の違い。写真は open と shaded の葉の茂り具合の典型的な例

red-green, 輝度シグナルを算出した（正確には，輝度（luminance）の絶対値を出すことができないため，ここでは，ある光条件での相対的な明度（lightness）を測っている。そのため，今後は明度シグナルと呼ぶことにする）。図7は3色型色覚のクモザルにとっての果実やその背景となる葉の色度を色空間にプロットしたものである（2色型色覚は，red-green 軸がないので，図7-b の色空間のみで表される）。図7-a から一目瞭然のように，背景の葉は，red-green シグナルのばらつきが少な

く一直線に並ぶが，ヒトにとって赤く見える果実は red-green シグナルが強く，葉の背景から逸脱している．また，ヒトにとって緑に見える果実は葉の背景と重なっている．ここから，クモザルの3色型個体にとって，さまざまな葉を含む樹冠が背景となるような状況下（遠距離視）においては，赤みがかった果実を検出するのに red-green シグナルが有効であると予想される (Hiramatsu et al., 2008)．これは Mollon らによる旧世界ザルに対する結果と一致している (Sumner & Mollon, 2000a)．環境光は樹冠の最も葉の茂った場所 (closed)，葉がまばらな場所 (shade)，樹冠の上のような葉の陰とならない場所 (open)（図6-b）で測定し，同様にモデル化したが，色度の分布にそれほど環境光の違いは影響しないようであった．

これらの果実のうち，採食イベント（ある果実にアプローチして食べようとする行動）が全個体で255回以上観察され，クモザルが主に栄養源とする果実と考えられる8種類の果実（図8-a，図7の散布図では大きなマークで示されている）に

Box 3　色覚のモデル化

色覚を定量的に表すことをここでは「色覚をモデル化する」と呼んでいる．特に，ヒトとは異なる波長感受性を持つ錐体細胞を有する動物がどのように色を知覚しているかを推測する際に役に立つ．知覚される色は，物体の反射率，物体を照らす照明（環境光），錐体細胞の波長感度によって決まる．図に示すように，各波長について，物体の反射率，環境光 (p. 134, 図6-bの放射照度)，錐体感度を掛け合わせ，錐体細胞の感受性がある波長範囲を積分することにより，各錐体が受け取る光子量を計算する．霊長類の場合その後の神経回路 (p. 120, 図3) がわかっているため，輝度シグナルはM錐体とL錐体の光子量の合計，blue-yellow シグナルはS錐体の光子量とMとL錐体の光子量の合計の比較，red-green シグナルはM錐体とL錐体の比較で表される．L錐体が受け取る光子量がM錐体よりも多いと赤みがかって見える．この方法でクモザルに見えている果実や葉の色を客観的に評価することができる．

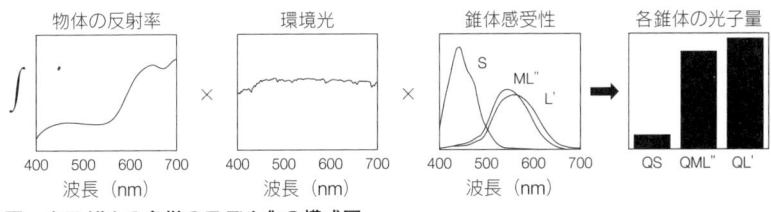

図　クモザルの色覚のモデル化の模式図

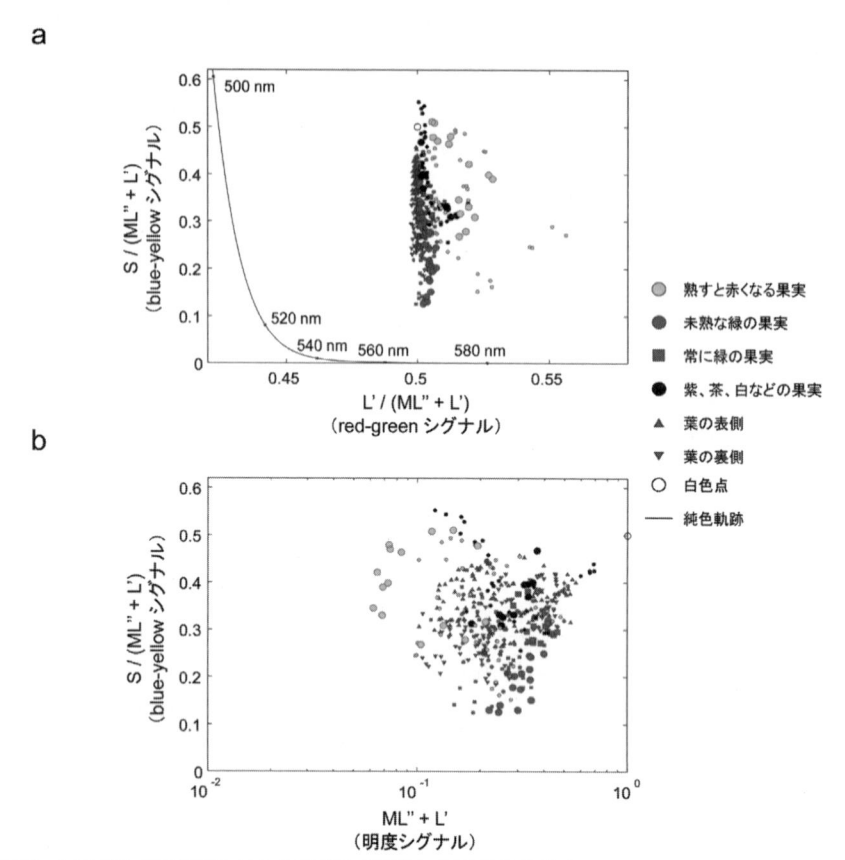

図7 クモザル色空間におけるクモザルが採食した果実の色度（Hiramatsu *et al.*, 2008 より改変）
 a: red-green シグナルと blue-yellow シグナル
 b: 明度シグナルと blue-yellow シグナル
口絵 11 も参照。

着目し，採食行動を詳しく分析した．図8-aの上段の4種は熟すと赤くなる顕在色（conspicuous color）の果実，下段は熟しても色が変わらない隠ぺい色（cryptic color）の果実である．分析はサルが果樹にたどりついてからの行動に絞り，採食イベントが1つの果実種に対して10回以上観察された個体が行った全5,517イベントを解析した．
　サルの採食イベントの流れを概説すると次のようである．サルは果樹にたどりつくと，食べられる果実を探し，果実を見つけアプローチする．サルがいつ視覚的に果実を見つけたかは観察者には知ることはできない．そこで，直接口から食べたり，

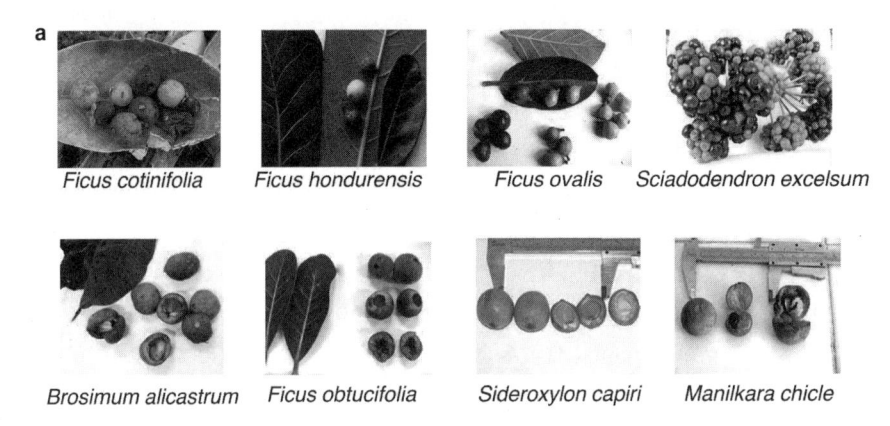

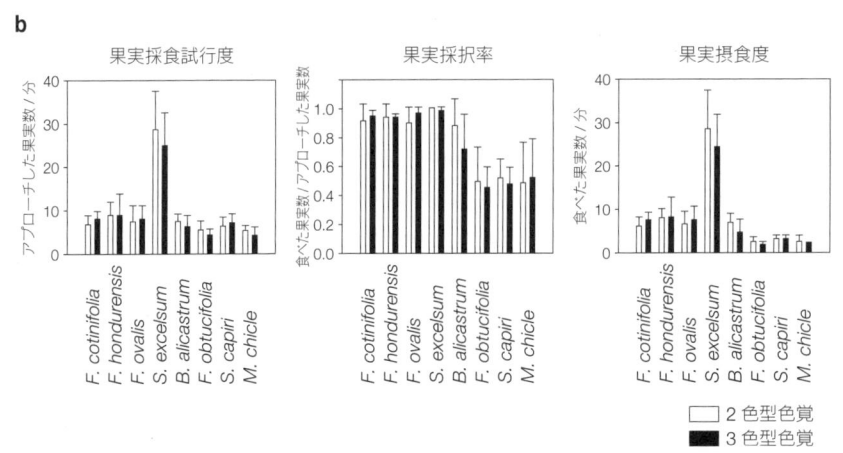

4.1. 果実採食行動と色覚型の関連 137

図8 クモザルの主要果実と採食効率（Hiramatsu *et al.*, 2008 より改変）
a: 行動を分析したクモザルの主要果実
b: 採食効率の比較（shaded 条件）
口絵 11 も参照。

果実をかじったり，指でつまんだり，鼻で嗅いだりするというような果実に対する何らかのアプローチを観察することにより，それ以前に果実を視覚的に検出したと判断した。アプローチの後は，サルは果実を食べたり食べなかったりする。食べなかった場合は，味や，柔らかさ，においなどから果実の良し悪しを判断したと考えられる。

採食効率の指標としては，①1分当たりに果実にアプローチした回数（果実採食試行度（attempt rate）），②アプローチした果実のうち，食べた果実の割合（果実

採択率（acceptance index）），③ 1 分当たりに食べた果実の数（果実摂食度（feeding rate）），の 3 つを用いた。①は果実検出の頻度，②は食べられる果実の検出の正確性の指標であり，③は①と②を掛け合わせた指標であり，エネルギー摂取量の指標である。

図 8-b は環境光条件が shaded における結果であるが，すべての行動指標において 2 色型色覚と 3 色型色覚で果実の色にかかわらず有意な違いが見られなかった（2 色型にはオスも含まれ，ML"タイプのオプシンと L'タイプのオプシンを持つかは区別していない。また，3 色型には ML" と L' の組み合わせの 1 種類しか存在しない）。この結果は open 条件の場合でも，全光環境条件を含めても変わらなかった。したがって，サルが果樹にたどり着いた後，近距離から果実を選ぶ段階では，2 色型が使える手掛かりも多数存在すると考えられる。ある光条件下では，少数の葉の背景からの果実の検出や，熟した果実と熟さない果実の弁別といった行動に，blue-yellow および明度コントラスト，果実や葉のテクスチャー情報，嗅覚情報なども有効なのであろう。

筆者は行動観察の初期段階で必然的に 2 色型色覚となるオスも難なく赤く熟したイチジクを採食していることに気づいており，2 色型と 3 色型色覚の差異が顕著に出ることを期待していなかった。また，分光反射率の測定から，赤く熟したイチジク類は未熟な果実や葉よりも明度が低いことがわかっていたことから，明度シグナルも熟した果実の弁別に有効なのではないかと考えた。そこで，果実と葉の反射率から 3 色型にのみ存在する red-green コントラスト，2 色型にも存在する blue-yellow および明度コントラストを計算し，果実採食効率のばらつきがどの視覚コントラストで説明されるかを重回帰分析した。すると，予測どおり，明度コントラストが 2 色型と 3 色型の両者において果実採食効率と相関し，最も果実採食効率を説明することが明らかとなった（図 9-a）。よって，明度コントラストで果実の検出や弁別が十分行える場合は 2 色型と 3 色型の差は顕著ではないと考えられた。

また，サルが果実にアプローチする間，果実に対するにおい嗅ぎ行動が隠ぺい色の果実に対して顕著に見られたことから，嗅覚が近距離視条件での果実採食行動におよぼす影響，および，その視覚シグナルとの関連性を調べることにした。アプローチした果実のうち，手で果実をもぎ取った後，または直接口で食べる前に，鼻を果実に近づけるというにおい嗅ぎ行動を行った果実の割合を嗅覚使用率 sniffing index として解析したところ，嗅覚使用率は，明度コントラストおよび blue-yellow コントラストが弱くなるほど高くなった（図 9-b）。さらに，果実採択率と嗅覚使用頻度には強い負の相関が見られた（図 9-c）。これらの結果は 2 色型と 3 色型で同様

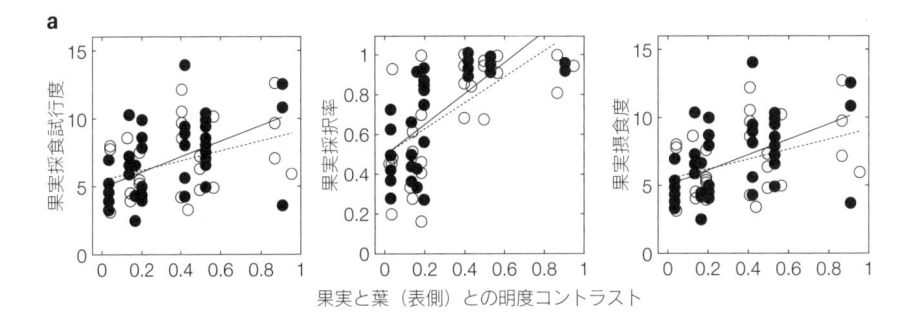

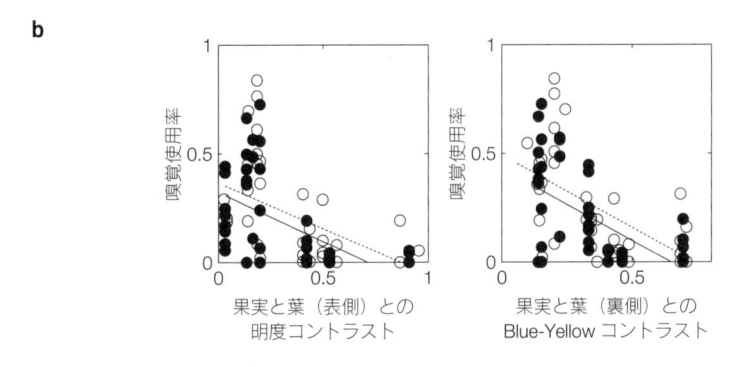

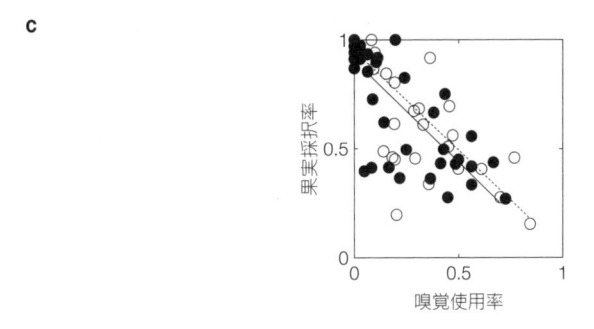

図9 採食効率と視覚シグナル、嗅覚シグナルとの相関関係（各点は1個体のある果実種に対する値）
  a: さまざまな行動指標と明度コントラストとの関係（Hiramatsu *et al.*, 2008 より改変）
  b: 嗅覚使用率と明度および Blue-Yellow コントラストとの関係（Hiramatsu *et al.*, 2009 より改変）
  c: 嗅覚使用率と果実採択率との関係（Hiramatsu *et al.*, 2009 より改変）

であったことから，どちらの色覚型個体も，視覚シグナルが有効な果実に対しては，視覚的に食べるに値する果実を選択することができるが，視覚シグナルが有効でな

い果実に対しては，食べられるかどうかを嗅覚依存的に判断していると考えられた (Hiramatsu et al., 2009)．

一方，Melin 氏が行動観察を担当したオマキザルにおいては，最も λmax 値が離れた2つの対立遺伝子（MタイプとLタイプ）を有する3色型個体は，熟すと赤くなるイチジクの実の果実採択率が2色型個体よりも高く，初めて野生下のサルにおいて3色型色覚の優位性が検出された (Melin et al., 2009)．このことは，3色型個体は食べられるに値する果実をより正確に見つけていることを意味する．しかし，単位時間当たりの果実摂食度では2色型個体と差がないことから，エネルギー摂取効率の観点からは3色型色覚の優位性は確かめられていない．

サンタロサ以外の野外調査においても，果実採食における3色型色覚の優位性は行動学的に明確になっていない (Vogel et al., 2007)．だが，2色型色覚と3色型色覚の行動の違いは少しずつ明らかとなってきている．たとえば，サンタロサのオマキザルでは，2色型個体の方が，嗅覚使用頻度が高いなど，3色型よりも視覚以外の感覚モダリティ（嗅覚，聴覚，触覚など，各感覚器を通じて生じた感覚的経験）を果実選択に使用することが示唆されている (Melin et al., 2009)．また，昆虫採食において2色型の方が3色型よりも効率がよいことも示され，野生下での2色型の有利点が初めて明らかになった (Melin et al., 2007)．しかし，ペルーに生息する野生タマリンの観察では，樹皮の色などと同化しカモフラージュされた昆虫の捕獲率は2色型の方が高いが，その他の昆虫の捕獲率は3色型の方が高いことが示されており，昆虫の色や種類によって色覚型間で見つけやすさが異なることが示唆されている (Smith et al., 2012)．

4.2. 深まる謎と今後の展開

野外調査により，クモザルは近距離では明度を用いて果実を検出できることがわかった．このことは3色型が2色型よりも顕著に有利となる条件はなさそうであることを示唆しているが，はたして3色型色覚は特別役に立つものではないのだろうか．現段階では，その結論を出すにはまだ早いと考えている．なぜなら，クモザルが主に採食していたイチジク類は，熟した果実と葉や未熟な実との明度コントラストの効果が大きかったが，明度コントラストが低い果実種においては red-green コントラストの効果の方が大きくなる可能性がある．また，光量が限られてくる closed 条件で3色型色覚の優位性が増すと考えられているが (Osorio et al., 2004)，closed 条件のように葉で覆いつくされた場所にいるサルの行動観察をすることは極めて困難であるため，今回の分析には含められていないことも理由の1つだ．さ

らに，採食した果実の微妙な色の差異の観察は困難であるため，エネルギー摂取量に影響するかもしれない選択された果実の色の色覚型間の違いを見落としている可能性がある。

　このような野生集団を対象とした行動観察の欠点を補完するアプローチとして，2色型と3色型色覚メスの繁殖成功を調べる方法があると考える。母親の栄養状態は，産子数や出産間隔，子の生存率に影響を与えるはずである。しかし，約30年にわたって出生情報が記録されているサンタロサ国立公園のオマキザルについては，3色型の子の生存率，さらには，3色型メス自身の生存率が2色型よりも高いという結果は得られていない (Fedigan et al., 2014)。他の調査地域や，さまざまな種を対象とした同様な研究によって，より知見が深まることが期待される。

　3色型色覚進化の果実適応説において，3色型の果実採食における優位性は，遠距離視条件において顕著に見られると考えられている (Mollon, 1989; Sumner & Mollon, 2000a)。なぜなら，輝度シグナルは葉の込み具合によって同じ樹においてもさまざまであり，また，風が吹けば影となる場所も一定ではなくなる。樹冠の葉群に実った果実を遠くから見つけるには，輝度の変化に左右されない色相が有効と考えられるからだ。一方で，ヒトにおいては，色の感度は高空間周波数（画像中のエッジなどの細かい情報を表す）よりも低空間周波数（画像中の形や方向の大局的情報を表す）で高く，一方輝度の感度はその反対であることが知られている (Mullen, 1985)。このことより，果実の検出にとって遠くから見るよりも手が果実に届くくらいの近距離から見た場合の方が，red-greenシグナルが有効であるという予測もされている (Parraga et al., 2002)。われわれのこれまでの結果は，近距離視では明度シグナルや嗅覚シグナルなどさまざまな手掛かりが使えるため，red-greenシグナルは3色型色覚と2色型色覚の採食効率に大きく影響するほどの効果を持っていないということを示唆している。

　現在のところ，サルが遠くにあるどの物体を見ているかを観察することは難しいため，遠距離から果実を見た場合のred-greenシグナルの有効性を野生下で行動学的に検証することは極めて難しいだろう。これまで，赤く熟した果実を見つけた個体がグループをその果樹へと引率しているかもしれないという仮説のもとに，タマリンとマーモセットの混群において，移動の際にグループを引率する個体の色覚型を調べた研究では，3色型が引率するという結果は得られていない (Smith et al., 2003a)。また，サンタロサのクモザルに関しても，そのような観察結果は得られていない（平松ら，未発表データ）。フィールドでの野生動物の行動の観察にはさまざまな困難があり，筆者らの研究で3色型色覚の適応的意義の全貌が明らかにできた

わけではない。しかし，色覚型判定された野生ザルの行動と，その視対象の色との関連付けができるようになってきたことは，糞からのDNA解析や小型分光器という技術がない時代から見れば，大きな進歩といえるだろう。また，今後どのようなことに焦点を当てて研究を進めていくべきかを明確にできたことは，適応的意義の解明に向けて進んでいる証と言えるのではないだろうか。

新世界ザルの色覚の多様性は，2色型色覚と3色型色覚の比較に適しているだけでなく，遺伝子進化を研究するうえでも興味深い対象である。なぜなら，新世界ザルの多くの種にみられるM/LWSオプシン遺伝子の多型は，おそらく原猿との共通祖先に由来し，4000万年以上維持されていると考えられるからである。多型が自然選択の対象とならない場合には，このように長期間持続する確率は低く（Surridge et al., 2003），新世界ザル野生集団のM/LWSオプシン遺伝子領域の塩基多様性が中立多型で想定される塩基多様性をはるかに逸脱して高いことなどから（Hiwatashi et al., 2010），M/LWSオプシン遺伝子の吸収波長の多型性は平衡選択（集団中に多型を維持する選択）により維持されていることが強く支持されている。

この平衡選択のメカニズムとして，主に4つの仮説が挙げられている。最も単純なメカニズムは，超優性選択説である。すなわち，3色型色覚の適応度が2色型を上回り，2色型は副次的に生まれるという考え方である。2つ目は頻度依存性選択説である。この仮説では，集団中で頻度の低い表現型が高い適応度を得るとされる。この場合，ある時1つの対立遺伝子の頻度が高くなりすぎると，それまで頻度が低かった異なる対立遺伝子の頻度が高くなるなど，対立遺伝子の頻度が変動する。3つ目はニッチの多様化説で，たとえば，表現型によって採食行動にベストな光条件や依存する食べ物の種類が異なるなどの状況が考えられる。最後は，集団内にさまざまな表現型個体が存在することで，異なる表現型個体が互いに利益を受けると考える相互利益説である（Mollon et al., 1984）。

しかし，上記の4つのメカニズムは相互排他的ではないため，実際にどのメカニズムがはたらいているのかを検証するのは難しい。これまでの行動実験や色覚モデルの研究は超優性選択説を支持している（Caine & Mundy, 2000; Riba-Hernandez et al., 2004; Sumner & Mollon, 2000a, b; Smith et al., 2003b）。しかし，昆虫採食における2色型色覚の優位性などを考慮すると，超優性選択以外の可能性もさらに検討するべきではないだろうか。頻度依存性選択は超優性選択に続いてよく挙げられる仮説であるが，集団内の色覚型の頻度にかかわらず，ある色覚型が別の要因による資源の増減と同調して増減することもできるはずであり，頻度が低いから有利であるとする頻度依存性選択のみで色覚多型の維持がなされているとは考えにくい。ニッチの

多様化説や，相互利益説についてはほとんど検証されてないが，サンタロサのオマキザルではニッチの多様化説は否定されている (Melin et al., 2008)。相互利益があるかどうかは，たとえば，2色型は捕食者の発見に，3色型は熟した果樹の発見に優れていたとすると，さまざまな色覚型がいることが他の色覚型にも利益になるというような可能性が考えられ，今後の調査が望まれる。

興味深いのは，われわれが調べた集団を含むこれまでに調査された多くの野生集団において，M/LWSオプシン遺伝子の対立遺伝子頻度は長波長寄りの対立遺伝子が高いことである。このことから，長波長感受性オプシンを有する個体に有利な選択圧がはたらいている可能性が示唆され，なんらかの波長情報の制約が遺伝子頻度に影響を与えていると推測される。具体的には，3色型には離れた λmax の組み合わせを持つ方が，色の識別に適していることで，最長と最短の λmax を持つ対立遺伝子が有利である。一方，2色型にはS錐体と最も離れた最長の λmax を持つ対立遺伝子が有利であるが最も近い最短の λmax を持つ対立遺伝子は不利である。よって最長の λmax を持つ対立遺伝子は2色型でも3色型でも有利であり頻度が高くなるが，最短は3色型と2色型でコンフリクトがあって頻度が下がる。中間の λmax

---

Box 4　ヒトの色覚の特殊性

　ヒトの一般的な色覚は，他の狭鼻猿類と同様に遺伝子重複による普遍的3色型色覚である。しかし，集団レベルで見るとヒトは他の狭鼻猿類に比べて多様な色覚を有している。ヒトでは，減数分裂時の不等交差や遺伝子変換によって，M/LWSオプシン遺伝子のMタイプかLタイプの欠損や，キメラ遺伝子化が生じ，男性の5〜8%が2色型色覚（赤緑色盲）や赤緑色弱を有している (Fletcher & Voke, 1985; Nathans et al., 1986a)。この頻度は旧世界ザルや類人猿と比べて極めて高く (Onishi et al., 1999; Terao et al., 2005)，遺伝子が多型状態にあるといえる。この多型の理由としては，現代人においては3色型色覚に対する選択圧が緩んでいるとする説が一般的である (Post, 1962)。一方，ヒトが狩猟採集生活を営んでいた時代には2色型の男性は狩りや漁の場面で形や輝度コントラストにより獲物を見つけるのに有利であり，3色型は果実などの採集に適しているため，色覚多型が相互利益の形で維持され現代でも名残として残っているという説明もある (Gallo et al., 2003)。このことは，新世界ザルの色覚多様性維持との比較研究として興味深い。しかし，ヒトのM/LWSのX染色体上の構造は，Lタイプの下流に通常Mタイプが多コピー存在するのに対し，旧世界ザルではMタイプの多コピー化がまれであるという報告もあり (Onishi et al., 2002)，遺伝子構造の違いが不等交差の起こりやすさに影響していという可能性も考えられる。

を持つ対立遺伝子は3色型では最も不利であるが，2色型にとっては最短と最長の間にある。このように，3色型だけでなく2色型の事情も含めて頻度のバランスが生じているとも考えられる（Osorio *et al.*, 2004; Surridge & Mundy, 2002）。このことから，各対立遺伝子に何らかの方向性のある選択があり，その平衡点で対立遺伝子頻度が拮抗するという新たな仮説が考えられる。しかし，調べられた集団の中にはこの仮説に沿わない例もあることから，現時点では新世界ザル全体での一般論を導くことはできないが，今後さらにさまざまな集団の調査を行うことによって，この仮説の妥当性は明らかになっていくだろう。

　これまで，新世界ザルの色覚の多様性の例として，生息環境における行動様式に色覚がどのように適応しているかを紹介してきたが，Box 4 にヒトの色覚の特殊性を示すように，個々の分類群や種が独自に色覚を変化させてきている。はるか昔，さまざまな動物の共通祖先で生まれた外界の光を感知する仕組みが多様な色覚へと進化し，ヒトが芸術を楽しむときにまで影響を与えるようになったと考えると，生物という存在がいかに不思議で魅力的であるかを再認識させられる。自らが属す種の特殊性や他の種との違いを理解することはいうまでもないが，遺伝子レベルや行動レベルでの種間比較によって色覚進化の理解を深めることで，さらに生きものの魅力を見つけていくことができるのではないだろうか。

おわりに：フィールドワークのすすめ

　サンタロサ国立公園を発つ朝，いつもは森の中で見つけるのが難しいクモザルたちが私の宿泊するロッジ近くまでやってきた。まるで私にお別れを言っているかのようだ。サンタロサに滞在した9か月間，フィールドでは毎日これまで体験したことのない出来事が起こった。毎日見たことのないおかしな形をした虫に出会った。ある日，ホエザルの子供が樹から落っこちて死んだふりをし，心配そうに母親が樹上から眺めていたのだが，動き出した子供は一瞬で母親のいる樹上へと駆け上っていった。夕方，クモザルの寝床となる樹を観察にいったとき，夕暮れ時の地面をうごめくアリやゴキブリたちのざわざわという音に不安を掻き立てられた。あるいは，いきなり目の前を横切るバクの写真を撮ろうと追いかけるもすぐに密林へと消えるバクを見送り悔しい思いをした。コスタリカの森では日常起こっている瞬間の1つに過ぎないであろうが，私にとってはすべてが新しい体験であり，ささやかな感情の高揚を引き起こす。日本で毎日研究室に通って実験し帰宅するという単調な毎日の繰り返しでは出会えない一瞬一瞬であり私の記憶の一部を形成する宝物となっ

た。

　コスタリカのフィールドにはあらゆる国からの研究者が集い，研究対象も虫，猿，鳥，植物などさまざまであったが，大自然の中にあってはひとときの家族であった。異なる国籍を持っていても，たとえ言葉があまり通じなくても，人間はみな同じように集って，食べて，会話する。おしゃべりの内容も同じようなものだ。乾季で水が不足すれば協力しあった。このように，私がフィールドワークを通して学んだことは，サルの行動に関することだけではない。蚊やダニに刺されて不快だったことは忘れても，日々新しいものに出会い感化されたことははっきりと記憶されている。個人的なことではあるが，博士研究でこのような体験をさせてもらえたことを感謝するとともに，机上で空想を膨らませるだけではなく，知らない世界へと一歩を踏み出すこすことの大切さを学んだ。日本に帰ってきて，ラボでの実験とコンピューターに向かう日々となっては重い腰を上げるのが億劫になってしまっていることへの自戒とともに，これからさまざまなことを学ぼうとする方々に知らない世界へと目を向け行動を起こすことの大切さを伝えられたら本望である。

謝辞

　大学院時代の指導教官であり，数々の助言と励ましの言葉をいただき，本稿にも多くのコメントをいただいた河村正二先生に深く感謝いたします。また，L. Fedigan, F. Aureli, C. Schaffner, A. Melin, E, Chacon, M, Vorobyev, S. Doucet 各氏，およびその他多くの方々の援助がなければ研究は遂行できませんでした。日本学術振興会からは研究費の援助をいただきました。ここに記して厚くお礼申しあげます。

引用文献

Allen, G. 1879. The color sense: its origin and development. Trubner.
Altmann, J. 1974. Observational study of behavior: sampling methods. *Behaviour* **49**: 227-267.
Arrese, C. A., L. D. Beazley & C. Neumeyer. 2006. Behavioural evidence for marsupial trichromacy. *Current Biology* **16**: R193-R194.
Arrese, C. A., N. S. Hart, N. Thomas, L. D. Beazley & J. Shand. 2002. Trichromacy in Australian marsupials. *Currend Biology* **12**: 657-660.
Caine, N. G. & N. I. Mundy. 2000. Demonstration of a foraging advantage for trichromatic marmosets (*Callithrix geoffroyi*) dependent on food colour. *Proceedings of the Royal Society of London Series B: Biological Sciences* **267**: 439-444.

Changizi, M. A., Q. Zhang & S. Shimojo. 2006. Bare skin, blood and the evolution of primate colour vision. *Biology Letters* **2**: 217-221.
Dacey, D. M. 2000. Parallel pathways for spectral coding in primate retina. *Annual Review of Neuroscience* **23**: 743-775.
Davies, W. L., L. S. Carvalho, J. A. Cowing, L. D. Beazley, D. M. Hunt & C. A. Arrese. 2007. Visual pigments of the platypus: A novel route to mammalian colour vision. *Current Biology* **17**: R161-R163.
De Araujo, M. P. F., E. M. Lima & V. F. Pessoa. 2006. Modeling dichromatic and trichromatic sensitivity to the color properties of fruits eaten by squirrel monkeys (*Saimiri sciureus*). *American Journal of Primatology* **68**: 1129-1137.
Deegan, J. F. & G. H. Jacobs. 1996. Spectral sensitivity and photopigments of a nocturnal prosimian, the bushbaby (*Otolemur crassicaudatus*). *American Journal of Primatology* **40**: 55-66.
De Valois, R. L. & K. K. De Valois. 1993. A multi-stage color model. *Vision Research* **33**: 1053-1065.
Di Fiore, A., A. Link & J. L. Dew. 2008. Diets of wild spider monkeys. *In*: Campbell, C. J. (ed.), Spider monkeys: behavior, ecology and evolution of the Genus Ateles, p.81-137. Cambridge University Press.
Dominy, N. J. & P. W. Lucas. 2001. Ecological importance of trichromatic vision to primates. *Nature* **410**: 363-366.
Dubuc, C., L. J. N. Brent, A. K. Accamando, M. S. Gerald, A. MacLarnon, S. Semple, M. Heistermann & A. Engelhardt. 2009. Sexual skin color contains information about the timing of the fertile phase in free-ranging *Macaca mulatta*. *International Journal of Primatology* **30**: 777-789.
Ebeling, W., R. C. Natoli & J. M. Hemmi. 2010. Diversity of color vision: not all Australian marsupials are trichromatic. *PLoS ONE* **5**: e14231.
Fedigan, L. M., A. D. Melin, J. F. Addicott & S. Kawamura. 2014. The heterozygote superiority hypothesis for polymorphic color vision is not supported by long-term fitness data from wild neotropical monkeys. *PLoS ONE* **9**: e84872.
Fernandez, A. A. & M. R. Morris. 2007. Sexual selection and trichromatic color vision in primates: Statistical support for the preexisting-bias hypothesis. *American Naturalist* **170**: 10-20.
Fletcher, R. & J. Voke. 1985. Defective colour vision: fundamentals, diagnosis and management. Adam Hilger Ltd.
Fragaszy, D. M., E. Visalberghi & L. M. Fedigan. 2004. The complete capuchin: the biology of the Genus *Cebus*. Cambridge University Press.
Gallo, P. G., L. Romana, M. Mangogna & F. Viviani. 2003. Origin and distribution of Daltonism in Italy. *American Journal of Human Biology* **15**: 566-572.
Goda, N., K. Koida & H. Komatsu. 2009. Colour representation in lateral geniculate nucleus and natural colour distributions. *In*: Tremeau, A., R. Schettini & S. Tominaga (eds.), Lecture note in computer science 5646: computational color imaging, p. 23-30. Springer.
Heesy, C. P. 2009. Seeing in stereo: the ecology and evolution of primate binocular vision and stereopsis. *Evolutionary Anthropology* **18**: 21-35.
Heesy, C. P. & C. F. Ross. 2001. Evolution of activity patterns and chromatic vision in primates:

morphometrics, genetics and cladistics. *Journal of Human Evolution* **40**: 111-149.
Higham, J. P., K. D. Hughes, L. J. N. Brent, C. Dubuc, A. Engelhardt, M. Heistermann, D. Maestripieri, L. R. Santos & M. Stevens. 2011 Familiarity affects the assessment of female facial signals of fertility by free-ranging male rhesus macaques. *Proceedings of the Royal Society of London Series B: Biological Sciences* **278**: 3452-3458.
平松千尋　2010. 霊長類における色覚の適応的意義を探る. 霊長類研究 **26**: 85-98.
Hiramatsu, C., A. D. Melin, F. Aureli, C. M. Schaffner, M. Vorobyev & S. Kawamura. 2009. Interplay of olfaction and vision in fruit foraging of spider monkeys. *Animal Behaviour* **77**: 1421-1426.
Hiramatsu, C., A. D. Melin, F. Aureli, C. M. Schaffner, M. Vorobyev, Y. Matsumoto & S. Kawamura. 2008. Importance of achromatic contrast in short-range fruit foraging of Primates. *PLoS ONE* **3**: e3356.
Hiramatsu, C., F. B. Radlwimmer, S. Yokoyama & S. Kawamura. 2004. Mutagenesis and reconstitution of middle-to-long-wave-sensitive visual pigments of New World monkeys for testing the tuning effect of residues at sites 229 and 233. *Vision Research* **44**: 2225-2231.
Hiramatsu, C., T. Tsutsui, Y. Matsumoto, F. Aureli, L. M. Fedigan & S. Kawamura. 2005. Color vision polymorphism in wild capuchins (*Cebus capucinus*) and spider monkeys (*Ateles geoffroyi*) in Costa Rica. *American Journal of Primatology* **67**: 447-461.
Hiwatashi, T., Y. Okabe, T. Tsutsui, C. Hiramatsu, A. D. Melin, H. Oota, C. M. Schaffner, F. Aureli, L. M. Fedigan, H. Innan & S. Kawamura. 2010. An Explicit signature of balancing selection for color-vision variation in New World monkeys. *Molecular Biology and Evolution* **27**: 453-464.
Humphrey, N. K. & G. R. Keeble. 1978. Effects of red light and loud noise on the rate at which monkeys sample the sensory environment. *Perception* **7**: 343-348.
Hunt, D. K., K. S. Dulai, J. A. Cowing, C. Julliot, J. D. Mollon, J. K. Bowmaker, W. Li & D. Hewett-Emmett. 1998. Molecular evolution of trichromacy in primates. *Vision Research* **38**: 3299-3306.
Hunt, D. M., A. J. Williams, J. K. Bowmaker & J. D. Mollon. 1993. Structure and evolution of the polymorphic photopigment gene of the marmoset. *Vision Research* **33**: 147-154.
Jacobs, G. H. 2008. Primate color vision: a comparative perspective. *Visual Neuroscience* **25**: 619-633.
Jacobs, G. H., J. F. Deegan, J. Neitz, M. Crognale & M. Neitz. 1993. Photopigments and color vision in the nocturnal monkey, *Aotus*. *Vision Research* **33**: 1773-1783.
Jacobs, G. H., G. A. Williams, H. Cahill & J. Nathans. 2007. Emergence of novel color vision in mice engineered to express a human cone photopigment. *Science* **315**: 1723-1725.
Jacobs, G. H. & J. F. Deegan. 2003. Photopigment polymorphism in prosimians and the origins of primate trichromacy *In*: J. D. Mollon, J. Pokorny & K. Knoblauch (eds.), Normal and defective colour vision, p.14-21. Oxford University Press.
Jacobs, G. H., M. Neitz, J. F. Deegan & J. Neitz. 1996a. Trichromatic colour vision in New World monkeys. *Nature* **382**: 156-158.
Jacobs, G. H., M. Neitz & J. Neitz. 1996b. Mutations in S-cone pigment genes and the absence of colour vision in two species of nocturnal primate. *Proceedings of the Royal Society of London Series B: Biological Sciences* **263**: 705-710.

Kawamura, S., M. Hirai, O. Takenaka, F. B. Radlwimmer & S. Yokoyama. 2001. Genomic and spectral analyses of long to middle wavelength-sensitive visual pigments of common marmoset (*Callithrix jacchus*). *Gene* **269**: 45-51.

Kawamura, S. & N. Kubotera. 2003. Absorption spectra of reconstituted visual pigments of a nocturnal prosimian, *Otolemur crassicaudatus*. *Gene* **321**: 131-135.

Kawamura, S. & N. Kubotera. 2004. Ancestral loss of short wave-sensitive cone visual pigment in lorisiform prosimians, contrasting with its strict conservation in other prosimians. *Journal of Molecular Evolution* **58**: 314-321.

Khan, S. A., W. J. Levine, S. D. Dobson & J. D. Kralik. 2011. Red signals dominance in male rhesus macaques. *Psychological Science* **22**: 1001-1003.

Lennie, P. & M. D' Zmura. 1988. Mechanisms of color vision. *Critical Reviews in Neurobiology* **3**: 333-400.

Lyon, M. F. 1961. Gene action in X-chromosome of mouse (*Mus musculus* L). *Nature* **190**: 372-373.

Maloney, L. T. & B. A. Wandell. 1986. Color constancy: a method for recovering surface spectral reflectance. *Journal of the Optical Society of America* **3**: 29-33.

Melin, A. D., L. M. Fedigan, C. Hiramatsu, C. L. Sendall & S. Kawamura. 2007. Effects of colour vision phenotype on insect capture by a free-ranging population of white-faced capuchins, *Cebus capucinus*. *Animal Behaviour* **73**: 205-214.

Melin, A. D., L. M. Fedigan, C. Hiramatsu & S. Kawamura. 2008. Polymorphic color vision in white-faced capuchins (*Cebus capucinus*): Is there foraging niche divergence among phenotypes? *Behavioral Ecology and Sociobiology* **62**: 659-670.

Melin, A. D., L. M. Fedigan, C. Hiramatsu, T. Hiwatashi, N. Parr & S. Kawamura. 2009. Fig foraging by dichromatic and trichromatic *Cebus capucinus* in a tropical dry forest. *International Journal of Primatology* **30**: 753-775.

Mollon, J. D. 1989. Tho she kneeld in that place where they grew... The uses and origin of primate color-vision. *Journal of Experimental Biology* **146**: 21-38.

Mollon, J. D., J. K. Bowmaker & G. H. Jacobs. 1984. Variations of color-vision in a NewWorld primate can be explained by polymorphism of retinal photopigments. *Proceedings of the Royal Society of London Series B: Biological Sciences* **222**: 373-399.

Morgan, M. J., A. Adam & J. D. Mollon. 1992. Dichromates detect colour-camouflaged objects that are not detected by trichromates. *Proceedings of the Royal Society of London Series B: Biological Sciences* **248**: 291-295.

Mullen, K. T. 1985. The contrast sensitivtity of human color-vision to red green and blue yellow chromatic gratings. *Journal of Physiology-London* **359**: 381-400.

Nathans, J., T. P. Piantanida, R. L. Eddy, T. B. Shows & D. S. Hogness. 1986a. Molecular genetics of inherited variation in human color vision. *Science* **232**: 203-210.

Nathans, J., D. Thomas & D. S. Hogness. 1986b. Molecular genetics of human color vision: the genes encoding blue, green, and red pigments. *Science* **232**: 193-202.

Onishi, A., S. Koike, M. Ida-Hosonuma, H. Imai, Y. Shichida, O. Takenaka, A. Hanazawa, H. Komatsu, A. Mikami, S. Goto, B. Suryobroto, A. Farajallah, P. Varavudhi, C. Eakavhibata, K. Kitahara & T. Yamamori. 2002. Variations in long- and middle-wavelength-sensitive opsin gene loci in crab-eating monkeys. *Vision Research* **42**: 281-292.

Onishi, A., S. Koike, M. Ida, H. Imai, Y. Shichida, O. Takenaka, A. Hanazawa, H. Komatsu, A.

Mikami, S. Goto, B. Suryobroto, K. Kitahara, T. Yamamori & H. Konatsu. 1999. Dichromatism in macaque monkeys. *Nature* **402**: 139-140.

Osorio, D., A. C. Smith, M. Vorobyev & H. M. Buchanan-Smith. 2004. Detection of fruit and the selection of primate visual pigments for color vision. *American Naturalist* **164**: 696-708.

Parraga, C. A., T. Troscianko & D. J. Tolhurst. 2002. Spatiochromatic properties of natural images and human vision. *Current Biology* **12**: 483-487.

Peichl, L., G. Behrmann & R. H. Kröger. 2001. For whales and seals the ocean is not blue: a visual pigment loss in marine mammals. *European Journal of Neuroscience* **13**: 1520-1528.

Post, R. H. 1962. Population differences in red and green color-vision deficiency - a review, and a query on selection relaxation. *Eugenics Quarterly* **9**: 131-146.

Regan, B. C., C. Julliot, B. Simmen, F. Vienot, P. Charles-Dominique & J. D. Mollon. 2001. Fruits, foliage and the evolution of primate colour vision. *Philosophical Transactions of the Royal Society B: Biological Sciences* **356**: 229-283.

Riba-Hernandez, P., K. E. Stoner & D. Osorio. 2004. Effect of polymorphic colour vision for fruit detection in the spider monkey *Ateles geoffroyi*, and its implications for the maintenance of polymorphic colour vision in platyrrhine monkeys. *Journal of Experimental Biology* **207**: 2465-2470.

Rodieck, R. W., 1998. The first steps in seeing. Sinauer Associates.

Saito, A., A. Mikami, S. Kawamura, Y. Ueno, C. Hiramatsu, K. A. Widayati, B. Suryobroto, M. Teramoto, Y. Mori, K. Nagano, K. Fujita, H. Kuroshima & T. Hasegawa. 2005. Advantage of dichromats over trichromats in discrimination of color-camouflaged stimuli in nonhuman primates. *American Journal of Primatology* **67**: 425-436.

Schneider, H. 2000. The current status of the New World monkey phylogeny. *Anais de Academia Brasileira de Ciencias* **72**: 165-172.

Shimooka, Y., C. J. Campbell, A. Di Fiore, A. M. Felton, K. Izawa, A. Link, A. Nishimura, G. Ramos-Fernandez & R. B. Wallace. 2008. Demography and group composition of Ateles. *In*: Spider monkeys: behavior, ecology and evolution of the Genus Ateles, p. 329-348. Cambridge University Press.

Smith, A. C., H. M. Buchanan-Smith, A. K. Surridge & N. I. Mundy. 2003a. Leaders of progressions in wild mixed-species troops of saddleback (*Saguinus fuscicollis*) and mustached tamarins (*S. mystax*), with emphasis on color vision and sex. *American Journal of Primatology* **61**: 145-157.

Smith, A. C., H. M. Buchanan-Smith, A. K. Surridge, D. Osorio & N. I. Mundy. 2003b. The effect of colour vision status on the detection and selection of fruits by tamarins (*Saguinus* spp.). *Journal of Experimental Biology* **206**: 3159-3165.

Smith, A. C., A. K. Surridge, M. J. Prescott, D. Osorio, N. I. Mundy & H. M. Buchanan-Smith. 2012. Effect of colour vision status on insect prey capture efficiency of captive and wild tamarins (*Saguinus* spp.). *Animal Behaviour* **83**: 479-486.

Soares, J. G. M., M. Fiorani, E. A. Araujo, Y. Zana, D. M. O. Bonci, M. Neitz, D. F. Ventura & R. Gattass. 2010. Cone photopigment variations in Cebus apella monkeys evidenced by electroretinogram measurements and genetic analysis. *Vision Research* **50**: 99-106.

Sumner, P. & J. D. Mollon. 2000a. Catarrhine photopigments are optimized for detecting targets against a foliage background. *Journal of Experimental Biology* **203**: 1963-1986.

Sumner, P. & J. D. Mollon. 2000b. Chromaticity as a signal of ripeness in fruits taken by primates. *Journal of Experimental Biology* **203**: 1987-2000.

Sumner, P. & J. D. Mollon. 2003. Colors of primate pelage and skin: objective assessment of conspicuousness. *American Journal of Primatology* **59**: 67-91.

Surridge, A. K. & N. I. Mundy. 2002. Trans-specific evolution of opsin alleles and the maintenance of trichromatic colour vision in Callitrichine primates. *Molecular Ecology* **11**: 2157-2169.

Surridge, A. K., D. Osorio & N. I. Mundy. 2003. Evolution and selection of trichromatic vision in primates. *Trends in Ecology & Evolution* **18**: 198-205.

Surridge, A. K., A. C. Smith, H. M. Buchanan-Smith & N. I. Mundy. 2002. Single-copy nuclear DNA sequences obtained from noninvasively collected primate feces. *American Journal of Primatology* **56**: 185-190.

Talebi, M. G., T. R. Pope, E. R. Vogel, M. Neitz & N. J. Dominy. 2006. Polymorphism of visual pigment genes in the muriqui (Primates, Atelidae). *Molecular Ecology* **15**: 551-558.

Tan, Y. & W. H. Li. 1999. Trichromatic vision in prosimians. *Nature* **402**: 36.

Terao, K., A. Mikami, A. Saito, S. Itoh, H. Ogawa, O. Takenaka, T. Sakai, A. Onishi, M. Teramoto, T. Udono, Y. Emi, H. Kobayashi, H. Imai, Y. Shichida & S. Koike. 2005. Identification of a protanomalous chimpanzee by molecular genetic and electroretinogram analyses. *Vision Research* **45**: 1225-1235.

鵜飼一彦・花沢明俊・古賀一男・篠森敬三・内川惠二・佐藤雅之 2007. 視覚I―視覚系の構造と初期機能―朝倉書店.

Veilleux, C. C. & D. A. Bolnick. 2009. Opsin gene polymorphism predicts trichromacy in a Cathemeral lemur. *American Journal of Primatology* **71**: 86-90.

Vogel, E. R., M. Neitz & N. J. Dominy. 2007. Effect of color vision phenotype on the foraging of wild white-faced capuchins, *Cebus capucinus*. *Behavioral Ecology* **18**: 292-297.

Vollrath, D., J. Nathans & R. W. Davis. 1988. Tandem array of human visual pigment genes at XQ28. *Science* **240**: 1669-1672.

Vorobyev, M. 2004. Ecology and evolution of primate colour vision. *Clinical and Experimental Optometry* **87**: 230-238.

Wang, Y., P. M. Smallwood, M. Cowan, D. Blesh, A. Lawler & J. Nathans. 1999. Mutually exclusive expression of human red and green visual pigment-reporter transgenes occurs at high frequency in murine cone photoreceptors. *Proceedings of the National Academy of Sciences of the United States of America* **96**: 5251-5256.

Wang, Y., J. P. Macke, S. L. Merbs, D. J. Zack, B. Klaunberg, J. Bennett & J. Nathans. 1992. A locus control region adjacent to the human red and green visual pigment genes. *Neuron* **9**: 429-440.

Wikler, K. C. & P. Rakic. 1990. Distribution of photoreceptor subtypes in the retina of diurnal and nocturnal primates. *The Journal of Neuroscience* **10**: 3390-3401.

Yokoyama, S. 2000. Molecular evolution of vertebrate visual pigments. *Progress in Retinal and Eye Research* **19**: 385-419.

第6章 環境が生み出す新しい種：
光環境への適応がもたらす
シクリッドの種分化

寺井 洋平 （総合研究大学院大学）

　現在地球上には300万〜500万の生物の「種」が生息しているといわれている。この膨大な数の生物が生態的，形態的にそれぞれ異なり，お互いに相互作用することによって生物の多様性を作り出している。このような生物の多様性がどのように創り出されてきたか？ということを聞かれれば，多くの人は「長い時間をかけて生物は進化してきて，現在の多様性が創り出されてきた」と答えるだろう。しかし，それではどのように進化が起こってきたかを聞かれれば，「時間とともにゲノム中にDNAの変異が蓄積されて……」と答えにつまってしまうのではないか。このように生物多様性が創出されてきた機構，つまり生物がどのように進化してきたかは，生物学上の最も基本的な現象であるにもかかわらず，あまり知られていない。本章ではこの生物多様性創出の機構をシクリッドという小型魚類の光環境への適応を通して説明する。

　それでは，生物多様性はどのようにして生まれてきたのだろうか？　ゲノム中のDNA上に1つの塩基置換（変異）が起きて，その置換により個体の生存が有利（適応的）になる形質を持つとする。そのような変異を持つ個体は生存に有利なため多くの子孫を残し，数十〜数百世代後にはその種のすべての個体がその変異を持つに至る。これは1つの種の中で起きた進化であり，生存に有利な変異とそれによる形質を獲得したことになる。もし1つの種が生態や形態を進化させてきたとしても，種の分化を伴わなければ過去から現在まで1つの種だけが地球上に存在しただけであったと考えられる。しかし，1つの種の集団が2つに分かれ，お互いに遺伝的交流（交配）がなくなればそれぞれの集団が独立に異なった生態，形態を獲得することが可能となる。この1つの集団から2つの遺伝的交流のない集団への分化の過程が種分化である。生物は進化の歴史のなかで数えきれない程の回数の種分化を繰り返し，遺伝的交流のない独立した集団を数多くつくり出してきた。そしてそれぞれの集団が独自の生態，形態を獲得することにより現在の生物多様性を創り出してきたと考えられる。つまり，種分化は生物の多様性を創り出してきた原動力である。

独立した集団や種がそれぞれ異なった生態や形態を獲得するには適応がかかわっており，上で述べたように個体の生存に有利な塩基置換とそれによる形質の獲得により適応進化が起こる。近年，種分化のうち，適応の過程が引き起こす種分化の機構が徐々に明らかになってきた。本章では，シクリッドの研究により明らかになってきたこの種分化の機構について紹介する。

1. シクリッドとは

　シクリッドは，スズキ目カワスズメ科魚類の総称である。シクリッドは熱帯の淡水域に生息しており，アフリカ，中南米，インド，マダガスカルに分布する。そのなかでもアフリカの湖で爆発的な種分化を起こしてきたシクリッドがよく知られている。東アフリカの大地溝帯にはヴィクトリア湖，タンガニイカ湖，マラウイ湖の三大湖があり，それぞれの湖に湖固有の数百種ものシクリッドが生息している（Fryer & Iles, 1972; Seehausen, 1996; Turner et al., 2001）。これらの種は生態的，形態的に非常に多様化しており，またそれぞれの湖で独自に進化してきたと考えられているため進化生態学者の研究対象として注目を集めてきた（図1）。

　そのなかでもヴィクトリア湖に生息するシクリッドは種分化を研究するのに最も適した生物の系である。なぜなら，これらの固有の種は進化的に見て非常に最近の短期間に繰り返し種分化を起こしてきており，起こったばかり，もしくは現在進行形の種分化を研究できるからである。この最近に起きた短期間の種分化の根拠は2つあり，その1つが湖の成立年代である。三大湖の中でタンガニイカ湖は古い湖で，その成立年代が900～1200万年と推定されており，次いでマラウイ湖が古く200～500万年と推定されている（Cohen et al., 1997; Cohen et al., 1993; Delvaux, 1995）。ヴィクトリア湖は成立年代が若く25～75万年前と推定されており，さらに更新世の終わりに湖が完全に干上がり，現存の湖は1万5000年ほど前から水に満たされ生じたと推定されている（Johnson et al., 1996）。そのため，この湖に生息する500種ものシクリッドは非常に短期間に種分化を繰り返して生じてきたと考えられている。

　ヴィクトリア湖のシクリッドの種の新しさの2つめの根拠は分子生物学的な証拠である。ミトコンドリアDNAの塩基配列の解析から，ヴィクトリア湖内の種間の遺伝的距離（DNAの違い）はマラウイ湖内の種間と比べて1/10程度であることが報告されている（Joyce et al., 2005; Nagl et al., 2000）。また核ゲノムの多型（ゲノム上の同じ位置の塩基が1つの種内の個体間で異なること）からも最近に起きた種

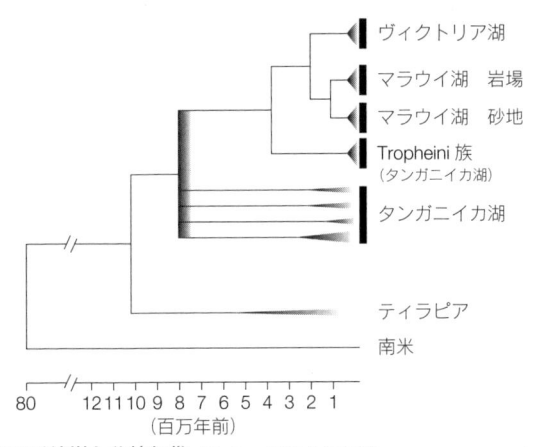

図1 シクリッドの系統樹と分岐年代 (Kocher, 2004 より改変)

分化の形跡が見られる。一般にある祖先種から新しい種が分化したとき，この祖先種が種内に持っていた中立的な（生存に有利でも不利でもない）塩基置換の多型は種分化が起きてから時間が経つにつれて遺伝的浮動（偶然による頻度の変化）により新しい種から失われていく。しかし，種分化が起きてからの時間が短い場合は祖先種の多型が種分化後の種にそのまま維持されていることがある。実際にヴィクトリア湖の種では祖先種からの多型がまだ維持されており，多くの種で同じゲノム上の位置に多型を観察することができる（図2，Maeda et al., 2009; Nagl et al., 1998; Nagl et al., 2000; Seehausen et al., 2008; Terai et al., 2004）。このことからもヴィクトリア湖の種は種分化が起きてからあまり時間が経っていないことがわかる。

このような最近に起きた種分化の遺伝的背景を利用すると種分化に関与した遺伝子の候補を探すことができる。中立的な変異とは対照的に，もし1つの変異がある種の個体の生存に有利ならば，このような変異は種内に急速に広まり，種特異的に固定した変異として観察することができると期待される（図2，Terai et al., 2002）。つまり，種特異的に固定された変異がヴィクトリア湖のシクリッドで見られたならば，その変異もしくはその変異を持つ遺伝子は種分化や適応に関係してきた可能性が高いと考えられる。この方法を用いて種分化に関与した遺伝子の探索を行ったのであるが，ヴィクトリア湖のシクリッドを用いた種分化の研究を紹介する前に，次に簡単に種分化について説明をする。

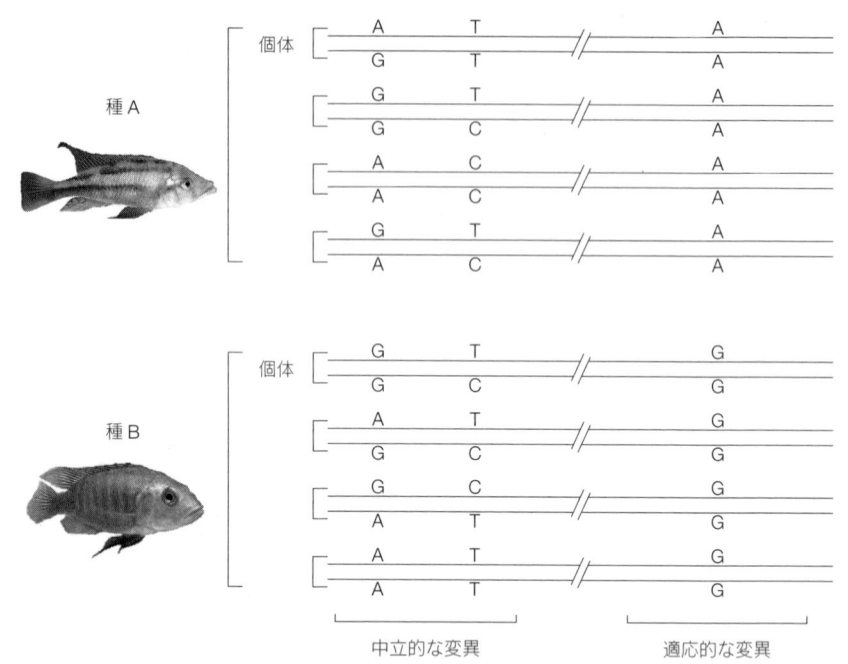

図2 ヴィクトリア湖シクリッドの種間の遺伝的背景の模式図（Terai & Okada, 2011 を改変）
中立的な変異はある種で多型が見られると他の種でも同じ位置の多型が見られる（種特異的ではない）。それとは対照的に適応的な変異は種特異性を示している。

2. 種分化とは

　初めに，これまで種分化がどのように起こると考えられてきたか，そのモデルについて説明する。種分化とは，1つの種が遺伝的交流のない（交配しない）2つの種に分化する過程である。つまり，2集団間の遺伝的交流の断絶の過程が種分化である。ここで種とは生物学的な種（Mayr, 1942）であり，これは野生での状態を意味しているため実験室内で2種を交配させ雑種が形成されたからといってそれらの種が同一の種であることを意味しているわけではない。種分化は，それが起こるときの集団間の遺伝的交流の程度から3つのモデルに大別される（Coyne & Orr, 2004）。1つめは，完全に物理的に隔てられた遺伝的交流のない2つの集団から起こる種分化であり，異所的種分化と呼ばれている。2つめのモデルは任意交配（自由に相手を選び完全に交流している）を行っている1つの集団から起こる種分化である。このモデルでは初めの集団の中で個体は自由に交配を行っているが，それが徐々に遺伝的交流のない2つの集団に分化する。このモデルは1つの同じ場所で

種分化が起こると仮定しているため，**同所的種分化**と呼ばれている。同所的種分化が実際に起こってきたかについてはまだ議論されており，確実な証拠はまだない。最後のモデルは2つの集団がある程度制限された遺伝的交流のある状態から起こる種分化である。それぞれの集団間で個体の交流はあるが完全に自由に交流しているわけではなく，ある程度制限されている。その制限された交流がだんだん少なくなり最後には完全になくなって種分化が起こる。このモデルは**側所的種分化**と呼ばれており，環境への適応が重要だと考えられている。初めに変化のある環境に広く分布していた1つの種が，次第にそれぞれの生息環境へ適応して集団が分化していく。適応した集団間で個体の交流はあるがそれほど多くはなく，その交流が徐々になくなり種分化が起こる。このように種分化が起きたならば，近縁種は隣接した環境に分布していると考えられる。

　遺伝的交流の断絶の過程が種分化であることは上で述べたが，次に生物はどのようにして遺伝的交流を断絶しているか，つまり生殖的隔離について説明をする。生殖的隔離は接合（受精）の前の隔離機構と後の隔離機構に大別できる。接合前隔離は繁殖の時間，場所，行動や配偶者選択などが2集団で異なることにより，配偶子の接合が起こらなくなり遺伝的交流がなくなることである。接合後隔離は分化した2集団間で配偶子が接合し雑種を形成した場合，その雑種個体が不稔，致死，発生異常などにより適応度が低下し次世代を残せないことである。

　それでは実際にヴィクトリア湖のシクリッドが経験してきた種分化はどのモデルが一番近いのか，またどのように種は生殖的に隔離されているか，ヴィクトリア湖の種の現在の状況から考察してみる。ヴィクトリア湖のシクリッドは1つの湖の中で種分化を起こしてきたため，同所的種分化を起こしてきたのではないかという説がこれまでしばしば挙げられてきた。しかし実際には，岩場に生息する種は定住性が強く他の岩場から遺伝的に分化した集団（完全に自由に交流をしていない集団）を形成しており，物理的障害のない沖合性の種でさえも同様に遺伝的に分化した集団を形成している (Maeda et al., 2009; Seehausen et al., 2008)。つまり，集団間で自由に交配していない，分化した多くの集団が存在しており，たとえ現在それらの集団から種分化が起こったとしても，自由に交配している集団から始まる同所的種分化には当てはまらないであろう。

　それでは他のモデルはどうだろうか。ヴィクトリア湖の種で観察される遺伝的に分化した集団は，集団間の個体の交流がある程度制限されていることを示している。またヴィクトリア湖は水中の環境が変化に富んでおり，シクリッドの種はこの変化のある環境に分布して，遺伝的に分化した集団を形成している。このような集団の

間の遺伝的交流がなくなり，種分化に至れば，それは側所的種分化のモデルに当てはまる。また近縁な種は，湾の入り口と湾の奥，湾内と湾の外，少しの水深の違いといった隣接した環境に分布していることが多く（Seehausen, 1996），これも側所的種分化で予想されることである。そのため，ヴィクトリア湖では側所的種分化が多く起こってきたのではないかと考えられる。

次にどのようにそれぞれの種が生殖的に隔離されているか説明する。ヴィクトリア湖のシクリッドのそれぞれの種は交配相手の選択により同種の個体と交配するが，交配相手を選べない特殊な条件（特殊な光の条件下や選択の余地がない条件など）で交配させると稔性のある雑種が形成される。つまり，接合前隔離により生殖的に隔離されている。

ここで述べたようにヴィクトリア湖のシクリッドの種分化は側所的種分化が起きてきた可能性が推測され，配偶者選択により接合前隔離が成立していると考えられる。それでは実際にどのような機構で種分化は起こってきたのだろうか。

3. 視覚による配偶者選択

シクリッドの保育様式には，石や貝に卵を産みつけ卵と稚魚の世話をする基質産卵型と，親が卵と稚魚を口の中で保護する口内保育型がある。ヴィクトリア湖の種はすべて口内保育型であり，母親だけが卵と稚魚の世話をする。つまりメスの子供の世話への投資がオスより大きい。その分オスはより多くのメスと交配できるように繁殖のための形質に多くの投資をし，オス間でメスをめぐる競争をしている。そのためオスの繁殖形質が繁殖成功率が高くなるように進化し，オスとメスの形態が異なる性的二型が生じている。このようなオスの繁殖形質の1つに婚姻色（繁殖期に見られる体色）がある。ヴィクトリア湖のシクリッドではオスは派手な婚姻色を，メスは隠蔽的な体色を呈しており，体色の性的二型が見られる。オスは繁殖の際に婚姻色を呈してメスにディスプレイし，メスはオスを選択して交配する。このような配偶者選択の際，メスが同種のオスの婚姻色を選択し，他の色の種の婚姻色を選択しないことから，配偶者選択により生殖的隔離が維持されている。そのためオスの婚姻色の分化とメスの選択する色の分化がシクリッドの種分化を引き起こしていると考えられている。実際に婚姻色を呈す種が多く含まれるシクリッドの系統は種数が多く，配偶者選択はシクリッドの種分化において主要な原動力であると考えられている（Seehausen, 2000）。

シクリッドの配偶者選択についてもう少し詳しく紹介する。メスがオスの婚姻色

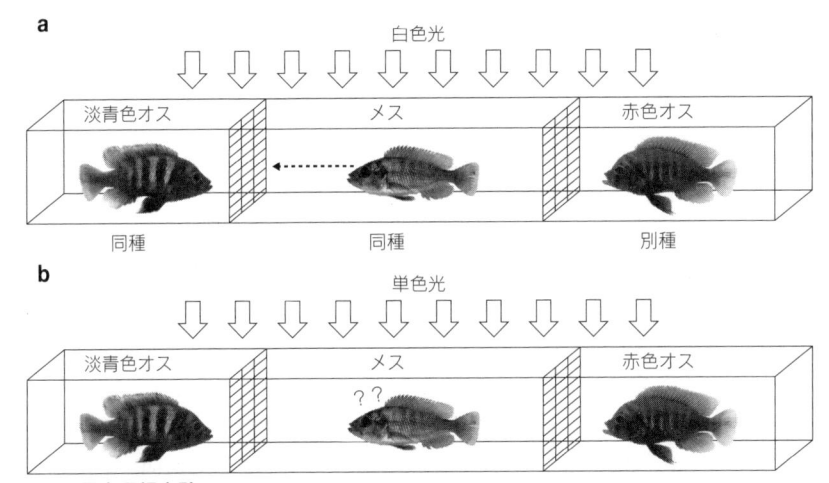

図3 配偶者選択実験 (Seehausen et al., 1998 より改変)
a: 白色光の下でメスは同種のオスを選ぶが，**b**: 単色光の下では色覚を使うことができず，メスは同種のオスを選ぶことができない。口絵12-c, d も参照。

を選んでいることは前述したが，それではメスはどのような感覚を用いてオスの婚姻色を認識して選んでいるのだろうか？　実験室内の配偶者選択実験において，メスは白色光の下では同種のオスを選択するが，色覚が使えない単色光の下（モノクロに見える）では同種のオスを選択できないこと（図3, Seehausen & van Alphen, 1998），また別の実験でメスはより際立ったオスの色を選ぶこと（Maan et al., 2004）が報告されている。これらのことからメスは視覚を使ってオスを選択しており，その中でも色覚を用いているのである。

それでは，どのような色のオスを選ぶのだろうか？　Maan らは淡青色と赤色の婚姻色の2種を用いて，どの色の光に感受性が高い（高感度）かを調べた。その結果淡青色の種は青色光に，赤色の種は赤色光に感受性が高いことが示された（Maan et al., 2006）。つまり，感度よく色覚に受容されるような"目立つ色"を婚姻色として選択しているのである。魚の眼で見る像をイメージするのは難しいかもしれないが，より明るく際立って見える婚姻色を選んでいるのだと思われる（何色が好みというわけではない）。また種ごとに選ぶ色が異なるのは，種ごとに色覚による色の感受性が異なるためだと考えられる。それでは，どのようにしてシクリッドにとって目立つ色は決まるのだろうか？　それを知るために，次にシクリッドの視覚について説明する。

4. シクリッドの視覚

　ヴィクトリア湖の種において，網膜に存在して光を吸収する視細胞の光感受性が種間で異なることが以前より報告されていた。ヴィクトリア湖の種の錐体細胞（色を見る視細胞。**第1章を参照**）はシングル錐体細胞とダブル錐体細胞の2つのタイプの細胞から構成されている。シングル錐体細胞は単一の錐体細胞で短波長（青色）の光に感受性があり，ダブル錐体細胞は2つの錐体細胞が横並びにつながった形態をしており中間の波長（緑色）と長波長（赤色）の光に感受性があるタイプが存在する。視細胞は光を吸収し，最も吸収される光の波長を最大吸収波長（λmax）という。ヴィクトリア湖の種ではこのダブル錐体細胞の光感受性が種間で異なり，その最大吸収波長は中間の波長感受性の細胞で522～538 nm，長波長感受性の細胞で565～594 nm の範囲で種ごとに異なっていた（Smit & Anker, 1997; van der Meer & Bowmaker, 1995）。このような光感受性の違いが報告された時点では，その違いがどのような遺伝的要因で生じるかということは明らかになっていなかった。後にその疑問はオプシン遺伝子の研究により明らかにされた。

　光の感受性については**第1章**にまとめられているが，ここで簡単に淡水魚での光感受性を説明する。光は網膜の視細胞に存在する視物質によって吸収され，光感受性はこの視物質によって異なる。つまり，ある種にとって感受性の高い色はその種が持つ視物質によって決まっている。視物質はタンパク質成分のオプシンと発色団（光を吸収する分子）のレチナールからなり，淡水魚ではA1 レチナール（11-*cis* retinal）と A2 レチナール（11-*cis* 3,4 dehydroretinal）を発色団として用いている（Shichida, 1999; Yokoyama, 2000, コラム4）。視物質の光感受性は発色団の種類（A1, A2 レチナール）と発色団を取り囲むオプシンによって調節されている。A1 レチナールに比べ A2 レチナールは炭素間二重結合が1つ多く存在するためオプシンが同じであっても，A2 レチナールを取り込んだとき視物質は長波長にシフトした吸収（吸収が全体的に長波長側に移動）を持つ（Harosi, 1994）。

　シクリッドでは8種類のオプシンが報告されており（図4），その中でヴィクトリア湖のシクリッドでは4種類の色覚を担うオプシン（青緑感受性：SWS2A，緑感受性：RH2Aβ と RH2Aα，黄～赤感受性：LWS）と薄明視を担うオプシン（RH1）を発現している（Carleton & Kocher, 2001; Parry *et al.*, 2005; Sugawara *et al.*, 2005; Terai *et al.*, 2006）。これらのオプシンの特徴を考えると，上で述べたような錐体細胞の光感受性の違いは，緑感受性の *RH2Aβ* と *RH2Aα*，黄～赤感受性の *LWS* 遺伝子が原因になっていると予想される。それではオプシン遺伝子は種ごとの色覚の感受性の

a 錐体オプシン

SWS1 紫外 / SWS2B 青 / SWS2A 青緑 / RH2B 緑 / RH2Aβ 緑 / RH2Aα 緑 / LWS 赤

波長（nm）

b 桿体オプシン

RH1 薄明視

波長（nm）

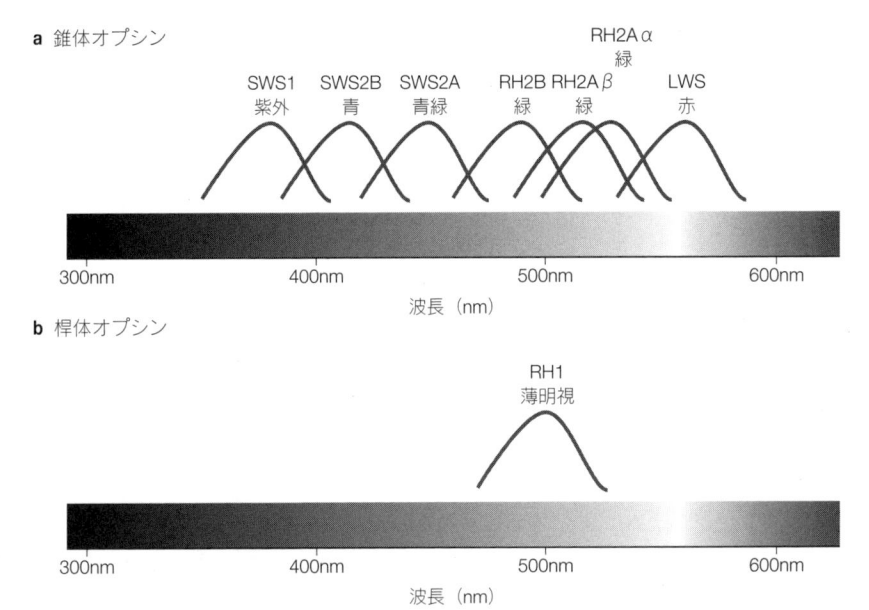

図4　シクリッドの錐体オプシン（a）と桿体オプシン（b）（Terai & Okada, 2011を改変）
それぞれの曲線は視物質の吸収を模式的に示している。曲線のピークの上にはオプシン遺伝子とその視物質が吸収する光の色を示している。

違いをつくり出し，種分化にかかわってきたのだろうか？　ヴィクトリア湖の種の遺伝的背景を利用し，種分化に関与した遺伝子の候補を探索する方法については先に述べた。実際にこの方法で種特異的な変異を持つ遺伝子をオプシンだけでなく多くの遺伝子の中から探索した。そしてLWS遺伝子の種間の多様性が大きく，また変異が種特異的であることを見いだした（Terai et al., 2002）。そのため，LWS遺伝子は種特異的な適応や種分化にかかわってきたのではないかと私たちは考え，研究を進めた。次にこのLWS遺伝子がかかわる種分化の研究を紹介する。

5. 視覚の適応が引き起こす種分化

　ヴィクトリア湖のシクリッドで側所的種分化が起こってきた可能性については先に述べたが，ここでもう少し詳しく説明する。側所的種分化では，初めに変化のある環境に広く分布していた1つの種が，次第にそれぞれの生息環境へ"生態形質"を適応させ，集団が分化していく。そのような生態形質には採餌行動にかかわる形質や外敵からの逃避行動にかかわる形質などがある。そして異なる環境に適応した

生態形質が配偶者選択にも同時にかかわる感覚器であるとき，**感覚器適応種分化** (speciation by sensory drive)*と呼ばれるモデルで種分化が起こると提唱されている (Boughman, 2002; Endler, 1992; Terai & Okada, 2011)。このモデルではオスとメスの間で繁殖のために情報（シグナル）が交わされ，そのシグナルは配偶相手を強く引きつけることが仮定されている。つまりシグナルを発する側は，それを受容する側の感覚器を強く刺激する感度のよいシグナルを発することが仮定されている。実際に性的二型がありオスがメスにディスプレイして交配相手を誘う多くの生物の種では，メスは際立って目立つオスにより強く引きつけられることが知られている。際立って目立つオスを見て認識する場合，感覚は視覚であり，認識を匂い（化学物質）で行う場合，感覚は嗅覚である。ヴィクトリア湖のシクリッドではメスは視覚に感度よく受容される色のオスを選ぶことは先述したが，それはこのモデルの仮定によく当てはまる。

このようなシグナル受容の感覚器が異なる環境に生息する集団でそれぞれの環境に適応したとする。その場合，繁殖のためのシグナルはそれぞれの適応した感覚器に感度よく受容されると繁殖成功率が高い。そのため次世代では感度良く受容されるシグナルを発する個体が多くなり，世代を重ねると適応した感覚器を持つ集団ごとにそれぞれ異なるシグナルを発するように進化する。感覚器とシグナルが集団間で分化すると，別の集団の個体のシグナルは感度良く受容されなくなる。そしてそれぞれの集団で感覚器に感度のよいシグナルを発する相手と交配することで別の集団の個体とは交配をすることがなくなり2つの集団が生殖的に隔離され種分化に至る。これが感覚器適応種分化のモデルである。感覚器適応種分化のモデルでは適応が起こるとその副産物（by-product）として生殖的隔離が生じる。

それでは本当にこのようなモデルで種分化は起こるのだろうか？ Kawataらは，この感覚器適応種分化のモデルに実際の視覚の光感受性にかかわる視物質と光感受性を変える変異，生息光環境，メスを引きつけるオスの体色を当てはめて種分化のシミュレーションを行った。それにより，環境に光の波長成分の勾配（変化）がある場合に種分化が起こりうることが示された (Kawata *et al.* 2007)。それでは実際に光の波長成分に勾配があるような環境は存在するのだろうか。光の波長成分の勾配といわれても読者はあまりイメージできないかもしれないが，陸上においても日なた，日陰，森の中，人工照明の下などで波長成分は異なっている。余談になるが店で好みの色の服を買ったつもりでも外に出てみると色が違うと感じることなど

＊：直訳は「感覚駆動種分化」であるが，適応が必須な過程のためこの日本語訳を用いている。

も光の波長成分が異なるためである。また自然界では水中での光の波長成分の勾配がよく知られている。水中では水に溶解している物質の成分などの条件で，水が光フィルターの役割をして水面から透過してくる光の波長成分が変化する。30 m より深い海では赤色の光の成分が減少しているため，マダイの赤い体色が赤色の光を反射できずグレーに見えることなどは有名な例である。ヴィクトリア湖の水中の光の波長成分はよく研究されており，透明度，深さによって存在する波長成分が大きく変化することが報告されている (Seehausen et al., 2008; van der Meer & Bowmaker, 1995)。つまり多くのシクリッドの種は光の波長成分の勾配の中に生息しており，感覚器適応種分化を起こしてきた可能性がある。次にシクリッドにおける感覚器適応種分化の例を2つ説明する。

1つめの例として"透明度の違いにより異なる光環境"への適応と種分化について紹介する (Terai et al., 2006)。Terai らは岩場に生息する4種のシクリッドを異なる透明度の岩場 (35〜258 cm: 図5-a) から採集して研究を行った。ここで注意したいのは用いている透明度である。透明度が低いとあまり見えないという先入観を持たないように，ここで透明度について説明する。この透明度はヒトの眼で見たときに見える水面からの距離の限界である。しかし実際に生息しているシクリッドは視覚がその環境に適応しており，もっと離れたところまで見えていると思われる。そのため透明度は水質の指標として用いている。研究に用いた4種は生息水深が異なっており，*Neochromis rufocaudalis* と *Pundamilia pundamilia* は浅場に生息し (〜2 m)，*Mbipia mbipi* は少し深め，*N. greenwoodi* はさらに深めに生息している (図5-b)。*Mbipia mbipi* と *N. greenwoodi* の生息水深は透明度によって異なり，透明度が低いほど浅い水深に分布しているが，それぞれおおよそ1〜5, 2〜7 m 程度である。異なる透明度の岩場からシクリッドを採集し生息水深の異なる種を用いている理由は，透明度による光環境の変化への影響が水深により異なるためである。浅い水中では透明度の違いによって光環境はあまり影響を受けない。しかし水深が深くなるほど，同じ水深であっても透明度の違いにより水中の光環境は変化し，透明度が低いほど長波長の黄〜赤の波長成分が多くなる。このように生息する光環境の異なる種を用いて，視覚と婚姻色の研究を行った。

初めに，最も深い水深に生息する *N. greenwoodi* について説明する。この種の LWS 遺伝子を調べたところ，H と L と名前が付けられた2つのアリル（同じ遺伝子で2つの異なる配列）が多く見られた。これらのアリルは2つのアミノ酸置換により異なっていた。それぞれの集団でのアリルの頻度を調べると，H と L のアリルはそれぞれ透明度が高い岩場 (200 cm〜) と低い岩場 (50 cm 程度) の集団

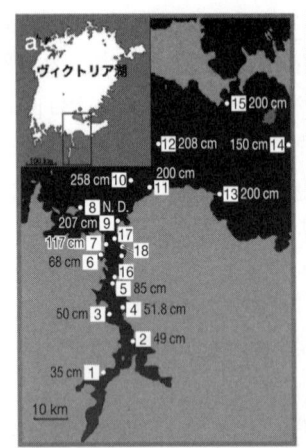

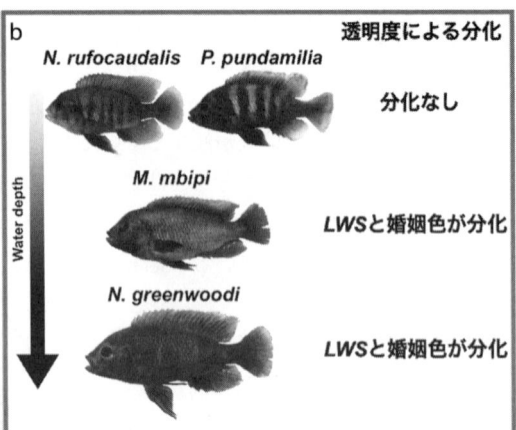

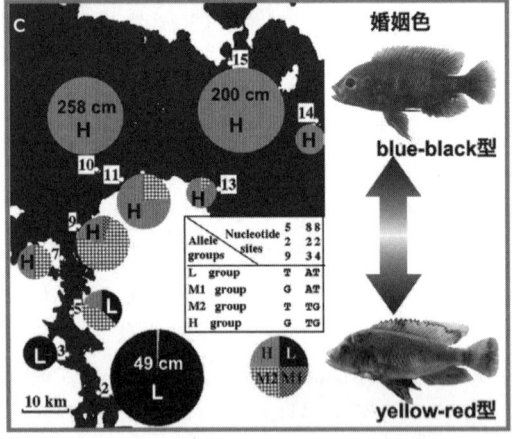

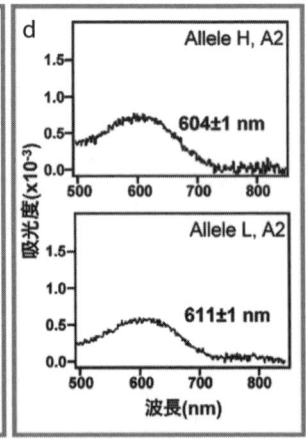

162 第6章 環境が生み出す新しい種：光環境への適応がもたらすシクリッドの種分化

図5 透明度により異なる光環境への適応と種分化（Terai *et al.*, 2006 より改変）
a: ヴィクトリア湖南部の地図．背景の白抜きの数字は採集地点を，数字は各地点の透明度（cm）を表す．**b**: シクリッドの種の生息水深の模式図．口絵13も参照．**c**: *N. greenwoodi* の各集団での LWS アリルの頻度．グラフの円の大きさは調べた個体数を，アルファベットは各アリルを，数字は透明度を表す．各アリルの配列の違いを図中の表に示す．*N. greenwoodi* の2つの婚姻色の型（blue-black 型と yellow-red 型）を右に示す．口絵 12-a, b も参照．**d**: LWS 視物質の吸収波長．A2 レチナールを用いて測定した H アリル（上）と L アリル（下）を示す．

で固定（1つのアリルだけを持つ）していた（図5-c）．それではこの透明度の異なる集団間で見られるアリルの分化はなぜ起こったのだろうか？

　遺伝的浮動により偶然分化したか，それとも適応的に分化したかを調べるために，LWS 遺伝子の上流と下流の配列の解析を行った．その結果，LWS 遺伝子領域は透明度の高い集団と低い集団の間で分化が見られるが，上流と下流の領域は分化

していないことが明らかになった。もしLWS遺伝子の集団間の分化が遺伝的浮動によるならば，LWS遺伝子領域も上流と下流の領域も同程度に分化するはずである。しかし，これら透明度が異なる集団間ではLWS遺伝子領域のみが分化していた。これは，LWS遺伝子領域がそれぞれの集団で適応的であり，そのためこの領域だけが分化したことを示唆している。

　それでは，分化したLWS遺伝子領域の機能はどのように違うのだろうか？　それを調べるために，HとLのアリルの配列からLWSのタンパク質（オプシン）をつくり，それらをレチナールと結合させLWS視物質の再構築を行った。視物質の機能は光の受容なので，どの波長を受容するか視物質の吸収波長を測定した。その結果，LはHに比べ最大吸収波長が長波長側に7 nmシフトしていた（図5-d）。*N. greenwoodi*が生息する水深では，透明度が下がると長波長の波長成分が多くなる。そのため，Lアリルは透明度の低い水中の光環境でよりよく光を受容できるように適応したアリルであり，LWS遺伝子領域は適応的に分化したことが明らかになった。またHアリルも透明度の高い光環境に適応的であることが最近の研究で明らかになってきている（寺井，未発表）。

　次にこれらの集団でのオスの婚姻色について調べた。その結果，透明度が高い集団ではblue-black型と呼ばれる婚姻色がほとんどであったが，透明度が低い集団ではyellow-red型と呼ばれる黄色と赤が体色の大部分を占める婚姻色の個体が高頻度で見られた（図5-c）。透明度が低いと，短波長側の青色の光は水深に伴い急速に減衰し，水中は黄色〜赤の光の成分が多い光環境になる。このような環境では青い光が存在しないため青色（blue-black型）は光を反射することができず見えなくなってしまう。それに比べて黄色と赤（yellow-red型）は黄色〜赤の光の成分が多い光環境で効率よく光を反射することができる。またLWS視物質も長波長側にシフトしているため，yellow-red型はLWS視物質に感度良く受容される光を反射し，その環境でblue-black型より際立って目立つ。感覚器適応種分化のモデルでは繁殖のための雌雄間のシグナルを受容する感覚器が環境に適応して分化し，分化した感覚器に感度良く受容されるようにシグナルが分化して種分化が起こるが，ここで説明した視覚の光環境への適応と婚姻色の分化はこのモデルによく合致している。ただしこの種の場合，中間の透明度の岩場が連続的に存在しており，高い透明度と低い透明度の集団の遺伝的交流は完全にはなくなっていない。そのため現在は感覚器適応種分化の初期段階にあり，現在の環境が安定に続くか中間の岩場の集団が減少すれば完全な種分化に至るのではないかと考えられる。

　他の種でも同様に透明度による視覚と婚姻色の分化が見られるだろうか。比較的

深めの水深に生息する M. mbipi では透明度による視覚と婚姻色の分化が見られた（図5-b）。これは N. greenwoodi と同様に視覚の適応と婚姻色の進化によって分化が起こったためと考えられる。これらの結果とは対照的に浅場に生息する N. rufocaudalis と P. pundamilia ではどちらの分化も見られなかった。浅場に生息する種で分化が見られない理由として，透明度による深場と浅場の光の波長成分の変化の度合いの違いがあげられる。光が水面から透過するときに水が光フィルターの役割をするため透明度により水中の光成分が変化することは先に述べた。浅場に生息するとこの光フィルターが薄く，透明度が違っても光の成分があまり変化しなくなる。そのため，浅場の種は視覚と婚姻色の分化が見られないのだろう。このことからも光の成分の変化が適応と種分化に重要であることがわかる。

　2つめの例として"生息水深の違いによる光環境の違い"に適応して起こった種分化を紹介する（Seehausen et al., 2008）。この研究では，同じ岩場に生息するが生息水深がわずかに異なる2種のシクリッドを研究に用いた（図6-a）。そしてこれらの2種もまた透明度の異なる岩場から採集している。透明度が中程度から高い岩場（78〜225 cm）の集団について，上述した研究例と同じ手法を用い LWS 遺伝子について調べると，2つのアリル，PとHが見られた（図6-a）。浅場に生息する P. pundamilia は P のアリル，それより深めに生息する P. nyererei は H のアリルに固定しており，2種の LWS 遺伝子は分化していた（図6-a）。LWS 視物質を再構築して吸収波長を測定したところPアリルはHアリルに比べ 15 nm 短波長シフトしていた（図6-a）。これらの種が生息する岩場では，浅場は短波長側の青色の光の成分が多く，深くなるにつれ長波長側の赤色の光が多くなる。これらのことから，Pアリルは浅場の光環境に，Hアリルは深めの水中の光環境に適応的であることが明らかになった。次にこれら2種の婚姻色を調べると，P. pundamilia は淡青色，P. nyererei は赤色に分化しており，行動学実験でそれぞれの種が選択するオスの色を調べると，やはり P. pundamilia は淡青色，P. nyererei は赤色であった。これらの結果から，この2種の視覚は光環境への適応のために分化しており，婚姻色は分化した視覚に感度良く受容される色に分化していることがわかる。これら視覚と婚姻色の分化は感覚器適応種分化のモデルによく合致しており，この種分化の機構で P. pundamilia と P. nyererei は種分化したと考えられる。

　一方で透明度の低い岩場に生息する集団を調べると，生息水深は浅く LWS 遺伝子はPアリルのみが見られ，婚姻色は青系が多い中間色であり，種の分化は見られなかった（図6-b）。低い透明度では，少し深くなると急激に光の波長成分が変化してしまう。そのためこの種は浅い水深にのみ生息し，光環境に視覚が適応して分

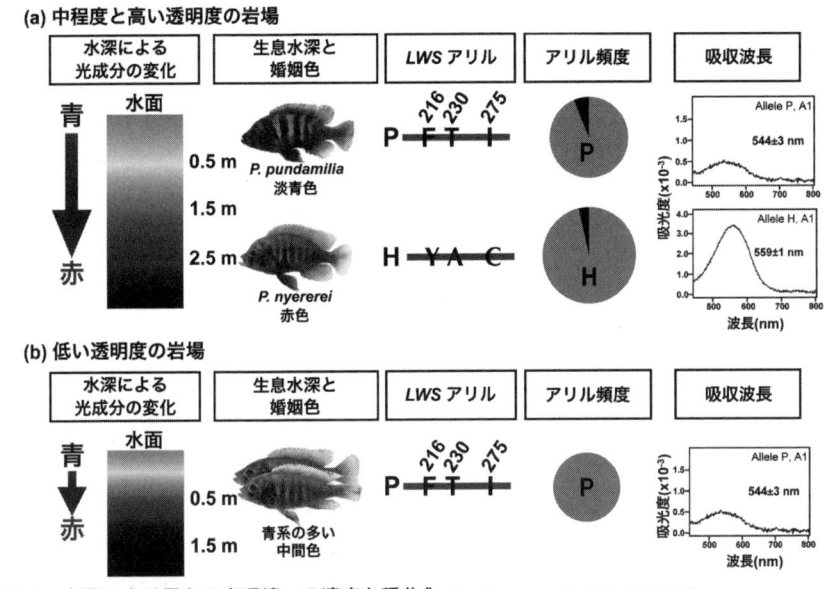

図6 水深により異なる光環境への適応と種分化(Seehausen *et al*., 2008 より改変)
水深による光の主な成分の変化と *P. pundamilia* と *P. nyererei* における生息水深, 婚姻色, LWS アリル, アリル頻度, LWS 視物質の吸収波長を (**a**) 中程度と高い透明度の岩場と (**b**) 低い透明度の岩場について示す。口絵 12-c, d も参照。

化することが起きなかったと考えられる。このことから感覚器適応種分化が起きるためには高い透明度の場合のようにある程度なだらかな環境の勾配に種が分布していることが必要だと考えられる。

ここまで2つの研究例を紹介してきた。これらの研究では視覚の遺伝子の分化が適応のために起こることを示しているが, 婚姻色を形成する遺伝子が配偶者選択により分化することはまだ示されていない。これまでシクリッドの体表模様形成にかかわると予想される遺伝子がいくつか報告されている (Salzburger *et al*., 2007; Terai *et al*., 2003)。婚姻色形成の遺伝子を明らかにできれば婚姻色の分化の際の配偶者選択を示すことも可能となり, 感覚器適応種分化の機構をさらに解明できると考えている。

6. LWS 視物質の吸収波長シフトと色彩識別

ここまでの説明で読者の方々に一番理解が難しいことは, 吸収波長が7 nm もしくは15 nm シフトすると, どれくらい見え方が変わりどれくらい色彩識別に差が

出るかということではないだろうか。これを知りたくても、実際はシクリッドが見ているカラーの世界と同じカラーの世界を人間が見ることは不可能であるし、それをイメージすることも困難だろう。照明光を正確に調節して10 nm程度の差がある光環境（例えば605 nmと615 nmより長波長の光）を人工的に作り、行動学実験を行えばある程度吸収波長シフトの影響を見ることはできると考えられる。また、婚姻色を呈しているオスのシクリッドの全体写真を分光光度計のように1 nmの波長毎に写すことができれば、婚姻色がどの波長をどれくらい反射しているかを知ることができ、種ごとの色覚にどの程度効率よく受容されているかも明らかにできると考えている。このような研究で、将来的に吸収波長シフトの色彩識別への影響を明らかにすることを予定しているが、ここでは著者の経験からヒトの眼で数 nmのシフトがあるときにどの程度色彩識別に影響があるか簡単に説明する。

　ヒトの眼は三色系であり、網膜に青、緑、赤を吸収する視物質がそれぞれ存在しており色を識別している。ヒトでは男性の数％程度が緑と赤の視物質の吸収が近づいて緑と赤の識別が困難な赤緑色弱である。著者も弱い赤緑色弱で、見え方から推定すると赤視物質が数 nm程度短波長側にシフトして緑視物質の吸収に近づいていると思われる。つまり、他の人に比べて赤視物質が数 nmシフトして見え方が異なるということである。それではどのように見え方と色彩識別に違いが出るかというと、長波長側の赤（濃い赤）が黒に見える、色弱検査の数字が見えなくなる、彩度の低い緑と赤、紫、ピンクなどの色の識別が困難になる、など明らかに色彩識別が異なってくる。シクリッドの婚姻色を見るときも顕著で、他の人には婚姻色が赤に見える2種がいても私には1種がグレー、もう1種が赤に見え、同じ赤に見えても実は2つの赤が存在していることがわかる。また他の種では黄色の上に赤い色素が乗っているが、私には黄色だけの婚姻色に見える。そして鰭の縁取りの赤い種はそれが黄色に見えるなど大きく見え方が異なる。これらの体験からヒトでもシクリッドでも、数 nmのシフトがあるとおそらく別世界の色彩のように見えるのではないかと予想される。LWS視物質が7 nm長波長側にシフトしている *N. greenwoodi* は透明度の低い長波長の光成分が多い環境に生息しているが、7 nmのシフトによりおそらく近赤外線領域まで見えているため、シフトしていない個体に比べて透明度の低い環境がとても明るくクリアに見えているのではないだろうか（近赤外線は濁った環境でもよく透過するため）。そして、黄と赤の多い婚姻色はとても明るく際立って見えているだろう。また、LWS視物質が15 nm短波長側にシフトしている *P. pundamilia* と長波長シフトしている *P. nyererei* ではそれぞれの生息環境が明るく見え、短波長側の光を幅広く反射していると考えられる淡青色は *P. pundamilia*

に明るく際立って見え，長波長側の光を効率よく反射する赤は P. nyererei に目立つ色に見え，しかしお互いに別種を見たときはくすんだ色に見えているのではないだろうか．シクリッドや他の生物ばかりでなく，同じヒトでも他の個体がどのような色彩を見ているかを知ることはできない．しかし，色覚がわずかに違うだけでも見えている世界は大きく異なっているだろう．視覚の多様性によって生まれる「見えている世界」の多様性は私たちが想像するよりもはるかに大きなものかもしれない．

まとめ

　本章では視覚の適応が引き起こす種分化（感覚器適応種分化）について説明してきた．多くの生物の種は外界から情報を得る手段として光を用いている．見ることによって餌を探し，外敵から逃避し，交配相手を探す．すべて，物体が反射する光を受容することによって情報を得ている．交配相手を探す手段として光を雌雄間の情報のシグナルとして用いている生物では，鮮やかなオスと地味なメスの組み合わせ，もしくはその逆の組み合わせの種が数多く存在する．また，多くの生物は生息する環境の光の波長成分がそれぞれ異なっている．本章で紹介したヴィクトリア湖の水中が特殊な例というわけではなく，海でも深さによって光の波長成分が異なり，森の中でも葉を透過することにより光の波長成分が変化する．物体を見る方向でも光の波長成分は異なってくる．このように光を情報として使う多くの生物と，それらの生物が生息するさまざまな光環境から，視覚の適応が引き起こす種分化は多くの生物で起こってきた機構ではないかと考えられる．多くの生物の種はさまざまな方法で視覚を多様化させているが，この視覚の多様化が生物の多様化の一因になっているのではないだろうか．感覚器適応種分化の種分化が起きる条件——変化のある環境への分布や繁殖に用いるシグナルの仮定——は多くの生物種に当てはまっており，一般的に起きてきた可能性があると考えられる．実際にヴィクトリア湖の多くのシクリッドの種分化の共通の機構の1つに感覚器適応種分化があったことも最近の筆者らの研究で明らかになってきている．今後の研究により，この種分化の機構が多くの生物の種で示されれば，生物の多様性の獲得とその維持の機構がより明確に理解できるだろう．

引用文献

Boughman, J. W. 2002. How sensory drive can promote speciation. *Trends in Ecology & Evolution* **17**: 571-577.

Carleton, K. L. & T. D. Kocher. 2001. Cone opsin genes of african cichlid fishes: tuning spectral sensitivity by differential gene expression. *Molecular Biology and Evolution* **18**: 1540-1550.

Cohen, A. S., M. J. Soreghan & C. A. Scholz. 1993. Estimating the age of formation of lakes: An example from Lake Tanganyika, East African Rift system. *Geology* **21**: 511-514.

Cohen, A. S., K. E. Lezzar, J. J. Tiercelin & M. Soreghan. 1997. New palaeogeographic and lake-level reconstructions of Lake Tanganyika: implications for tectonic, climatic and biological evolution in a rift lake. *Basin Research* **9**: 107-132.

Coyne, J. A. & H. A. Orr. 2004. Speciation. Sinauer associates, Sunderland.

Delvaux, D. 1995. Age of Lake Malawi (Nyasa) and water level fluctuations. *In*: Rapport Annuel 1993 & 1994, p. 99-108. Musée Royal de l'Afrique Centrale Tervuren (Belgium). Département de Géologie et Minéralogie.

Endler, J. A. 1992. Signals, signal conditions, and the direction of evolution. *American Naturalist* **139**: S125-S153.

Fryer, G. & T. D. Iles. 1972. The cichlid fishes of the great lakes of Africa. Oliver and Boyd, Edinburgh.

Harosi, F. I. 1994. An analysis of two spectral properties of vertebrate visual pigments. *Vision research* **34**: 1359-1367.

Johnson, T. C., C. A. Scholz, M. R. Talbot, K. Kelts, R. D. Ricketts, G. Ngobi, K. Beuning, I. Ssemmanda & J. W. McGill. 1996. Late Pleistocene desiccation of Lake Victoria and rapid evolution of cichlid fishes. *Science* **273**: 1091-1093.

Joyce, D. A., D. H. Lunt, R. Bills, G. F. Turner, C. Katongo, N. Duftner, C. Sturmbauer & O. Seehausen. 2005. An extant cichlid fish radiation emerged in an extinct Pleistocene lake. *Nature* **435**: 90-95.

Kawata, M., A. Shoji, S. Kawamura & O. Seehausen. 2007. A genetically explicit model of speciation by sensory drive within a continuous population in aquatic environments. *BMC Evolutionary Biology* **7**: 99.

Kocher, T. D. 2004. Adaptive evolution and explosive speciation: the cichlid fish model. *Nature Reviews Genetics* **5**: 288-298

Maan, M. E., M. P. Haesler, O. Seehausen & J. J. M. Van Alphen. 2006. Heritability and heterochrony of polychromatism in a Lake Victoria Cichlid fish: stepping stones for speciation? *Journal of Experimental Zoology Part B: Molecular and Developmental Evolution* **306**: 168-176.

Maan, M. E., O. Seehausen, L. Soderberg, L. Johnson, E. A. Ripmeester, H. D. J. Mrosso, M. I. Taylor, T. J. M. van Dooren & J. J. M. van Alphen. 2004. Intraspecific sexual selection on a speciation trait, male coloration, in the Lake Victoria cichlid *Pundamilia nyererei*. *Proceedings of the Royal Society of London Series B: Biological Sciences* **271**: 2445-2452.

Maeda, K., M. Takeda, K. Kamiya, M. Aibara, S. I. Mzighani, M. Nishida, S. Mizoiri, T. Sato, Y.

Terai, N. Okada & H. Tachida. 2009. Population structure of two closely related pelagic cichlids in Lake Victoria, *Haplochromis pyrrhocephalus* and *H. laparogramma*. *Gene* **441**: 67-73.
Mayr, E. 1942. Systematics and the origin of species. Columbia University Press, New York.
van der Meer, H. J. & J. K. Bowmaker. 1995. Interspecific variation of photoreceptors in four co-existing haplochromine cichlid fishes. *Brain, Behavior and Evolution* **45**: 232-240.
Nagl, S., H. Tichy, W. E. Mayer, N. Takahata & J. Klein. 1998. Persistence of neutral polymorphisms in Lake Victoria cichlid fish. *Proceedings of the National Academy of Sciences of the United States of America* **95**: 14238-14243.
Nagl, S., H. Tichy, W. E. Mayer, N. Takezaki, N. Takahata & J. Klein. 2000. The origin and age of haplochromine fishes in Lake Victoria, east Africa. *Proceedings of the Royal Society of London Series B: Biological Sciences* **267**: 1049-1061.
Parry, J. W. L., K. L. Carleton, T. Spady, A. Carboo, D. M. Hunt & J. K. Bowmaker. 2005. Mix and match color vision: tuning spectral sensitivity by differential opsin gene expression in Lake Malawi cichlids. *Current Biology* **15**: 1734-1739.
Salzburger, W., I. Braasch & A. Meyer. 2007. Adaptive sequence evolution in a color gene involved in the formation of the characteristic egg-dummies of male haplochromine cichlid fishes. *BMC Biology* **5**: 51.
Seehausen, O. 1996. Lake Victoria rock cichlids: taxonomy, ecology, and distribution. Verduijn Cichlids, Zevenhuizen, The Netherlands.
Seehausen, O. 2000. Explosive speciation rates and unusual species richness in haplochromine cichlid fishes: effects of sexual selection. *In*: Rossiter, H. K. A. (ed.). Advances in ecological research, Volume 31, p. 237-274. Academic Press.
Seehausen, O., Y. Terai, I. S. Magalhaes, K. L. Carleton, H. D. J. Mrosso, R. Miyagi, I. van der Sluijs, M. V. Schneider, M. E. Maan, H. Tachida, H. Imai & N. Okada. 2008. Speciation through sensory drive in cichlid fish. *Nature* **455**: 620-626.
Seehausen, O. & J. J. M. van Alphen. 1998. The effect of male coloration on female mate choice in closely related Lake Victoria cichlids *Haplochromis nyererei* complex. *Behavioral Ecology and Sociobiology* **42**: 1-8.
Shichida, Y. 1999. Visual pigment: photochemistry and molecular evolution. *In*: Toyoda, J., M. Murakami, A. Kaneko & T. Sato (eds.) The retinal basis of vision. Elsevier Science, Amsterdam.
Smit, S. A. & G. C. Anker. 1997. Photopic sensitivity to red and blue light related to retinal differences in two zooplanktivorous haplochromine species (Teleostei, Cichlidae). *Netherlands Journal of Zoology* **47**: 9-20.
Sugawara, T., Y. Terai, H. Imai, G. F. Turner, S. Koblmuller, C. Sturmbauer, Y. Shichida & N. Okada. 2005. Parallelism of amino acid changes at the RH1 affecting spectral sensitivity among deep-water cichlids from Lakes Tanganyika and Malawi. *Proceedings of the National Academy of Sciences of the United States of America* **102**: 5448-5453.
Terai, Y., W. E. Mayer, J. Klein, H. Tichy & N. Okada. 2002 The effect of selection on a long wavelength-sensitive (LWS) opsin gene of Lake Victoria cichlid fishes. *Proceedings of the National Academy of Sciences of the United States of America* **99**: 15501-15506.

Terai, Y., N. Morikawa, K. Kawakami & N. Okada. 2003 The complexity of alternative splicing of hagoromo mRNAs is increased in an explosively speciated lineage in East African cichlids. *Proceedings of the National Academy of Sciences of the United States of America* **100**: 12798-12803.

Terai, Y. & N. Okada. 2011 Speciation of cichlid fishes by sensory drive. *In*: Inoue-Murayama, M., S. Kawamura & A. Weiss (eds.) From genes to animal behavior, pp. 311-328. Springer.

Terai, Y., O. Seehausen, T. Sasaki, K. Takahashi, S. Mizoiri, T. Sugawara, T. Sato, M. Watanabe, N. Konijnendijk, H. D. J. Mrosso, H. Tachida, H. Imai, Y. Shichida & N. Okada. 2006. Divergent selection on opsins drives incipient speciation in Lake Victoria cichlids. *PLoS Biology* **4**: e433.

Terai, Y., N. Takezaki, W. E. Mayer, H. Tichy, N. Takahata, J. Klein & N. Okada. 2004. Phylogenetic relationships among East African haplochromine fish as revealed by short interspersed elements (SINEs). *Journal of Molecular Evolution* **58**: 64-78.

Turner, G. F., O. Seehausen, M. E. Knight, C. J. Allender & R. L. Robinson. 2001. How many species of cichlid fishes are there in African lakes? *Molecular ecology* **10**: 793-806.

Yokoyama, S. 2000. Molecular evolution of vertebrate visual pigments. *Progress in Retinal and Eye Research* **19**: 385-419.

コラム3 花色の変異からはじまる植物の種分化?

安元 暁子（早稲田佐賀中学校・高等学校）
新田 梢（九州大学理学研究院）
牧野 崇司（山形大学理学部）

　シクリッドの研究によって，視覚がもたらす生殖隔離，つまり遺伝的な交流を妨げる「壁」の存在が脚光を浴びた（第6章を参照）。この「壁」の正体の解明は，種分化研究における最重要テーマのひとつである。花粉の移動を送粉者にたよる植物にとって，遺伝的な交流を阻む「壁」のひとつと目されているのが，異なる送粉者への適応である。例えば，「植物Aの花粉を送粉者A'が運び，植物Bの花粉を送粉者B'が運ぶ」といった具合に送受粉の担い手が異なれば，たとえAとBが交配可能であったとしても野外では遺伝的な交流は起こらない。であるならば，送受粉の担い手が変わるような性質の進化をきっかけに，異なる送粉者という「壁」が形成されることで植物は種分化を遂げる，というシナリオが考えられる。本コラムではこの「異なる送粉者への適応による植物の種分化」について簡単に紹介したい。

異なるタイプの送粉者への適応

　冒頭のシナリオの前提となるのが特定の送粉者に適応した植物の存在である。「鳥媒」や「蛾媒」といった，○○媒という言葉が存在することからもわかるように，実に多くの植物が，特定の送粉者に特化した花を咲かせている。たとえばスズメガ媒の花であれば，夜咲きで甘い香りを放ち，細長い花筒や距を備え，白や薄緑といった淡い色をしていることが多い。この開花のタイミングはスズメガの活動時間に対する適応として，香りは視覚的な広告に変わるアピールとして，淡い色は僅かな光のなかで最大限明るく目立つようにするための適応として解釈できる。スズメガ媒の他にも，鳥媒・甲虫媒・ハナバチ媒・コウモリ媒など，さまざまな送粉者への適応が存在し，それぞれに特徴的な形質のセット（送粉シンドローム）を見出すことができる。いずれの送粉シンドロームもさまざまな分類群で独立に進化しており，各送粉者に特徴的な選択圧がもたらした収斂（しゅうれん）の産物と考えられている（Fenster et al. 2004）。

　送粉シンドロームは遺伝的交流を阻む「壁」として機能するのだろうか。近縁種

が異なる送粉シンドロームを示す例は多々見受けられる。たとえばハエドクソウ科ミゾホオズキ属の *Mimulus lewisii* はハナバチ媒に特徴的な，幅広い花弁を持つピンク色をした花を咲かせる一方で，姉妹種の *M. cardinalis* はハチドリ媒に特徴的な，細長く真っ赤な花を咲かせる (Beardsley et al., 2003)。ほかにも，キンポウゲ科オダマキ属にはハチドリ媒とスズメガ媒の姉妹種ペアが複数存在するし (Whittall & Hodges, 2007)，ナス科ペチュニア属にもハナバチ媒やスズメガ媒が近縁種で存在する (Ando et al., 2001)。こうした近縁種間では，野外で雑種がほとんど見られないにもかかわらず，かけ合わせると子の世代 (F_1 雑種) だけでなく孫の世代 (F_2 雑種) もできることが多い (Ando et al., 2001; Ramsey et al., 2003; Yasumoto & Yahara, 2006, 2008)。異なる送粉者への適応は，やはり，花粉のやりとりを阻む「壁」として機能しているようだ。

送粉者シフトと種分化の過程

　異なる送粉シンドロームを示す近縁種の存在から，送受粉の担い手が変わるイベント(送粉者シフト)が種分化の引き金となることが期待される。動物媒花植物の種分化に関するさまざまな文献をまとめて平均した値によれば，系統的な分岐の 23.6% が送粉者のシフトと関連しているそうである (van der Niet & Johnson, 2012)。研究対象とされてきた分類群に偏りがあるために注意は必要だが，少なくとも特定の分類群の種分化において，送粉者シフトが重要な役割を果たしている可能性は高い。

　では，新たな送粉シンドロームへの移行はどのような過程を経て起こるのだろう。たとえばハチドリ媒からスズメガ媒への移行は，赤から白という花色の変化や，夜咲きになるという開花時間の変化，これまで出さなかった香りを放つなど，複数の形質の変化をともなう。ここでは話を単純にするため色と香りのみを考えよう。図 1-a に示したように，色も香りも一度に変化するならば話は簡単である。しかし両者が同時に，しかもスズメガの誘引に適した方向に変わる確率は低いだろう (さらに，現実には夜咲きなどの形質も加わること，香りの強さや色の濃さのように量的な形質を含むことを考えれば，すべてが一度に，最適な値に変化する可能性は限りなくゼロに近い)。つまり，移行は段階を分けて進行する可能性が高い。異所的な種分化であれば，図 1-b に示したように，集団の一部がスズメガしかいない場所に隔離され，そこで徐々にスズメガの誘引に適した形質を獲得していく，という過程が考えられる。分布範囲の拡大などで地理的な障壁がなくなり，二次的に接触する頃には「壁」ができている，というシナリオである。同所的な種分化の場合には，変異の順序が問題になりそうだ。たとえば図 1-c のように，色の変化のみでスズメ

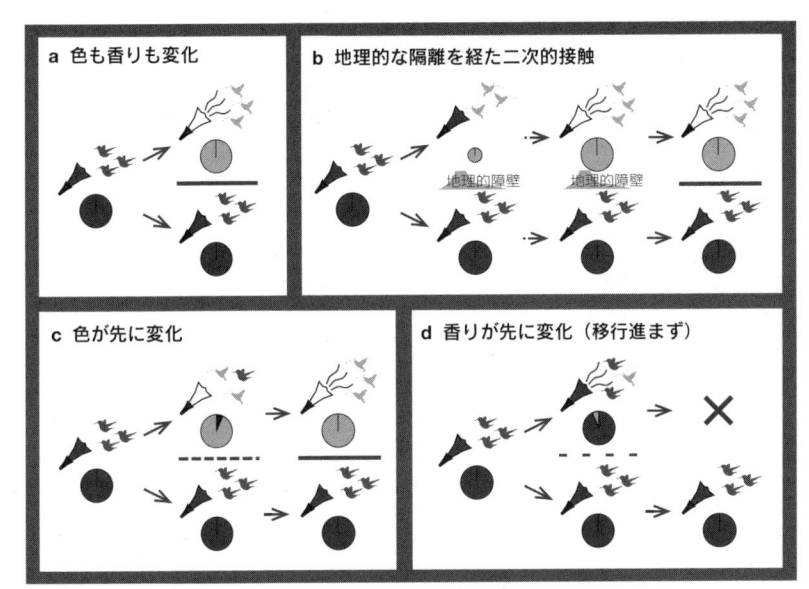

図1 ハチドリ媒からスズメガ媒への移行で考えられるシナリオの例
濃い灰色のシルエットはハチドリ，薄い灰色のシルエットはスズメガを表す．円グラフの大きさは訪問数，灰色の濃さはハチドリとスズメガに対応する．上下を区切る横線は壁をあらわし，実線で完成した壁を，点線で不完全な壁をあらわす．**a〜d**いずれのシナリオも仮想的なものである（本文を参照）．

ガへのシフトが一気に進んである程度の「壁」ができたのち，あとから香りを獲得する，というシナリオが考えられる．その一方で，図1-dのように先に香りを獲得したものの，ハチドリの訪問が続くために弱い「壁」しかできず移行が進まないというシナリオも（もちろんその逆も）ありうる．シナリオの数は送粉シンドロームを構成する形質の数とともに増えていく．単独の変化では効果のない形質どうしが組み合わさることで送粉者シフトが進む可能性を考えれば，事はさらに複雑になる．無数に考えられるシナリオの候補から正解を選ぶには，集団が辿ってきた送粉者環境の検討はもとより，送粉者のシフトに必要な形質の組み合わせやその進化の順序を明らかにする必要がある．

送粉者シフトにおける花色の役割

一度の変異で送粉者を大きくシフトさせる遺伝子が存在すれば種分化のハードルは低くなる．Bradshaw & Schemske（2003）は，ミゾホオズキ属の姉妹種であるハナバチ媒 *Mimulus lewisii* とハチドリ媒の *M. cardinalis* をかけ合わせ，黄色

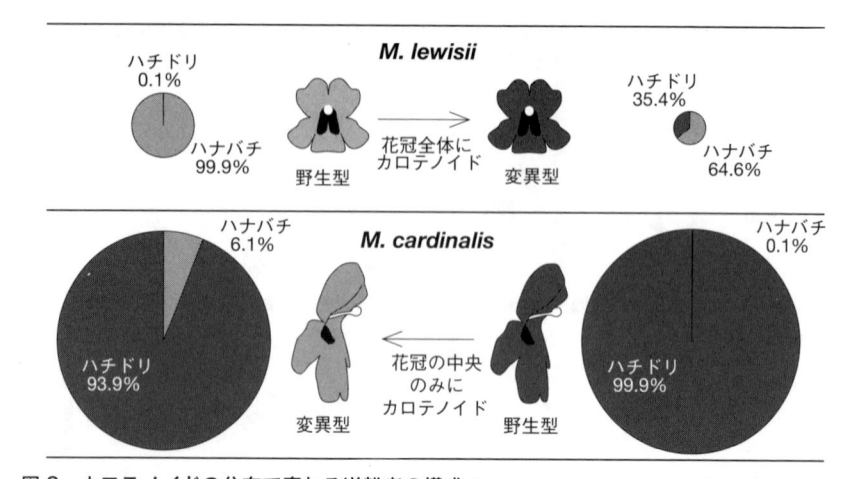

図2 カロテノイドの分布で変わる送粉者の構成（Bradshaw & Schemske, 2003 を改変）
ハナバチ媒の *M. lewisii* を上段に，ハチドリ媒の *M. cardinalis* を下段に示す．左に花冠の中央にのみカロテノイドが分布するタイプ，右に花冠全体にカロテノイドが分布するタイプを配置した．円グラフの面積は訪問頻度に比例する．

系の色素（カロテノイド）の花冠内での分布を支配する対立遺伝子を入れ替えた系統を作り出し，送粉者に選ばせた．この操作により，*M. lewisii* のピンク色をした花はカロテノイドが広がることでオレンジ色に，*M. cardinalis* の赤い花はカロテノイドが花冠の中央のみに集中することで濃いピンクとなる（図2）．どちらも単一の遺伝子座にもとづく花色のみの変化だが，本来の送粉者の訪問は減少する一方で，*M. lewisii* の変異型ではハチドリの，*M. cardinalis* の変異型ではハナバチの訪問が増加した（図2）．ただしハナバチとハチドリが逆転するほどの効果はなく，シフトが進むにはさらなる色の変異や形態の変異を要するのかもしれない．しかし，1つの遺伝子の違いでこれまでほとんど訪問のなかった送粉者の獲得に至ることは注目に値する．新たな送粉者の個体数が極端に多いなどの環境条件がそろえば，たった一度の突然変異をきっかけに種分化への道が開けるかもしれない．

なお，花色の変化にともなうハナバチの増減は，彼らの視細胞が長波長域の受容に適さない（赤系の色を見つけにくい）事実から説明できる．しかし，紫外から赤まで広い波長をカバーするハチドリの視覚からはハチドリの増減を説明することは難しい．ハチドリの増加は視覚を介したものではなく，ハナバチの減少にともなう蜜量の増加を反映したもの（ハチドリの減少は蜜量の減少を反映したもの）と考えるのが妥当である．

花色の遺伝子を操作する実験はペチュニア属の近縁種，スズメガ媒の *Petunia*

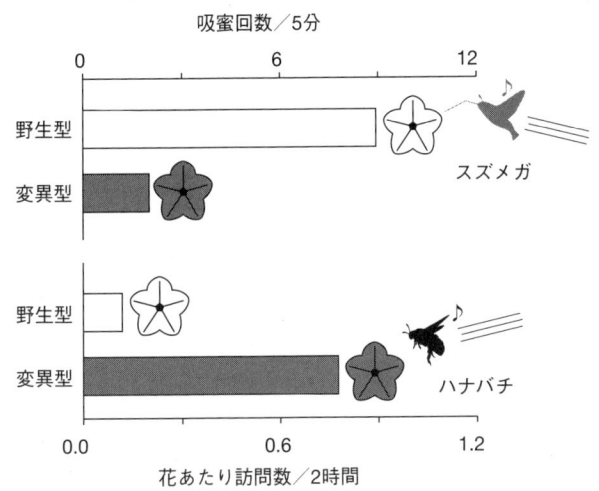

図3 アントシアニン合成に関する遺伝子の導入による訪問頻度の変化
(Hoballah et al., 2007を改変) 白い花はスズメガ媒のP. axillaris (野生型),有色の花はP. axillarisにアントシアニン合成に関する遺伝子を導入した変異型である。上のグラフはスズメガ (Manduca sexta), 下のグラフはハナバチ (Bombus terrestris) の訪問頻度を表す。横軸の単位が異なるため訪問頻度を単純には比較できないことに注意。

axillarisとハナバチ媒のP. integrifoliaでも行われている (Hoballah et al., 2007)。この実験ではP. integrifoliaの花弁においてピンクの色素(アントシアニン)の合成に関わる遺伝子を,白い花を咲かせるP. axillarisに導入してピンクの花を咲かせる変異型を作成し,温室内でスズメガやハナバチの好みを調べている。するとスズメガは白い花を咲かせる野生型を,ハナバチはピンクの花を咲かせる変異型をより多く選ぶ(図3)。図2のミズホオズキ属の系と同様,単一の遺伝子の変異で送粉者の構成が変化しうる可能性を示唆するものだが,それだけで隔離に十分な送粉者シフトが生じると結論するのは早計である。例えばハナバチよりもスズメガが圧倒的に多ければ,多少ハナバチの訪問が増えたところでスズメガが優占する状況は変わらない。どんな状況なら「壁」となるほどの送粉者の変化が起こるのか,慎重に検討する必要がある。

色が制限する送粉者シフトの方向性?

異なる送粉シンドロームを含む分類群のなかの系統関係を見渡すと,偶然か必然か,送粉者のシフトが特定の方向で進んでいる例が見受けられる。たとえば北米のオダマキ属の祖先型はハナバチ媒の青い花を咲かせるが,そこから赤い花のハチドリ媒が2回進化し,さらにハチドリ媒から白い花のスズメガ媒が5回,独立に進化している(Whittall & Hodges, 2007)。ヒルガオ科のイポメア属(アサガオのなかま)

では，青い花のハナバチ媒から赤い花のハチドリ媒が4回進化している（Streisfeld & Rausher, 2009）。オダマキ属もイポメア属も，逆方向のシフトは見られない。

　この方向性を説明する要因のひとつに，色素の生合成経路の関与が指摘されている。花の色を決める色素の代表格であるアントシアニンには青いものと赤いものがあり，青いアントシアニンは赤いアントシアニンから何段階かの修飾を経てできあがる（Holton & Cornish, 1995）。したがって途中の経路に突然変異が生じて修飾が妨害されると，もともと青だった花の色は赤になることがある（Smith & Rausher, 2011）。イポメア属において複数回生じた青から赤への花色の進化（Streisfeld & Rausher, 2009）は，アントシアニンの修飾の経路に生じた突然変異によるものと考えられる。また，オダマキ属やペチュニア属で繰り返し生じた白い花への変化は，アントシアニン合成を妨げる変異によって色を失った結果によるものと推察される（Whittall et al., 2006; Hoballah et al., 2007）。新たな合成経路の創出や一度壊れた経路の復活よりも，経路を途中で止めてしまう変異の方がはるかに生じやすい。色素の合成経路に起因する制約は，花色変化の方向性と，それにともなう送粉者シフトの方向性を説明する要因としてたいへん有力である。ただし他の系統群では逆方向のシフトも起きている（van der Niet & Johnson, 2012）ことには注意したい。

おわりに

　異なる送粉者への適応がもたらす種分化に着目し，送粉シンドロームや送粉者シフトの過程，花色の効果やシフトの方向にかかる制約ついて簡単に紹介してきた。本コラムでは特に花の色に着目したが，送粉者シフトをきっかけに始まる種分化の理解には他の形質との比較も欠かせない。たとえばHirota et al. (2012) は，スズメガ媒のキスゲとアゲハチョウ媒のハマカンゾウ（どちらもキスゲ属。口絵15も参照）をかけ合わせて作成したF_2雑種を用い，アゲハチョウもスズメガも香りの有無に関係なく，色を手がかりに花を選ぶことを示している。一方でKlahre et al. (2011) は，スズメガ媒のPetunia axillarisとハチドリ媒のP. exertaを用いた同様の実験で，スズメガが，白い花どうし，もしくは赤い花どうしであれば，香りを有する花をより多く選ぶことを示している。このスズメガは，シンドロームと矛盾するペア（無香の白花と有香の赤花）を差し出すと，どちらも同じ頻度で選ぶことから，色と香りを同等に利用している可能性が示唆されている。このように，同じスズメガのなかまでも系によって優先する形質が異なることを考えると，形質間の比較は系ごとに慎重に行う必要がありそうだ。送粉者のシフトはさまざまな送

粉者タイプの組み合わせ間で生じているため (van der Niet & Johnson, 2012), 形質の評価や比較には多大な労力がかかると予想される。しかし, ひとつひとつを丹念に解き明かし, 送粉者シフトのシナリオを丁寧に絞り込んでいくことで, 多様な花を生み出した種分化のメカニズムに迫ることができるだろう。

謝辞

草稿の執筆にあたり粕谷英一氏によるコメントが, 本稿の改訂にあたり横山潤氏によるコメントが大きな助けとなった。ここに感謝の意を表する。

付記

本コラムの草稿は安元・新田が執筆し, 構成および文章表現の大幅な修正, 図の追加を牧野が担当した。

文　献

Ando, T., M. Nomura, J. Tsukahara, H. Watanabe, H. Kokubun, T. Tsukamoto, G. Hashimoto, E. Marchesi & I. J. Kitching. 2001. Reproductive isolation in a native population of *Petunia sensu* Jussieu (Solanaceae). *Annals of Botany* **88**: 403-413.

Beardsley, P. M., A. Yen & R. G. Olmstead. 2003. AFLP phylogeny of *Mimulus* section Erythranthe and the evolution of hummingbird pollination. *Evolution* **57**: 1397-1410.

Bradshaw, H. D. & D. W. Schemske. 2003. Allele substitution at a flower colour locus produces a pollinator shift in monkeyflowers. *Nature* **426**: 176-178.

Fenster, C. B., W. S. Armbruster, P. Wilson, M. R. Dudash & J. D. Thomson. 2004. Pollination syndromes and floral specialization. *Annual Review of Ecology, Evolution and Systematics* **35**: 375-403.

Hirota, S. K., K. Nitta, Y. Kim, A. Kato, N. Kawakubo, A. A. Yasumoto & T. Yahara. 2012. Relative role of flower color and scent on pollinator attraction: experimental tests using F1 and F2 hybrids of daylily and nightlily. *PLoS ONE* **7**: e39010.

Hoballah, M. E., T. Gubitz, J. Stuurman, L. Broger, M. Barone, T. Mandel, A. Dell'Olive, M. Arnold & C. Kuhlemeier. 2007. Single gene-mediated shift in pollinator attraction in *Petunia*. *Plant Cell* **19**: 779-790.

Holton, T. A. & E. C. Cornish. 1995. Genetic and biochemistry of anthocyanin biosynthesis. *Plant Cell* **7**: 1071-1083.

Klahre, U., A. Gurba, K. Hermann, M. Saxenhofer, E. Bossolini, P. M. Guerin & C. Kuhlemeier. 2011. Pollinator choice in *Petunia depends* on two major genetic loci for floral scent production. *Current Biology* **21**: 730-739.

van der Niet, T. & S. D. Johnson. 2012. Phylogenetic evidence for pollinator-driven diversification of angiosperms. *Trends in Ecology & Evolution* **27**: 353-361.

Ramsey, J., H. D. Bradshaw & D. W. Schemske. 2003. Components of reproductive isolation between the monkeyflowers *Mimulus lewisii* and *M. cardinalis* (Phrymaceae). *Evolution* **57**: 1520-1534.

Smith, S. D. & M. D. Rausher. 2011. Gene loss and parallel evolution contribute to species difference in flower color. *Molecular Biology and Evolution* **28**: 2799-2810

Streisfeld, M. A. & M. D. Rausher. 2009. Genetic changes contributing to the parallel evolution of red floral pigmentation among Ipomoea species. *New Phytologist* **183**: 751-763.

Whittall, J. B. & S. A. Hodges. 2007. Pollinator shifts drive increasingly long nectar spurs in columbine flowers. *Nature* **447**: 706-709.

Whittall, J. B., C. Voelckel, D. J. Kliebenstein & S. A. Hodges. 2006. Convergence, constraint and the role of gene expression during adaptive radiation: floral anthocyanins in *Aquilegia*. *Molecular Ecology* **15**: 4645-4657.

Yasumoto, A. A. & T. Yahara. 2006. Post-pollination reproductive isolation between diurnally and nocturnally flowering daylilies, *Hemerocallis fulva* and *Hemerocallis citrina*. *Journal of Plant Research* **119**: 617-623.

Yasumoto, A. A. & T. Yahara. 2008. Reproductive isolation on interspecific backcross of F1 pollen to parental species, *Hemerocallis fulva* and *H. citrina* (Hemerocallidaceae). *Journal of Plant Research* **121**: 287-291.

コラム4　視覚世界の時間変化

針山 孝彦（浜松医科大学医学部）

　自然の中に身を投じてみる。空を仰げば雲が流れ，陽は昇りそして沈む。四季は巡り，一年が過ぎていく。私たちは時間を重ねるごとに加齢という発生過程の一コマを重ねている。『方丈記』は，「行く川のながれは絶えずして，しかももとの水にあらず。よどみに浮ぶうたかたは，かつ消えかつ結びて久しくとゞまることなし……」と始まり，当時の状況を伝える。作者の鴨長明は無常観を意識している。無常であることを意識するためには，本人の意識が止まっていなくてはならない。世界が変わったと感じても，実は自分自身が変わり，自身の受け取り方が変化してしまっているからなのかもしれないからだ。ヒトを含めた動物には，外界の無常を述べることのできる不変な状態がどれくらいあるのだろうか。先ほどと今，昨日と今日を比べて，何も変わらない不変の世界の中で生きているように私たちは感じる。真実が存在し，常に外界の情報を的確に入力しているかの思いは幸せであり，手放すことは難しい。しかし，動物個体も自然の一員であり，「川のながれ」という自然の中の時間的変化から逃れることはできないはずだ。このコラムでは，視覚器を材料として，動物個体にとって永遠不変な状態が本当にあるのかどうかを考えてみたい。

1. 視細胞の日周期変化

　フナムシは，海岸域にだけ生息する甲殻類等脚目である（図1-a）。体が平べったくて，色が薄茶色っぽいところなど，ゴキブリに似ていると感じる人が多いらしく，磯ゴキブリと呼ばれることもある。外見上，ゴキブリと大きく違うところは，脚が7対あることと，複眼がずいぶんと大きいことである。よく見るとかわいらしい眼をしている。不完全変態を繰り返して大きくなるフナムシは，体長0.5 mmほどのサイズだと800個，4 cmほどになると1,200個と，脱皮を繰り返すごとに複眼の個眼数を増やしている（Keskinen et al., 2002）。眼数の増加は視細胞の増加を伴い，視細胞に続く情報処理系も増えており，脱皮成長ごとに複眼から入力される情報量は変わる。

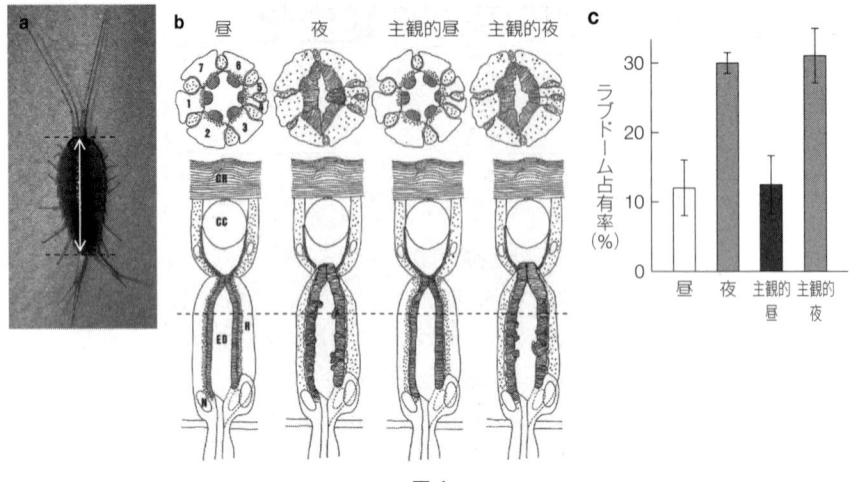

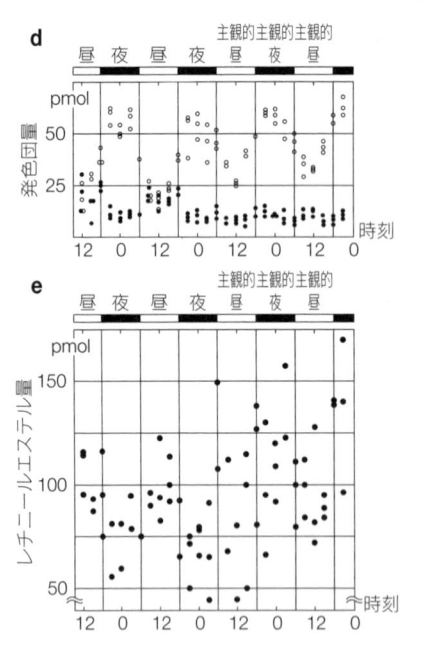

180　コラム 4　視覚世界の時間変化

図 1
a：フナムシ背側からの写真。頭部に長い触角が 1 対あり，その横に黒く見える大きな複眼がある。両矢印は 3.5cm。**b**：フナムシ複眼を構成する個眼の模式図。上図は下図の点線で示した部分の輪切りである。下図は，光軸に沿った軸の縦切り面を示している。CR: 角膜，CC: 円錐晶体，ED: 偏心視細胞の樹状突起，R: 視細胞。ED と R の間が微絨毛の集まりからなるラブドメア。個眼内のラブドメア全部を合わせてラブドームという。上図の輪切りでわかるように，夜間および主観的夜にラブドメアは，面積を増やし，隣の細胞同士で密着する。また，視細胞内の黒い点で表した色素顆粒が細胞内に分散する。下図の縦切りでは，ラブドームの先端が CC 側に陥入している。**c**：個眼全体の面積は日周期変動を示さないが，個眼内のラブドームの面積は大きく変化する。**d**：視物質発色団レチナールの，11-*cis*（○）と all-*trans*（●）の絶対量の変化。**e**：レチナールの前駆体と考えられるレチニールエステル（鹸化処理後，レチノールとして測定）の日周期変動

　このフナムシは，春から秋にかけては昼夜にわたり海岸で活動している。大量に群れているところに近づくと，一気に散らばりなかなか捕まえることができない。なぜ昼も夜も捕まえることができないのだろう。眼の中をのぞいてみよう。フナムシの個眼は 7 つの視細胞を含んでいる（図 1-b 左上）。それぞれの視細胞は多数の微

絨毛が集まったラブドメアと呼ばれる光受容部位を備えていて，それぞれのラブドメアは偏心視細胞（eccentric cell）の樹状突起が進入しているために離れている。偏心視細胞は，カブトガニで発見された視細胞の間に存在する細胞（Behrens & Wulff, 1965）で，フナムシでも二次ニューロンとして光応答に関与していることがわかっている（Hariyama et al., 1993）。このラブドメアは夜になると面積が大きくなり，かつ隣どうしが密着する。連続暗黒下にフナムシを置いたままにして，「主観的昼（連続暗黒下での，実際の時刻上の昼）」に暗い中でサンプリングして個眼の構造を観察すると，自然条件の日中と同じようにラブドメアが小さくなっていることがわかる。そのまま暗黒下に保持したまま，主観的夜（実際の時刻上の夜）に観察してみると，自然条件の夜中と同じようにラブドメアどうしが密着している（図1-b）。定量的に実験するために，フナムシのサイズを体長3.5 cmに揃えて（図1-a），眼が，昼夜あるいは連続暗黒下の昼夜でどのような変化をするかを観察すると，ラブドメア全体からなるラブドーム（感桿）の面積が，個眼内で夜間は昼に比べて3倍大きくなっていることがわかり，連続暗黒下においても同様におよそ3倍の変化が観察された（図1-c）。ラブドームの長さは変化がないので，体積が日中に比べて夜は3倍に増加し，この形態変化が内因性のものであることがわかる。

　微絨毛膜には多数の光受容物質（レチナールを発色団としてオプシンと結合したロドプシン）が存在していることが知られている。複眼を摘出したものを生理学的食塩液の中ですりつぶしたものを遠心分離器にかけ，水溶性分画と膜分画（生体膜などを含む沈殿物）に分けてレチナール量を測定すると，膜分画にだけレチナールが存在していることがわかり，レチナールはオプシンに結合したものだけが生体膜中に存在していることが強く示唆された。そこで，レチナールの量を視物質の量の指標として，昼夜のレチナール量を測定したところ，発色団レチナールの11-*cis*量が日中は1つの複眼あたり10 pmolで，夜間は30 pmolと昼に比べて夜間は3倍に増えていた（Hariyama & Tsukahara, 1992）。連続暗黒下にフナムシを保持していても，11-*cis*量は，昼夜の変動と同じように主観的昼と夜でおよそ3倍の差があった。前述の形態学的な，また視物質量の日周期変化は，内因性のものであるといえる。日中は光異性化した結果であろうall-*trans*レチナール量が夜間に比べて倍近く増加していたが，主観的昼では，all-*trans*レチナール量の増減が観察されず，これは光が当たるという光の直接効果がないために，all-*trans*レチナール量の増加がなかったものといえる（図1-d）。水溶性分画には，レチナールの前駆体と考えられるレチノール・エステルが含まれているが，それを定量すると図1-eの結果が得られた。レチノール・エステルがストックとして機能しているためかばらつきが大き

いが，全体として日中の方がその総量が多く夜間の方が少なく，11-cis レチナール量の変動とレチノール・エステル量の変動が逆転していることが興味深い。また，11-cis レチナール量もレチノール・エステル量も，連続暗黒下に動物を保持しておくと増加の傾向が見られたのは，光の直接効果により，視物質が代謝によって眼外に移動するが，連続暗黒下ではそれが起こらないという経路があるのではないかと考えている。

　視細胞の中の光受容部位であるラブドームの大きさと発色団を指標とした視物質量が昼夜で3倍の変化をしていることは，視細胞の感度が昼夜で変化していることを示唆している。視細胞にガラス微小電極を刺入して光刺激に対する反応を観察するという細胞内記録法を用いて，光刺激に伴う光量と細胞の応答との関係を記録すると図2-aの光強度応答曲線の結果が得られる。この時，光刺激に用いた光源は，ごく細い光束が出るものを用いてラブドメアの一部に光照射するようにした。光は個眼の光軸に対して平行に入れるように実験を行う。つまり，図2-bのようにフナムシに対して同じ距離を保った別々の角度から3次元的に光刺激の方向を振って，最大応答を示した角度を決めて，光刺激を行うのである。すると，光強度応答曲線の傾きは昼と夜でほとんど変わらず，同じ応答を引き起こすための光量の差としては，対数でおよそ0.5の違いがあることがわかる。これは，感度差はほとんどないといって良い値である。発色団（視物質）量変化が3倍，ラブドーム体積変化も3倍だとすると，濃度（単位体積あたりの分子数）は変化しないことになるので，刺激光のビームを絞りラブドームの微小領域を照射した単一細胞内の差としては納得できる値である。つまり，ラブドームの一部に照射された光は，光散乱およびラブドームと細胞体との間の反射を除いてラブドーム内をまっすぐ進むことになり，視物質の濃度を反映した結果が得られたと考えている。この最大応答を得ることができるように入射光の光軸を取った実験における昼夜のわずかな差は，照射された光が夜間に拡大されたラブドーム内で光路が昼に比べて長くなり，視物質に当たる確率が高まるために生じたものかもしれない。

　フナムシの視細胞形態を注意深く観察すると，ラブドーム面積が3倍大きくなっているだけではなく，光入射側のラブドームの先端が夜間にはレンズ（円錐晶体）の内側に突出していた。光が入射する部分の変化は，続く光吸収に大きく影響を与える。これらの形態的変化は，視細胞の機能にどのように反映するのだろうか。今度は，単一視細胞に電極を刺したまま，0.5°ずつというほんの少しずつ，図2-bのように光の角度を3次元で変えて単一の視細胞応答を記録した。これは，個眼への光照射の角度によって，視細胞に到達する光量が変化することを記録し，1つの

図2

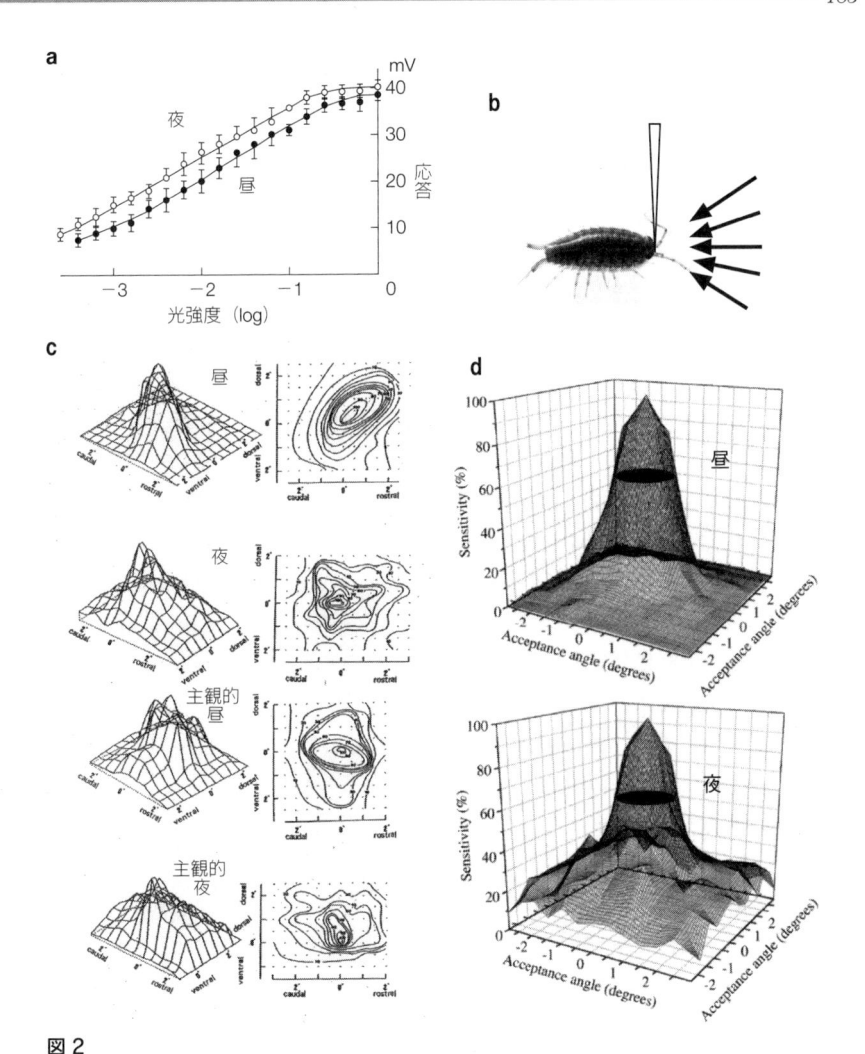

a：1つの視細胞の光軸にまっすぐに光刺激をしたときの，夜と昼の感度の違い。**b**：実験台に固定しフナムシの複眼の表面に30μm程度の大きさに穴を開け，その中にガラス微小電極の先端を入れ，数μmずつ移動させて1つの視細胞に刺入する。矢印で示したように，複眼に対して同じ距離を保ちつつ，種々の方向から光刺激を行う。最大応答が得られた角度で**a**の記録を行い，その角度を0度として**c**と**d**の実験を実施した。**c**：1つの視細胞に24時間以上ガラス微小電極を視入したまま，暗黒下で記録した角感度曲線。**d**：昼および夜にそれぞれ別々の50個の視細胞から角感度曲線を記録して，それを平均加算した。

視細胞が見ている外界の範囲を特定できる方法である。

　実際の昼と夜，主観的な昼と夜の変化を見るために，1つの視細胞に電極を入れたまま24時間連続細胞内記録をした例を図2-cに示す。電極は時として実験中に別の視細胞に移動してしまうことがあるが，24時間静止膜電位のモニターを続け1つだけの細胞からの記録であることを確かめてある。等高線の図からわかるように，昼と主観的昼では比較的形が揃っているが，夜と主観的夜では特に周辺部の波形が乱れていることがわかる。これらの変化を確定するために，昼と夜に50個ずつの視細胞を用いて，3次元の各感度曲線を得たものが図2-dである。面白いことに，円盤で示した50％以上の感度を持つ部分は昼と夜で顕著な差はないが，40％以下の裾野の部分では，夜間は高い反応が観察されるが日中のものではほとんど感度がないことがわかる。複眼全体の応答を，光をいろいろな角度から入射できる積分球を用いて，網膜電位法（ERG法）という方法で記録することができる。この方法を用いると主観的夜の応答を100％とすると，主観的昼では60％に減少し，細胞内記録で行ったものより感度差が多くなる（Hariyama et al., 1986）。積分球を用いた光刺激法は，視細胞にあらゆる角度から光刺激するもので，このERG記録ではそれぞれの視細胞の積算した結果となり，図2-dで見られた裾野の部分の応答の量の差が加算された結果により大きな差が生じたものと考えられる（ERG法と細胞内記録法は一長一短があり，かつERG法は単一視細胞の応答を直接反映したものではないことに注意してほしい）。

　空間分解能は各個眼に含まれている視細胞が持つ視野（Acceptance angle：受光角）に依存する。50％以上の高い感度の部分は，昼夜ともに約1°の範囲であり，この部分が空間分解能に直接かかわっているものと考えられる。夜の受光角の実験で得られた40％以下の部分で示される裾野の部分は，種々の角度からの光に対して反応することができ，空間分解能に関しては薄暗い光が来たときにはノイズとして作用してしまうが，方向はわからずとも何らかの光が来たという感度上昇に寄与できる。50％以上の高い部分は，十分に暗順応した視細胞で，1.0×10^{10}程度の微弱光まで受光できることがわかっており（Hariyama et al., 1986），40％以下の裾野はそれ以下の極微弱光に感度を持つものである。フナムシは夜も昼も一定以上の光が届いた場合は分解能を落とすことなく，しかも夜の感度を高く設定するために，各感度曲線の裾野の部分を高く変化させているといえる。フナムシは，昼と夜で視物質量とラブドームの形を変化させて感度を上昇させるだけでなく，レンズ部分や受光部の入射量の調節まで行って外界の情報を修飾して取り入れている。海辺の岩礁で，昼も夜も捕まえることができない理由の1つは，彼らの巧妙な複眼のしくみにある

といえるのではないだろうか。フナムシは，昼と夜で外界の情報入力の仕方を変えるという戦略をとっているのであり，当然，入力された外界の情報は昼夜で変化している。

2. 視細胞の年周期変化

現在までに，視物質発色団は，フナムシの複眼に含まれているレチナールを含めて4種類が発見されている（図3-a）。レチナール（A1）は広く動物界全般に広がっており，レチナールに続いて発見された3-デヒドロレチナール（A2）は，淡水産の魚や甲殻類に存在し，3-ハイドロキシレチナール（A3）は，チョウやハエなどの昆虫類の一部に，4-ハイドロキシレチナール（A4）はホタルイカのなかまのみに視物質発色団として用いられていることが知られている（Matsui et al., 1988）。

3-デヒドロレチナールは，ノーベル賞受賞者のG.Waldが淡水産の魚で発見しポルフィロプシンと名付けた視物質の発色団である（Wald, 1937）。3-デヒドロレチナールがレチナールと同じオプシンに結合したとすると，吸収極大は20nmほど長波長シフトする（Tsin et al., 1981）。このA1とA2は，サケが海から川に産卵のために遡上する際に，ほとんどのA1がA2に入れ替わり（Hasegawa, 2005），503 nmの吸収極大をもつロドプシンから527 nmに極大を持つポルフィロプシンに変化する（Munz & Beatty, 1965）。これは川という長波長光の多い環境への適応であると考えられてきた（Wald, 1941）。しかし，最近のわれわれの175種の魚の眼を用いた研究から，完全に海にいる魚はA1のみ，海岸域あるいは汽水域に生息し時々淡水域に入る魚（図3-bでは周縁性淡水魚として示す）はA1とA2の両方を持ち，河川や池に生息するものはA1とA2を持ち，汽水域の魚たちに比べてA2の比率が高いことがわかった（図3-b, Toyama et al., 2008）。これは，視物質のスペクトル光への環境適応というだけでなく，淡水や海水という生息環境に拘束された系統的な制約であるとも考えなくてはならないだろう。海産魚の唯一の例外として，深海魚のススキハダカがA1とA2をもっていることが最近わかり（Hasegawa et al., 2008），その生息環境の詳細な調査が待たれる。

コイ目コイ科に属するウグイ Tribolodon hakonensis の体長は30 cmほどで，全体に茶色っぽく側面に黒い筋が見られる。腹部は，繁殖期以外は銀色だが，繁殖期の春になると雌雄とも3本の特徴的な婚姻色を示す。このウグイは，一生を河川で過ごす淡水型と海に降りて海で過ごす降海型がいる（Ueno et al., 2005）。これらの淡水型も降海型も両方ともA1とA2を視物質発色団として持っている。面白いことに，

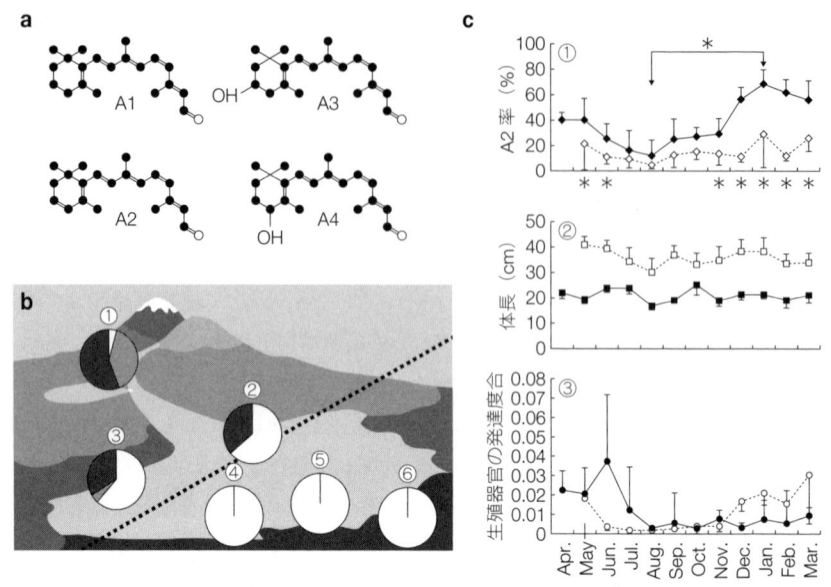

図3 **a**：4種類の視物質発色団。A1：レチナール，A2：3-デヒドロレチナール，A3：3-ヒドロキシレチナール，A4：4-ヒドロキシレチナール。**b**：魚の眼球に含まれる視物質発色団のA1とA2の分布。それぞれ，●：A1のみが存在，●：A2のみが存在，○：A1とA2が存在している魚の種の割合を示している。①：純淡水魚（$n=46$），②：淡水と海水の間を行き来する回遊魚（$n=11$），③：周縁性淡水魚（$n=21$），④：沿岸魚（$n=69$），⑤：外洋魚（$n=19$），⑥：深海魚（$n=9$）。**c**：①：A2の含有率の年周期。冬期がそれ以外の期間に比べて高い。②：実験に用いた個体の体長。③：生殖器官の発達の度合い。それぞれ●が淡水型，○が降海型

　淡水型と降海型ともに，A1とA2の含有率が1年の季節ごとに変動する。この視物質発色団全量（A1+A2）に対するA2の割合をA2率（A2 proportion）として，その変動を見ると，12月から3月くらいの冬の期間に高く，暖かくなる5月くらいから減少をはじめ，秋の終わりの11月まで比較的低い値を示す。この変動を，淡水型と降海型の間で比較すると，明らかに淡水型の方が，変動率が高くかつ，A2率そのものの割合も高いのである（図3-c-①）。この実験に用いた個体は，淡水型のものも降海型のものも1年を通してほぼ同じ体長のものを用いており（図3-c-②），個体の大きさによる変動ではない。図3-bで得られた結果から考えると，環境への適応であれば，降海型の方が淡水型のものよりもA2率の変動が高くなりそうだが，変動の幅は逆に淡水型で高いという結果が得られた。サケのA1およびA2の視物質発色団の変動が，生殖に関係するホルモンなどの変化に依存しているという報告（Cristy, 1974）もあるので，生殖器官の発達度合いとの関連を調べた。

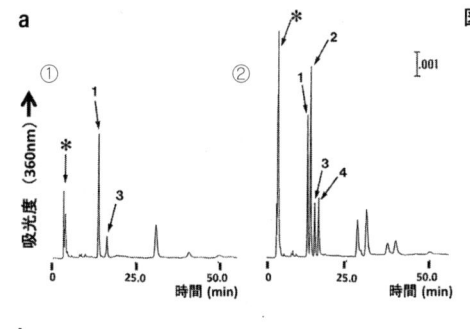

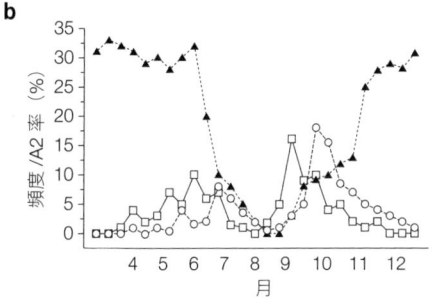

図4 a：液体クロマトグラフィーで分析した発色団。①：夏型ザリガニ，②：冬型ザリガニ，夏型にはない2と4のピークが観察される。＊：解析用の溶液が測定センサーに到達した solvent front, 1：11-*cis* レチナール, 2：11-*cis* 3-デヒドロレチナール, 3：all-*trans* レチナール, 4：all-*trans* 3-デヒドロレチナール
b：A2率と，交尾頻度および卵・幼生保有頻度。▲：A2率 $(=A2/(A1+A2))$，および，□：交尾頻度，○：卵あるいは幼生を腹に抱えている個体，のそれぞれの頻度。ただし，視物質量の測定と行動調査は別々の年に行ったものである

A2率の年周変動は，夏から秋にかけて少ないという点で生殖器官の発達の度合いと関連があるように見えるが，生殖器官の発達度合いの変動は，淡水型と降海型の間では違いが見られなかった（図3-c-③）。この研究からA2率が年周期変動を持っていることは明らかになったが，A2率の変化がウグイに視覚上の利益をもたらすのかどうか，もたらすとすればどのような形であるのかについては現時点では不明のままである。

一方，ザリガニは年間を通して外界の見え方が変わっており，行動との関連があることが示されている。アメリカザリガニでもウグイと同じように，A1とA2の2種類をもち（Hariyama & Tsukahara, 1988；図4-a），この含有率は年周期変動を示す（Suzuki *et al.*, 1984；図4-b）。これらの発色団の変動に伴う視細胞のスペクトル応答を調べるために，ガラス微小電極を用いてザリガニの単一視細胞に刺入し，光刺激に対する脱分極性の光応答を記録した。紫外部域から長波長光域まで20nmごとの光刺激を与える。その際，NDフィルタ（Neutral Density フィルタ：波長分布に影響を与えず，光強度だけを変化させることのできるフィルタ）を用いて光量子数を変化させ，一定の応答の高さが得られる光量子数（ここでは相対値として表している）をザリガニ視細胞が持つ波長に対する感度として描いたものが，スペクトル感度曲線である。ザリガニ個眼には8つの視細胞があり，それぞれR1からR8と

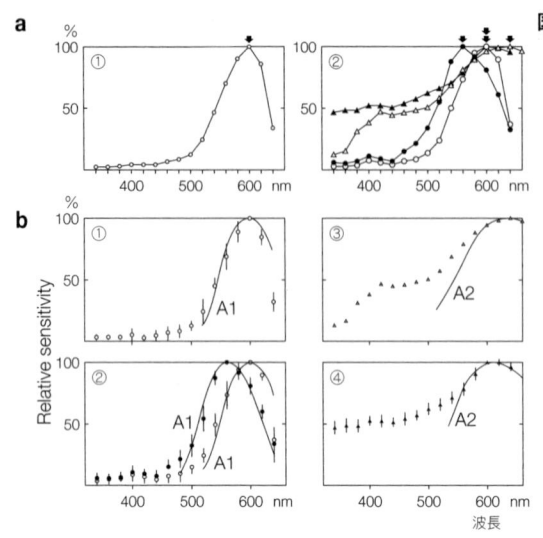

図5 a：夏型ザリガニ（①）と冬型ザリガニ（②）の視細胞内記録によるスペクトル応答曲線。それぞれ，ピークと曲線の形で分類したものの平均。夏型（①）の複眼からは，1つのタイプだけのスペクトル応曲線が得られ，冬型（②）のそれからは，4つのタイプのものが得られた。矢印は，それぞれの曲線のピークの位置を示している。600nmと640nmにピークをもつ曲線には比較的幅の広いもの（△と▲）が観察された。
b：それぞれの波長に対する応答の平均と分散と，その最大応答ピークから計算した視物質吸収曲線（実線）。①：夏型ザリガニ。②：冬型ザリガニのスペクトル曲線の幅の狭いグループ。③および④：冬型ザリガニの曲線の幅の広いもの。

呼ばれる。R8は短波長側にピークを持つ視細胞で，個眼の光学系を経てラブドームに入射する最上端にある極短いラブドメアを持つが（Krebs & Lietz, 1982），ここではR1からR7の長波長側にピークを持つ視細胞についてのみ解説する。

A1だけを持つ夏型ザリガニの複眼を用いて，スペクトル応答曲線を描くと600 nmにピークを持つ1種類だけの視細胞が観察された（図5-a-①）。ところが，3シーズン（秋・冬・春）型ザリガニの複眼を用いて同様の実験を行うと560 nm，600 nmおよび640 nmに極大を持つ細胞があり，それぞれの曲線から4種類の視細胞応答があることがわかる（Hariyama & Tstukahara, 1988; 図5-a-②）。これらの曲線に，視物質の吸収曲線を最大ピーク波長から導くことのできる計算式から得られた曲線を当てはめてみた。すると，夏型ザリガニでは，600 nmを最大応答とするロドプシンの曲線が実際のデータに最もよく一致した（図5-b-①）。夏型の複眼には，A1のみが含まれていて，視物質もA1を持つロドプシンのみが存在していることがわかった。一方，3シーズン型のザリガニでは，560 nmと600 nmに最大応答を持つロドプシンタイプのもの（図5-b-②）と，600 nmと640 nmに最大応答を持つポルフィロプシン（図5-b-③と④）タイプのものの4つのタイプに分類され，ロドプシンとポルフィロプシンの吸収に一致する視物質が存在することがわかった。オプシンにA2が結合したポルフィロプシンでは短波長領域の吸収帯域が広がり，

スペクトル応答曲線が幅広くなることが知られている (Bridges, 1967) が，われわれの結果とこの知見には矛盾はなかった．しかし，これまでの知見では A2 が，A1 が結合していたオプシンと結合すると長波長側にシフトするだけのはず (Stavenga et al., 1993) である．そこに 2 つの曲線が加わったこと，かつ夏型の 600 nm に極大を持つものよりも短波長 560 nm に吸収極大を持つものが加わったことから，3 シーズン型のザリガニ複眼には，3 シーズン型オプシンともいうべき新たなオプシンが存在しており，そのオプシンと A1 が結合すると 560 nm に，A2 が結合すると 600 nm に最大応答を示すスペクトル感度曲線が得られるものと考えられた．これらの視物質が別々の視細胞に入っていることは，図 5-b で示したそれぞれ視物質の吸収曲線と単一細胞からの電気生理学的記録が一致していることから明らかである．

　波長特性が異なる別々の視細胞が存在していることは，その個体が色弁別可能であることが示唆される．また，夏型のザリガニでは，スペクトル応答曲線が単一のものしか得られず，夏には色弁別不能であると考えられる．実際，雌雄の間では，ハサミの反射スペクトルが異なることから (Hariyama & Tsukahara, 1988)，交尾行動に色弁別能が関与することが示唆された．そこで，ザリガニのいる小川の中に，横 1 m，奥行き 50 cm 高さ 15 cm の網の仕掛けを 1 週間ほど沈めておいたものを引き上げて，採集された全個体のうちの，交尾頻度と卵・幼生保有頻度を測定した (Hariyama, 2004; 図 4-b)．すると，夏の A2 が激減している間，交尾頻度が下がっているという結果が得られた．ザリガニは，夏の間は色弁別ができず，交尾の効率に影響を与えることになっているのだろう．この結果を合目的的に考えると，8 月の水温の高い時期に交尾頻度を落として卵の腐敗などを避けるということもいえるかもしれない．しかし，30℃ 前後の温度でそれほど大きな変化があるだろうか．それよりもむしろ，自然の温度変化によって A1 および A2 の比率が変化する仕組み (Suzuki et al., 1985) に基づき視物質が単一化してしまうという，環境変化に拘束された行動変化ではないかと私は考えている．合目的的に成功したものだけが生き残ってきたものだけが生物の進化ではなく，適当に生き残ることができたものも生物の進化の結果なのではないだろうか．巧みな生物の生存戦略を見ると，ついその見事さに目を奪われ，生存競争に勝ち抜くことが大切なような気になってしまうが，競争しなくても生き残れることも多々あるのではないだろうか．「適当」に生き残ってきたものを科学するための手法を見つけるのは大変だが，生物は「適当という，すぐに生きるか死ぬかにかかわらない個体と環境との間の絶妙のバランス」の中で生きていることを忘れないようにしたいと思う．

日周期変化を眺めても，年周期変化を調べても，その動物が見ている受容器そのものが常に変化していることがわかる。受容器が変化すれば，外界から入力される情報も変化してしまう。動物個体は，1日のどの時刻で入力するか，1年のどの月に入力するかで，外界にある同じ情報でも，違った情報としてとらえることになる。動物の個体も，川の流れそのものなのだ。常に変化し続けていて，見え方も変わる。外界の無常を述べることのできる個体の不変な状態というものさえないということがわかる。ユクスキュル（Jakob Johann Baron von Uexküll）が「Umwelt」と呼んだ概念を，日高 敏隆先生が日本語で「環世界」と呼んだように，動物にはそれぞれの情報世界がある。それぞれの情報世界に加えて，個体の情報入力までも常に変化することがわかると，どこに「永遠不変な状態」があるのだろうかと考えてしまう。ある時間の中で切り出したある一瞬の世界を，永遠不変なものとして私たちや動物は思い描いているのだろうか。

　私は，永遠不変な状態とは，学問という共通のゲームに基づいて「結果に基づき吐き出した考え」だけなのではないかと思うようになった。その考えも未来永劫変わらないということもなく，そして別の情報処理系をもつ他人に共感してもらえるかどうかもわからない。にもかかわらず，共通の永遠不変な世界を作り上げることができたなと思える瞬間の楽しさを捨てることもできないでいる。

文献

Behrens, M.E. & V. J. Wulf. 1965. Light-initiated responses of retinula and eccentric cells in the *Limulus* lateral eye. *Journal of General Physiology* **48**: 1081-1093.

Bridges, C. D. B. 1967. Spectroscopic properties of porphyropsins. *Vision Research* **7**: 349-369.

Cristy, M. 1974. Effect of prolactin and thyroxine on the visual pigments of trout, *Salmo gairdneri*. *General and Comparative Endocrinology* **23**: 58-62.

Hariyama, T. 2004. Seasonal variation in the visual world of crayfish. *In*: Prete, F. R. (ed.) Complex worlds from simpler nervous systems, p.221-237. The MIT Press, Massachusetts.

Hariyama, T. & Y. Tsukahara. 1988. Seasonal variation of spectral sensitivity in crayfish retinula cells. *Comparative Biochemistry and Physiology Part A* **91**: 529-533.

Hariyama T. & Y. Tsukahara. 1992. Endogenous rhythms in the amount of 11-*cis* retinal in the compound eye of *Ligia exotica* (Crustacea, Isopoda). *Journal of Experimental Biology* **167**: 39-46.

Hariyama, T., V. B. Meyer-Rochow & E. Eguchi. 1986. Diurnal changes in structure and function of the compound eye of *Ligia exotica* (Crustacea, Isopoda). *Journal of Experimental Biology* **123**: 1-26.

Hariyama, T., Y. Tsukahara, & V. B. Meyer-Rochow. 1993. Spectral responses, including a

UV-Sensitive cell type, in the eye of the Isopod *Ligia exotica. Naturwissenschaften* **80**: 233-235.
Hasegawa, E. 2005. Composition Changes in retinal pigments according to habitat of Chum and Pink Salmon. *NPAFC Technical Report* **6**: 96-97
Hasegawa, E. I., K. Sawada, K. Abe, K. Watanabe, K. Uchikawa, Y. Okazaki, M. Toyama & R. H. Douglas. 2008. The visual pigments of a deep-sea myctophid fish *Myctophum nitidulum* Garman; an HPLC and spectroscopic description of a non-paired rhodopsin-porphyropsin system. *Journal of Fish Biology* **72**: 937-945.
Keskinen, E., Y. Takaku, V. B. Meyer-Rochow & T. Hariayama. 2002. Postembryonic eye growth in the seashore Isopod *Ligia exotica* (Crustacea, Isopoda). *The Biological Bulletin*. **202**: 223-231.
Krebs, W. & R. Lietz. 1982. Apical region of the crayfish retinula. *Cell and Tissue Research* **222**: 409-415.
Matsui, S., M. Seidou, I. Uchiyama, N. Sekiya, K. Hiraki, K. Yoshihara & Y. Kito. 1988. 4-Hydroxyretinal, a new visual pigment chromophore found in the bioluminescent squid, *Watasenia scintillans. Biochimica et Biophysica Acta* **966**: 370-374.
Munz, F. W. & D. D. Beatty. 1965. A critical analysis of the visual pigments of salmon and trout. *Vision Researh* **5**: 1-17.
Stavenga, D. G., R. P. Smits & B. J. Hoenders. 1993. Simple exponential functions describing the absorbance bands of visual pigment spectra. *Vision Research* **33**: 1011-1017.
Suzuki, T., K. Arikawa & E. Eguchi. 1985. The effects of light and temperature on the rhodopsin-porphyropsin visual system of the crayfish, *Procambarus clarkii. Zoological Science* **2**: 455-461.
Suzuki, T., M. Makino-Tasaka & E. Eguchi. 1984. 3-Dehydroretinal (vitamin A2 aldehyde) in crayfish eye. *Vision Research* **24**: 783-787.
Toyama, M., M. Hironaka, Y. Yamahama, H. Horiguchi, O. Tsukada, N. Uto, Y. Ueno, F. Tokunaga, K. Seno & T. Hariyama. 2008. Presence of rhodopsin and porphyropsin in the eyes of 164 fishes, representing marine, diadromous, coastal and freshwater species — A qualitative and comparative study. *Photochemistry and Photobiology* **84**: 996-1002.
Tsin, A. T. C., P. A. Liebman, D. D. Beatty & R. Drzymala. 1981. Rod and cone visual pigments in the goldfish. *Vision Research* **21**: 943-946.
Ueno Y., H. Ohba, Y. Yamazaki, F. Tokunaga, K. Narita & T. Hariyama. 2005. Seasonal variation of chromophore composition in the eye of the Japanese dace, *Tribolodon hakonensis. The Journal of Comparative Physiology A* **191**: 1137-1142.
Wald, G. 1937. Visual purple system in fresh-water fishes. *Nature* **139**: 1017-1018.
Wald, G. 1941. The visual systems of euryhaline fishes. *Journal of General Physiology* **25**: 235-245.

参考図書

針山孝彦 2007. 生き物たちの情報戦略-生存をかけた静かなる戦い (DOJIN 選書 11). 化学同人.
針山孝彦・弘中満太郎 2010. 生物と光環境 4. 害虫. 後藤英司 (編) 人工光源の農林水産分野への応用. p. 19-26. 社団法人農業電化協会.

第7章 迷わぬ森のカメムシ
キャノピー定位による視覚ナビゲーション

弘中 満太郎（浜松医科大学医学部）

はじめに：ナビゲーターは何を見ているか

　動物が周囲の風景をどのように見ているのか，そして，それはわれわれヒトが見ている風景とは異なっているのか。私はその疑問を胸に，富士山麓の青木ヶ原樹海に入った。見渡す限り木々が生い茂る森の中で，富士山の方向を目指そうと歩いてみた。木々に遮られて太陽の位置は判然としない。同じような樹種が林立し，ランドマーク（landmark）[*1]となるような目立つ木もない。地表の凹凸が大きいことから山裾の傾斜を知覚できず，山頂方向に向かう軸を決めることができない。川の流れの音が聞こえてくることもない。地表面に置いた方位磁石は確かに乱されているようだ。森に入ってすぐに，私は方向感覚を失ってしまった。しかし，地表ではアリが真っ直ぐにどこかへ向かって歩き，目の前を直線的に横切ってハチが飛んでいる。彼らは，確かにこの森の中で何かを手がかりにして移動し生存している。その手がかりが視覚情報ならば，私とは異なった風景を見ているといえるだろう。

　動物の行動は，体軸を空間中の特定方向に向くよう決定する，すなわち「定位（orientation）する」ことから始まる。ナビゲーション（航路決定；navigation）とは，動物がその定位能力により，遠く離れた目的地に定位し移動することである。ナビゲーションする動物，すなわちナビゲーターは，さまざまな感覚によって情報を環境から受容することで定位とナビゲーションを成し遂げている。なかでも視覚は，光が持つ種々の特性によって，定位のための正確で安定した情報を動物に与えている。まず，毎秒30万kmという光の伝達速度は，音や化学物質と比較してほとんど瞬時と言ってよいスピードで，知覚の対象となるものの変化を動物へ伝える。また，光は直進性が高いため，対象の空間における位置を特定・推定することを容易にしている。これにより，遮るものがない場合は，例えば，太陽や月といった極めて離れた対象の情報でさえも動物は受容することができる。これらの理由から，長

[*1]：定位の目標と関連づけて記憶された地上に存在する視覚的目印。昆虫の場合，植物がランドマークとして利用されることが多い。

距離を移動し，正確に目的地へ到達する必要に迫られているナビゲーターにとって，視覚は非常に有効な感覚となった。数多くの研究によって，太陽，月，星，青空の偏光，夜空の偏光，周囲のランドマークといったさまざまなものから（弘中，2008b；弘中・針山，2009．偏光についてはコラム5を参照），動物が定位のための方向と距離の情報を得ていることが明らかにされた。目的地が直接知覚できないような長距離の定位をどのようにして成し遂げているのか，という動物のナビゲーションの研究史とは，1つには，動物がどのような視覚世界に生きているのかを明らかにすることであったといっても過言ではない。

　そのなかでも，昆虫のナビゲーションは，多彩な視覚情報が利用されている点，知覚対象が多岐にわたる点から，動物の視覚世界を理解するうえで，今なお魅力的な研究対象である。ニューロンの数がヒトの10万分の1以下である昆虫の感覚情報処理系（sensory information processing system）は，脊椎動物に比べて極めて単純である。それにもかかわらず，昆虫のナビゲーターは，渡りや餌探索などのナビゲーションにおいて驚くべき定位能力を示す（Baker, 1978）。オオカバマダラは，その渡りにおいて繁殖地と越冬地の間の数千kmを移動する。採餌をするミツバチやサバクアリも，数百mから数km先の餌場や巣穴といった目標に正確に定位し，迷うことはない。本稿では，森の中で巣に餌を運ぶカメムシのナビゲーション行動の謎を解き明かしながら，彼らが森の中でどのような視覚情報を利用しているのかを明らかにする。動物がどのように環境を見ているのかという疑問に対して，昆虫のナビゲーターはわれわれに，多くの示唆を与えてくれることを紹介する。

1. 多様な視覚的属性

　ヒトは，光の波長を色情報として変換し，およそ1nmの色の識別能力（色弁別能）を持つ眼によって，色情報を中心として生活している。このことからわれわれは，他の動物においても視覚情報の重要な部分が色であると考えがちである。確かに，多くの動物は色情報によって対象を時空間的に特定している（第3～6章）。しかし，動物の色弁別能は種によって多様であり，例えば，ほとんどの昆虫の色弁別能はヒトのそれよりも低いと考えられている（von Helversen, 1972）。また，色弁別能の発達していない視覚器を持つ動物や，色のバリエーションの乏しい光環境で活動する動物では，色以外の視覚情報を利用することが有効なことも多い。ヒトを含めたほとんどの動物は，色以外の光の属性を用いて，同一の対象を質的に異なるものとして特徴づけることができる。同一感覚のなかで質的に異なるものとして利用される

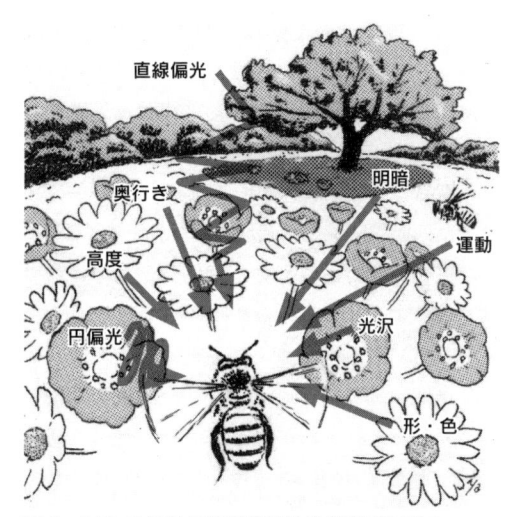

図1 対象の多様な視覚的属性を利用する昆虫

情報は,感覚の質(クオリティ)と呼ばれる。昆虫が利用している視覚の質は,われわれヒトにもなじみ深い,色 (von Frisch, 1914; Menzel, 1979) と光強度 (Menzel & Greggers, 1985) に加えて,偏光がある。光は進行方向に垂直に振動する横波であり,この振動方向の偏りの程度を弁別する視覚器を有する昆虫は,光の偏光という属性を見ることができる(コラム5参照)。例えば,太陽光などの非偏光が水面で反射することで直線偏光が生じる。水生昆虫が持つ複眼は偏光を弁別する仕組みを備えており,偏光情報を用いて水面を検出する (Horváth & Varjú, 2004)。また,円偏光を弁別する動物としては,これまでシャコのなかまのみが知られていたが (Chiou et al., 2008),コガネムシの一種が円偏光情報を利用している可能性が最近,示唆されている (Brady & Cummings, 2010)。

すなわち視覚とは,こうした視覚の質を通じて,光の有無や時空間的な差異を識別する能力である。動物は,視覚器により周囲の光の属性を捉え,中枢神経系で処理することで,対象の視覚的な属性を抽出する。つまり,何らかの視覚的属性によって特徴づけることができた対象のみを,動物は見ることができるのである。色,光強度,偏光といった光の属性は,同時に対象の属性としても利用されるが,動物は視覚によってこれら以外にもさまざまな属性を対象に付与する(図1)。対象の視覚的属性の代表例としては,形やパターンが挙げられる。さまざまな昆虫において,生得的に,あるいは学習により,特定の形状やパターンの対象物を別の対象物から区別することが知られる (von Frisch, 1914; Jander, 1971; Wehner, 1981)。

飛翔性の種を中心にして，多くの昆虫はヒトよりも優れた運動視[*2]を獲得している。運動視の目的は，対象物の動きの検出と自己の動きの検出の2つに大別できる。対象物の動きの検出の見事な例は，餌や交尾相手を追跡する飛翔性の昆虫に見られる。例えば，キンバエ属のある種は，複眼の前方に対象物を捉え，角速度が3000°/s以上に達するスピードで対象を追随してターンすることができる (Boeddeker & Egelhaaf, 2003; Boeddeker et al., 2003)。一方，個体の自己運動に伴い，網膜に映る周囲の風景は視野全体として動く。個体が前方に移動すれば，周囲の風景は中心から側方へ流れるように移動する。このオプティックフローと呼ばれる網膜上の像の流れを利用して，ある種の昆虫は移動距離を測定している。例えばミツバチは，網膜上を流れる像の速度が速いほど，長い距離を移動したと知覚することが実験的に確かめられている (Esch & Burns, 1996; Srinivasan et al., 1996)。

　時間的な光の変化は，運動視以外でも重要な視覚的属性として利用される。光の明滅 (flicker) を利用して対象を知覚する昆虫としてはホタルが有名であるが，チョウ類にも，翅の羽ばたきによる色の明滅をコミュニケーションシグナルとして利用するものが知られる (Magnus, 1958)。さざ波の立つ水面や風でそよぐ葉のきらめきといった光の明滅もまた，対象の位置や状態の重要な情報として昆虫が利用している可能性がある。

　これらに加えて，高度 (height: Srinivasan et al., 1989)，奥行き (depth: Rossel, 1983)，光沢 (iridescence: Whitney et al., 2009) あるいは，対象表面の視覚的な質感であるテクスチャ (texture: Maddess et al., 1999) といった視覚情報を，昆虫は利用することが知られる。すなわち，昆虫を含めた動物は，見ようとする対象を多様な属性によって特徴づけることで，それらを背景や類似のものから弁別していることがわかる。強調しなければならないのは，ヒトには利用できない視覚的属性を付与したり，同じ対象でも種によって異なる属性で特徴づけたりすることで，動物は独自の視覚世界を造り上げているということである。動物の視覚を考える際には，動物がその対象をどのように特徴づけているのか，すなわちその動物にとっての対象の視覚的属性について注意深く検討しなければならない。

[*2]：対象の運動方向と速度を背景から検出すること。時間分解能と空間分解能の高い視覚器を持つ種ほど，運動視に優れる。

図2 林床で種子を引きずるように運搬しながら帰巣するベニツチカメムシの雌親（口絵14も参照）

2. 社会性昆虫の採餌ナビゲーション

　昆虫のナビゲーターは，どのような感覚や対象の属性を利用してナビゲーションを成し遂げているのか。この謎について最も詳しく研究された昆虫の分類群は，ハチ類やアリ類に代表される真社会性昆虫である。社会性昆虫は，巣などの中心となる地点から餌場に向かい，餌を得た後に再び中心地点に戻るという中心点採餌（central place foraging）と呼ばれる行動を示す（弘中, 2009）。この出巣－帰巣という採餌ナビゲーションを成し遂げるため，真社会性昆虫は正確な定位能力を獲得した。しかし，採餌ナビゲーションはハチ類やアリ類の専売特許というわけではない。巣をつくるコオロギ類や子に給餌するハサミムシ類など，いくつかの分類群の亜社会性昆虫（subsocial insect）もまた，採餌ナビゲーションを行う（弘中, 2008a）。そしてその中でも，木々などのランドマークが複雑に入り組む森や草原の中で長い距離を移動するという，特別に魅力的なナビゲーションを示すグループが，亜社会性ツチカメムシ類である。

　亜社会性ツチカメムシ類は，ツチカメムシ科とベニツチカメムシ科に属する地表徘徊性のカメムシのなかまである。亜社会性ツチカメムシ類には，他のカメムシには見られない際立った生態的な特徴がある。それは，雌親が餌である植物の種子を，巣へ繰り返し運搬して子に給餌するという習性を持つことである。このような随時給餌を行う種は，ツチカメムシ科とベニツチカメムシ科から5種が知られているが（Mukai et al., 2010），他の科からはまったく報告されていない極めて珍しい習性である。

図3　ベニツチカメムシの巣穴
　小室のような巣は落葉下につくられる。巣の出入り口は落葉の間に開口し（**a**の矢印），カメムシが出入りする瞬間（**b**）を見ることなく，出入り口を見つけることは困難である。巻き尺の長さは50 cmで，この写真の巣穴は直径1.5 cmほどであった。

　その亜社会性ツチカメムシ類の一種，ベニツチカメムシ Parastrachia japonensis（カメムシ目：ベニツチカメムシ科）は，九州以南の照葉樹林に生息する（図2，口絵14）。生息場所である里山の森は，木々やシダが生い茂り，体長2 cmほどのカメムシにとっては十分に深い森に違いない。前年の夏から翌年の春までの長い期間，集団をつくり休眠状態で過ごしていたベニツチカメムシの雌は，5月の繁殖期になると落葉下に小さな巣をつくり，そこに産卵する。幼虫が孵化すると雌親は巣から出て，寄主木であるボロボロノキ Schoepfia jasminodora（ビャクダン目：ボロボロノキ科）の樹下に落ちた種子を巣に持ち帰る（Tsukamoto & Tojo, 1992）。巣は多くの場合，寄主木の樹下の縁から通常5 m程度，遠い場合には20 mも離れた位置に見つかる。カメムシの巣穴は，林床の落葉の間に小さく開口していて，視覚的には何の特徴もないように見える（図3）。そのため，まずカメムシは巣から何mも先の餌場である樹下に向かい，そこで種子を探索し，再び目立たない小さな巣穴にピンポイントで帰巣しなくてはならないという採餌ナビゲーションの課題に直面している。そして驚くべきことに，カメムシはこの採餌ナビゲーションを完全に成し遂げる。出巣したカメムシは，広い範囲を複雑な軌跡を描いて歩き回るが，種子を見つけると，巣穴への最短経路に近い直線的な帰巣を常に示し，まるで巣穴を俯瞰して見ながら移動しているかのように定位する（図4）。

図4 ベニツチカメムシの出巣と帰巣の歩行軌跡（Hironaka et al., 2007aより改変）
出巣したカメムシは曲がりくねった軌跡を描いて種子を探索し（実線），種子を発見した後，直線的に帰巣した（点線）。巣の近くまでたどり着いたカメムシは，一度鋭角的に方向転換し，周囲を探索するような行動に定位行動を切り替えて巣穴を目指した。

3. 昆虫のナビゲーションシステム

　昆虫の定位行動の権威の1人であるR. Wehnerは，採餌ナビゲーションを遂行する昆虫が，出発地点である巣へ帰るために3つの異なったナビゲーションシステム（navigation system）を利用することを示した（Wehner & Wehner, 1990）。1つは往路をそのままたどるトレイルフェロモンに代表される経路追随システム，1つは出発地点からの自らの移動の方向と距離を積算しておく経路積算システム，そして，周囲のランドマークを記憶しその位置関係から出発地点を割り出す地図基盤システムである（弘中，2009）。あるナビゲーターがどのシステムを利用しているのかを明らかにする最も簡単な方法は，移送実験である。帰巣前もしくは帰巣途中の個体を，人為的に他の地点に移送して，その後の帰巣の軌跡を観察する。種子を探索しているベニツチカメムシを拾い上げ，人為的に移送して種子を与えると，カメムシは種子を口吻につけて引きずりながら帰巣を開始する。この時，カメムシが方向を見失い周囲をうろうろと歩き回るようならば，経路追随システムの利用が考えられる。巣のあるべき位置へ定位すれば，経路積算システムであるといえるだろう。あるいは正確に巣の方向に定位し直して巣へ戻ることができれば，地図基盤システムを利用している可能性が高い。カメムシはどのような帰巣の軌跡を描いたのか。捕獲地点から見て巣の反対側1mの地点に移送したベニツチカメムシは，巣とは反対の方向に定位し真っ直ぐに歩行を続けたのである。そして一定の距離を歩いた後に鋭角的にターンをしてその周辺を探索するような行動を示した（図5）。捕獲地点から数mのどの地点に移送しても，自らと巣との位置関係が変化したことをカメムシは認識できず，移送前に巣のあった方向に正確に定位した。そして捕獲された地点から実際の巣までとほぼ同じ距離を歩いた後，巣を探索する行動を開始した。この

捕獲地点 ▲

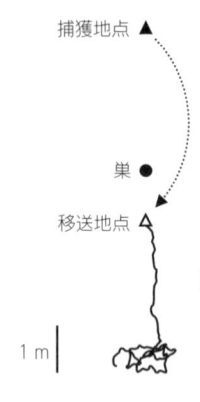

巣 ●

移送地点 △

図5 移送実験におけるカメムシの帰巣軌跡(Hironaka *et al.*, 2007a より改変)
種子を探索中のカメムシを捕獲して，巣の反対側に移送して種子を与えた．カメムシは，巣のあるべき方向へ定位し，巣のあるべき距離で鋭角的に方向転換して巣の探索を開始した．

1 m

　実験の結果は，往路の移動方向と距離を常にモニターし，往路の経路を積算したベクトルを帰巣時に反転させて帰巣ベクトル（home vector）とし，それに従って帰巣する，という経路積算システムによってベニツチカメムシが定位していること示している（Hironaka *et al.*, 2007a, b）．

　経路積算システムを使って定位する動物は，現在地から見た巣の位置を把握するために，巣から現在地までの自らの移動した往路の軌跡を何らかのコンパスと距離計で計測し，その方向情報と距離情報を積算する（Collett & Collett, 2000）．積算によって得た帰巣ベクトルに従って帰巣する際にも，定位方向が帰巣ベクトルからずれていないか，帰巣ベクトルの距離をどれだけ消費したのか，確認しながら移動する．つまり，動物は往路でも帰路でも常に方向と距離の情報を必要とする．では，ベニツチカメムシは，方向と距離の情報をどのような感覚により知るのだろうか．第一に考えられるのは，視覚である．しかし興味深いことに，ベニツチカメムシは視覚情報が乏しいと考えられる夜間も，昼間と同じように，経路積算システムで直線的に帰巣することができる（Hironaka *et al.*, 2007b）．視覚以外の感覚からの情報，例えば，地磁気などからの情報を利用している可能性も考えられる．そこでまずは，夜間に視覚が方向もしくは距離の情報の受容に重要な役割を果たしているかどうかを確かめる野外実験を行った．夜間，帰巣を開始する直前のカメムシの複眼に遮光性の銀ペーストを塗布し，巣へ定位できるかどうかを調べた．

　ナビゲーション行動の研究では，動物が特定の方向に定位できているかどうかを，その方向に対する動物の定位角度の分布の度合いで示す．定位角度の取り方は対象動物によってさまざまであるが，昆虫のナビゲーションの場合では，ある距離における到達点の角度，という指標が用いられることが多い．今回の実験では，帰巣開始地点である採餌地点を中心とした半径50 cmの円を描き，帰巣を開始した

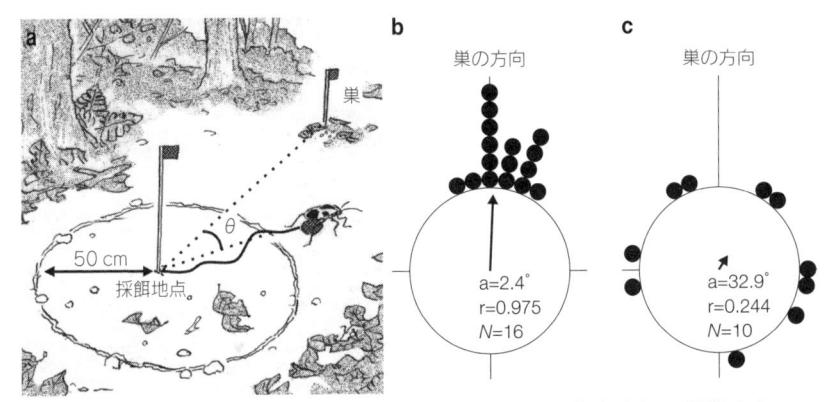

図6 定位方向の測定方法（a）と夜間（b）および複眼遮蔽時（c）の帰巣方向（b, c は Hironaka *et al.*, 2003 より改変）
種子を発見した場所（採餌地点）を中心とした半径 50 cm の円周上のどの地点に，帰巣を開始したカメムシが到達するのかを測定し，定位角度を求めた（**a**）．定位角度は，採餌地点から見た到達地点の方向と巣の方向のなす角度（θ）である．無処理のカメムシ（**b**）と種子を発見した時点で捕獲して複眼に遮光性塗料を塗ったカメムシ（**c**），それぞれについて1個体の定位角度（θ）を黒丸（●）で示した．円内の矢印は平均ベクトル，a は平均定位角度，r は平均ベクトルの長さ，N はサンプル数をそれぞれ示す．

　カメムシがこの円のどの地点に到達するのかを調べた（図6-a）．得られた定位角度は，サーキュラーグラフと呼ばれる特有のグラフに表現される（図6-b,c）．大きな円の真上を，特定の方向とする．例えば，帰巣の場合では巣の方向がそれにあたる．大きな円の円周上に分布する小さな円は，動物1個体の定位角度を示している．大きな円の内部の矢印は，動物の定位データの平均ベクトルを示しており，その方向は実験個体の平均の定位角度を示し，その長さはデータの偏り度合いの指標となる．
　ベニツチカメムシの夜間の遮光実験の結果を見てみよう．複眼を遮光しなかった無処理のカメムシの定位角度は巣の方向周辺に分布し，どの個体も正確に巣へ定位したことがわかる（図6-b）．その一方で，複眼を遮光したカメムシは，巣の方向に対してさまざまな方向に歩き出し，50 cm の円上において，巣とはまったく反対の方向に定位してしまう個体も現れた（図6-c）．ベニツチカメムシは，夜の林床で何かを見ることで方向を知っている．すなわち，本種の経路積算のコンパスには，視覚が利用されているのである．

4. 視覚情報としてのキャノピー

　それでは，カメムシは夜の森で何を見ているのだろう．まず検討しなければなら

ないのは，月や星（Wehner, 1984），月光による夜空の直線偏光のパターン（Dacke et al., 2003）といった天体や空のキュー（cue；手がかり）である．これらの天空のキューは，飛翔性昆虫や砂浜などの開けた環境に生息する昆虫のナビゲーターによく利用される．しかし，ベニツチカメムシのすむ森は，クスノキやハゼ，ヒサカキなどの木本植物が生い茂り，樹木の枝葉で周囲が覆われているために，天空のキューは安定したコンパスの基準とはなり難い．事実，カメムシは，それらの天空のキューが利用できない雨の夜でさえ，正確な帰巣を成し遂げる（Hironaka et al., 2003）．

　森の中で利用できる地上のキューとしては，1つには樹木や倒木，石などの地表に存在する物体が挙げられる．例えば，森林性のクロオオアリは，目立つ樹木や地表近くの構造物をランドマークとして記憶することにより，採餌ナビゲーションを遂行する（Fukushi & Wehner, 2004）．ただ，地表の物体をベニツチカメムシが見ているのではないことは，いくつかの実験から早い段階で明らかになった．例えば，大きな樹木の根際に営巣したカメムシの個体を，帰巣している途中で捕獲して樹木の反対側に移送ししても，カメムシの定位方向は変化せずに，巣とその横の樹木から離れるように歩行を続ける．カラーコーンのような目立つランドマークを巣の横に設置した個体に給餌をさせ，帰巣の途中でコーンを除去したり，移動したりしても，カメムシの定位角度に変化は見られない．

　もう1つ，森の中を歩く動物が定位のキューとして利用できる視覚対象が存在する．森の中のナビゲーターを覆うように存在する，樹木の上部の枝葉の層，すなわちキャノピー（canopy；林冠）である．1980年にB. Hölldoblerは，熱帯雨林に生息するアリの一種が，帰巣の際に周囲のキャノピーの像から方向を決定していることを実験的に示した．そして，この方法を動物の新規のナビゲーションのシステムとして，キャノピー定位（canopy orientation）と名づけ，「Science」誌上で報告した．しかし，それから現在まで，キャノピー定位において動物が頭上から周囲に広がるキャノピーの全体を見ているのか，あるいは一部を見ているのか，というようなキャノピーの像の利用様式はほとんど解明されていない．さらには，夜にキャノピーを定位のキューとして利用する動物が存在するのかといったことすら，明らかになっていない．

　夜の森へ入り，ヘッドライトを消す．森の暗闇の中で，私はしばらく何も見ることができないが，次第に眼が慣れてくると，周囲を取り囲むキャノピーの存在が浮かび上がってくる．キャノピーに開口する空隙部分（林冠ギャップ：canopy gap）を通じて，キャノピーよりもごくわずかに明るい夜空が見える．夜空とキャノピーがコントラストをつくることで，周囲には複雑なキャノピーの模様が描かれる（図

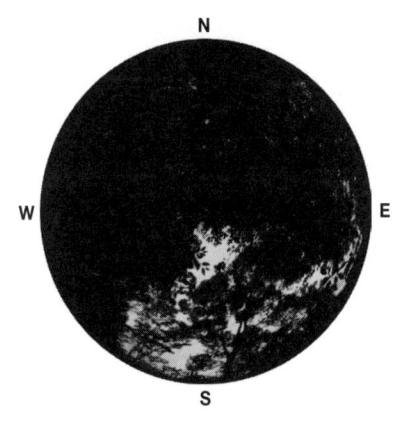

図7 ベニツチカメムシの巣の上で撮影した全天空写真
カメムシの周囲にはさまざまなサイズのギャップが存在する。この地点では，天頂および南側に比較的広いギャップが見られた。

7)。夜の森の中でベニツチカメムシは，キャノピーを見ているのか，そしてもしそうであるならば，キャノピーからどのように方向情報を抽出しているのだろうか。

5. ベニツチカメムシのキャノピーコンパス

　もしベニツチカメムシがキャノピーを定位のキューとしているならば，キャノピーのどこかをコンパスの基準にしていることになる。そこで私は，「キャノピーに開口するギャップをコンパスの基準点にすることで方向決定している」という仮説を立て，野外実験で検証することにした。
　屋外の人工光の影響が少ない場所に箱形の実験アリーナを設置し，このアリーナの内部でカメムシに採餌ナビゲーションをさせた（図8-a）。アリーナの側面と天井面は黒のプラスチックボードで覆われ，天井の南側には円形の穴が1つ設けられている。黒のプラスチックボードはキャノピーで遮られた状況を，天井の穴はキャノピーに1つのギャップが開口している状況を模している。天井のギャップからカメムシは夜空のみを見ることができるが，月や星の影響を排除するために，曇天の夜間に実験を行った。
　このアリーナの中で，まずはベニツチカメムシが採餌ナビゲーションを遂行できるか観察する。出巣したカメムシは，アリーナの中心に設置した餌場に到達し，種子を査定した後に，その種子を運搬して巣へ正確に帰巣することができた。次に，カメムシが餌場に到達したところで，天井のボードを回し，頭上のギャップを南から北へと180°位置を変化させた。すると，カメムシは種子を運搬して帰巣しようとするものの，巣とはまったく反対の方向に歩き始めた（図8-b）。すなわち，ベニ

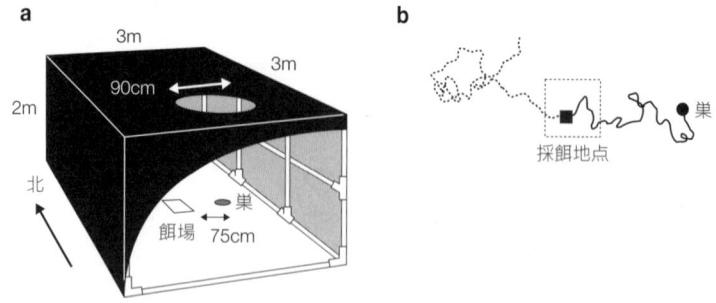

図8　キャノピー定位実験の実験アリーナの模式図（a）とカメムシの歩行軌跡（b）(Hironaka et al., 2008 を改変)
夜間にキャノピーのギャップをコンパスの基準点として利用しているかどうかを検証するため，側面と天井面を黒色のプラスチックボードで覆った実験アリーナを屋外に設置した。アリーナの天井面の南側にギャップとして直径90 cmの開口部を設け，アリーナの中心に餌場と巣を配置した（**a**）。カメムシが巣から餌場に到達した時点で，天井を180度回転させてギャップの位置を北側に移動させると，カメムシは巣とは反対の方向に定位した（**b**）。実線は出巣軌跡を，破線はギャップ移動後の帰巣軌跡を示す。

ツチカメムシはアリーナの中でギャップの位置を経路積算に必要なコンパスの基準としているのである（Hironaka et al., 2008）。

　動物のナビゲーションの研究者達は，頭上の像を視覚的に利用する動物が，キャノピーの形状や位置などを定位のキューとして利用しているものと，一義的に考えてきた。しかし，ベニツチカメムシはそのキャノピー定位において，キャノピーではなくギャップにコンパスの基準を置いている。この事実は，有名な図地反転図形である「ルビンの壺」を私に思い起こさせる。白い部分に注目すれば，複雑なくびれをもつ1つの壺。しかし，黒い部分に視点を変えることで，向かい合う2人の人物が鮮やかに浮かび上がる。森の中で何気なく周囲を見回すわれわれには，ギャップはキャノピーの単なる背景として目に映る。しかし，視点を反転させることで，カメムシは森の中のギャップを鮮やかに浮かび上がらせているのである。

6. 死角によって生まれる視認性の違い

　しかし，謎はまだ残っている。森の中で，カメムシの近くに大型のボードを置き，視野の一部を遮っても，カメムシは影響を受けることなく帰巣することがある。森を歩くカメムシの周囲には，無数ともいえるギャップが開口している。彼らはそのすべてを用いるわけではなく，キャノピーのギャップ群から，コンパスの基準となるギャップを選んでいる。どのようなギャップを選択しているのだろうか。

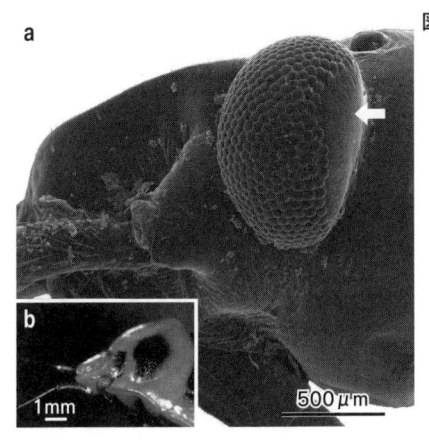

図9 ベニツチカメムシ頭部の走査電子顕微鏡像（a）と実体顕微鏡像（b）
1つの複眼には，約370個の個眼が観察されるが，複眼の後方には個眼のない部位が見られた（aの矢印）。後方に個眼が見られないのは，複眼の後ろ側に前胸背が張り出しているためと考えられる。

　本種の複眼は側方に半球状に張り出しているが，後方側には個眼が存在せず，視野において空間的な死角（blind area）を有している（図9）。このため，餌場と巣を往復するカメムシは，餌場−巣軸上にある地表に近い位置のギャップを一時的に見ることが困難になる。例えば，餌場から見て巣の方向にある地平線に近いギャップは，帰巣時には前方の個眼で捉えながら歩行できるが，出巣時には後方の死角に隠されてしまい，振り返らなくては個眼で捉えることができない。つまり，ギャップには常に見えるものと，進行方向によって見えなくなってしまうもの，という視覚的属性の違いが存在するのである。
　このような複眼の死角が生み出す対象の視認性の違いが，利用するギャップの選択に影響を与えているかどうかを確かめる野外実験を行った。中心に餌場と巣を設置したドーム状の実験アリーナを屋外に設営し，餌場−巣軸に対して，平行と垂直な方向に1つずつ円形のギャップを設けた（図10）。この2つのギャップは，それぞれ，採餌ナビゲーション中に死角に入るギャップと入らないギャップに対応している。そして2つのギャップを見せながらカメムシを出巣させ，餌場に着いた段階で片方のギャップを閉塞して帰巣させた。死角に入るギャップを閉塞したところ，カメムシはほとんど影響を受けることなく巣へ直線的に帰巣した（図11-a）。反対に，死角に入らない位置にあるギャップを閉塞したところ，その帰巣方向は90度偏向することが明らかになった（図11-b）。この定位方向の変化は，本来カメムシがコンパスの基準として利用していた死角に入らないギャップが閉塞されたため，死角に入るギャップをそれと誤認した結果によるものだと考えられる。
　ベニツチカメムシはキャノピーに無数に開口するギャップ群から，死角に影響を受けない安定したギャップを選択して利用する。すなわち，コンパスの基準とする

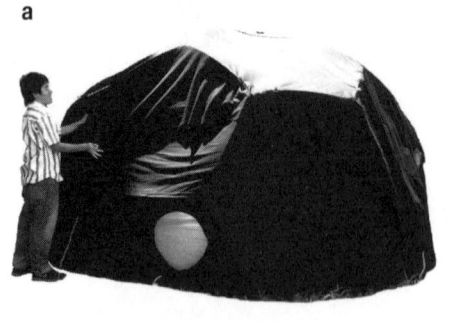

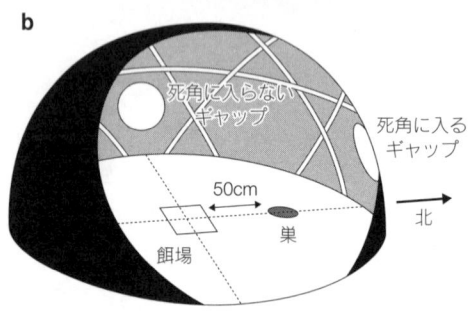

206 第7章 迷わぬ森のカメムシ

図10 ギャップ選択実験の実験アリーナ (a) とその内部の模式図 (b)
直径4m，高さ2mのドームテントを利用して実験アリーナを屋外に設置した。テントは暗幕で覆い，直径40cmの穴を開けることで人為的なギャップを作り出した。南北軸を餌場－巣軸とし，アリーナの中心に餌場を設置して種子を置いた。餌場の北側に巣を設置し，カメムシを餌場に出巣させた。北側に配置したギャップは出巣時にカメムシの死角に入るが，西側のギャップは出巣時，帰巣時ともに死角の影響を受けない。

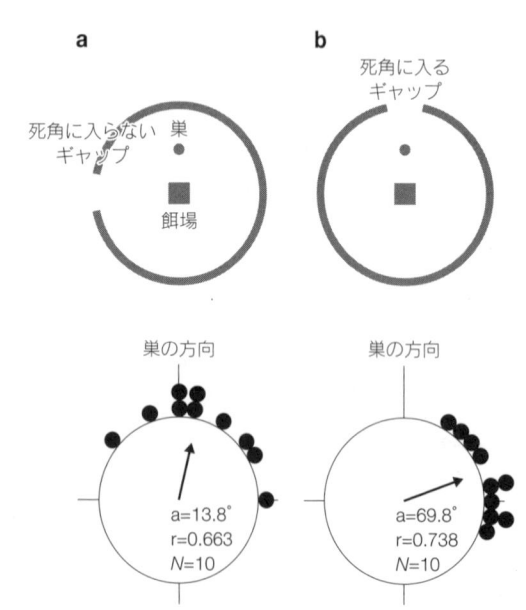

図11 ギャップ閉塞実験におけるカメムシの帰巣方向
2つのギャップを開口させて出巣させ，餌場に到達した直後に，死角に入るギャップ (a) もしくは死角に入らないギャップ (b) を閉塞した。1つのギャップを消失させた条件でカメムシを帰巣させ，その帰巣方向を50cmの到達点角度として測定した。1個体の定位角度を黒丸 (●) で示した。円内の矢印は平均ベクトル，a は平均定位角度，r は平均ベクトルの長さ，N はサンプル数をそれぞれ示す。

ギャップを「死角に入る／入らない」という要素によって特徴づけている。複眼の死角が生み出した，対象の視認性の違いという視覚上の特徴を用いて，ベニツチカメムシはコンパスの基準となる対象を見出しているのである。

おわりに

　動物もわれわれヒトも，さまざまな視覚の質によりつくり出される対象の視覚的属性を抽出することで，それらを見る。しかし，対象を特徴づける質や属性，どのように特徴づけるのかという様式は，種により大きく異なっている。動物の視覚世界を理解するためには，われわれに馴染み深い色や形以外の視覚的属性が，動物にどのように使われているのかについても，さらに研究を進めていかなければならない。ベニツチカメムシが定位に利用するキャノピーギャップを，自らの死角と定位の軸が規定した視認性の違いという属性を通して弁別していたように，動物は，われわれが思いもかけないやり方で対象を知覚しているかもしれない。そのような視点では，動物どうしあるいは動物と植物のコミュニケーション系でも，さらに興味深い発見が期待できるだろう。
　なぜそのような種独自の情報抽出の様式を，動物は獲得したのだろうか。1つには，その対象を何のために見るのかという知覚の目的が種ごとに異なっている，という点を挙げることができるかもしれない。例えば，われわれヒトは空から方向情報を得る必要はないが，視覚目標の乏しい環境に生息するサバクアリは青空に方向決定のための基準を求め（Wehner & Wehner, 1990），そのためには青空を偏光という視覚の質で見ることが必要になったと考えられる。ゆえに，動物が対象を何のために見ているのか，どのような状況や背景（コンテクスト）で見ているのかを考えることは，動物の視覚世界の理解に不可欠だろう。そしてそれ以上に，種独自の情報抽出の様式には，感覚情報処理系の適応と制約が大きな影響を与えているに違いない。動物は，複雑で雑多な環境から，感覚情報処理系を通じて情報を選択的に抽出し，それに重み付けして行動に利用する。変化する環境に適応するためには，感覚情報処理系が処理する感覚の質やそれを通じて付与される対象の属性は多様であればあるほど良いように思われるが，色と偏光のように，いくつかの感覚の質や感覚的属性は感覚器の設計上，両立し難い制約下に置かれている（コラム5）。特に，神経細胞の数が脊椎動物に比べて著しく少ない昆虫などの無脊椎動物は，この制約を強く受けている。それゆえ，感覚器をある特定の属性の検出に適応させ，感覚情報処理系の末端において情報の選択や重み付けを行い，必要な情報のみを中枢神経系

に送る，というようなヒトとは大きく異なった情報抽出の様式を昆虫は獲得してきた。そしてその制約下で，なお多様な属性を処理できるような方向への強い選択圧がかかったことは想像に難くない。その1つが，ベニツチカメムシの複眼の外部形態による死角による対象の弁別ではないだろうか。実は，ベニツチカメムシは，同じ高度に存在する良く似た2つのギャップが両方とも死角に入らない位置にある場合，両者を区別することはできない。ベニツチカメムシは複眼の外部形態による死角という避けられない制約をうまく利用することで，対象の視認性の違いを積極的につくり出しているのかもしれない。こうした視覚器の適応と制約を踏まえることで初めて，われわれは，なぜそのような見方がその動物で進化したのか，という謎を解明する端緒につくことができるに違いないだろう。

　ある動物と同じ場所で同じ物の前に立っている。しかし，同じ物が見えているわけではない。この事実は，動物の豊かな視覚世界をなんと想像させるのだろうか。動物の視覚世界は，まださまざまな謎に包まれた深い森のような状態にある。われわれが研究を進めるべきその森は，テーマに迷う豊かな森でもあるのだ。

謝辞

　本稿で紹介した内容は，野間口眞太郎博士，リサ・フィリッピ博士，馬場成実氏，柳孝夫氏，稲富弘一氏，向井裕美氏をはじめ多くの方々との共同研究の成果である。柳孝夫氏には，美しいイラストを描いていただいた。恩師である藤條純夫博士と針山孝彦博士には，常日頃から手厚いご指導と様々なご支援をいただいている。ここに記して感謝したい。

引用文献

Autrum, H. 1981. Light and dark adaptation in invertebrates. *In*: Autrum, H. (ed.) Handbook of sensory physiology, Vol. VII/6C, p. 1-91. Springer Verlag, Berlin, Heidelberg, New York.

Baker, R. R. 1978. The evolutionary ecology of animal migration. Holmes & Meier, New York.

Boeddeker, N. & M. Egelhaaf. 2003. Steering a virtual blowfly: simulation of visual pursuit. *Proceedings of the Royal Society of London Series B: Biological Sciences* **270**: 1971-1978.

Boeddeker, N., R. Kern & M. Egelhaaf. 2003. Chasing a dummy target: smooth pursuit and velocity control in male blowflies. *Proceedings of the Royal Society of London Series B: Biological Sciences* **270**: 393-399.

Brady, P. & M. Cummings. 2010. Differential response to circularly polarized light by the jewel scarab beetle *Chrysina gloriosa*. *American Naturalist* **175**: 614-620.

Chiou, T. H., S. Kleinlogel, T. Cronin, R. Caldwell, B. Loeffler, A. Siddiqi, A. Goldizen & J. Marshall. 2008. Circular polarisation vision in a stomatopod crustacean. *Current Biology*

富士山麓の青木ヶ原樹海内部

18: 429-434.
Collett, M. & T. S. Collett. 2000. How do insects use path integration for their navigation? *Biological Cybernetics* **83**: 245-259.
Dacke, M., D. E. Nilsson, C. H. Scholtz, M. Byrne & E. J. Warrant. 2003. Insect orientation to polarized moonlight. *Nature* **424**: 33.
Esch, H. & J. Burns. 1996. Distance estimation by foraging honeybees. *Journal of Experimental Biology* **199**: 155-162.
von Frisch, K. 1914. Der Farbensinn und Formensinn der Biene. *Zoologische Jahrbücher Abteilung für allgemeine Zoologie und Physiologie der Tiere* **35**: 1-182.
Fukushi, T. & R. Wehner. 2004. Navigation in wood ants *Formica japonica*: context dependent use of landmarks. *Journal of Experimental Biology* **207**: 3431-3439.
針山孝彦 1999. 節足動物の視覚系と外界との関係 比較生理生化学 **16**: 86-97.
von Helversen, O. 1972. Zur spektralen Unterschiedsempfindlichkeit der Honigbiene. *Journal of Comparative Physiology A* **80**: 439-472.
Horváth, G. & D. Varjú. 2004. Polarized light in animal vision - polarization patterns in nature. Springer Verlag, Berlin, Heidelberg, New York.
弘中満太郎 2008a. 亜社会性および孤独性昆虫のナビゲーションシステム. 下澤楯夫・針山孝彦（編）昆虫ミメティックス, p. 494-503. エヌ・ティー・エス.
弘中満太郎 2008b. 昆虫のナビゲーション戦略を支える記憶. 比較生理生化学 **25**: 58-67.

BOX 1　夜に昆虫は見る

　われわれヒトは，昼の光環境に適応した眼を獲得したが，一方で夜の視覚機能は制限されている。そのためか，夜に活動する昆虫も同様に視覚が制限されており，視覚以外の感覚に依存して行動していると考えがちであった。しかし，最近の研究によって，夜行性昆虫が高い視覚機能を有しており，夜にもさまざまな対象を見ていることが明らかになってきている。

　夜，「見る」うえで最も大きな問題となるのは，昼と比べて圧倒的に少ない光量である。月のない夜間では，太陽の出ている日中に比べて1億分の1に光量が低下する。加えて，厚いキャノピーは光量を100分の1以上の規模で低下させるため，夜の森に生活する昆虫は，さらに光の少ない環境に置かれている (Warrant, 2004; Warrant & Dacke, 2010)。そのため，夜行性昆虫や，昼夜時刻を問わず活動する昼夜行性の昆虫は，光感度を上昇させるさまざまな仕組みを視覚器に備えることで，夜の視覚を成り立たせている (Autrum, 1981; Warrant, 2006)。例えば，夜行性昆虫で一般的に見られるのは重複像眼 (superposition eye) と呼ばれる複眼であるが，この結像様式は，複数の個眼に入射した光を限られた視細胞に集光することで感度をかせぐことができる。また，個眼のレンズ側から入射した光は，光受容色素である視物質が含まれたラブドーム（感桿）で受容されるが，視物質の濃度やラブドーム面積を増大させることで，夜間のわずかな光を逃さずに受容している (針山, 1999; コラム4)。網膜の近位側に反射性色素細胞や光を反射させる機能を持った気管の層（タペータム；tapetum）を配置し，ラ

弘中満太郎 2009. 定位—何をたよりに目指すのか. 酒井正樹 (編) 動物の生き残り術：行動とそのしくみ, p. 183-200. 共立出版.

弘中満太郎・針山孝彦 2009. 昆虫の視覚定位行動とその人工光による変化. 日本応用動物昆虫学会誌 **53**: 135-145.

Hironaka, M., S. Nomakuchi, L. Filippi, S. Tojo, H. Horiguchi & T. Hariyama. 2003. The directional homing behaviour of the subsocial shield bug, *Parastrachia japonensis* (Heteroptera: Cydnidae) under different photic conditions. *Zoological Science* **20**: 423-428.

Hironaka, M., L. Filippi, S. Nomakuchi, H. Horiguchi & T. Hariyama. 2007a. Hierarchical use of chemical marking and path integration in the homing trip of a subsocial shield bug. *Animal Behaviour* **73**: 739-745.

Hironaka, M., S. Tojo, S. Nomakuchi, L. Filippi & T. Hariyama. 2007b. Round-the-clock homing behaviour of a subsocial shield bug, *Parastrachia japonensis* (Heteroptera: Parastrachiidae), using path integration. *Zoolgical Science* **24**: 535-541.

Hironaka, M., K. Inadomi, S. Nomakuchi, L. Filippi & T. Hariyama. 2008. Canopy compass in nocturnal homing of the subsocial shield bug, *Parastrachia japonensis* (Heteroptera: Parastrachiidae). *Naturwissenschaften* **95**: 343-346.

Hölldobler, B. 1980. Canopy orientation: a new kind of orientation in ants. *Science* **210**: 86-88.

Jander, R. 1971. Visual pattern recognition and directional orientation in insects. *Annals of the New York Academy of Sciences* **188**: 5-11.

ブドームを通過してしまった光を再度ラブドーム側に反射させる機構を獲得した種もいる (Schwab et al., 2002)。また，受容したフォトンによる出力を時空間的に加算する，神経加重 (neural summation) と呼ばれる神経情報処理によって感度を上昇させる種など (Warrant, 1999)，その適応の例はとても多様である。

　このような感覚適応に支えられ，夜行性昆虫は，月のない闇夜でも見事な視覚定位を成し遂げる (Warrant & Dacke, 2010)。夜行性のタマオシコガネの一種は，その複眼に偏光視に特殊化した個眼を備えて，昼間の空の偏光に比べて，数百万倍暗いとされる月光による夜空の偏光パターンを利用して，真っ直ぐに糞を転がすことを可能にしている (Dacke et al., 2003)。枯れた木の樹洞や枝に巣をつくるコハナバチ科の一種 (Warrant et al., 2004) とクマバチ属の一種 (Somanathan et al., 2008a) は，10^{-4} cd m^{-2} という星明かりほどの光量しかない時刻にも採餌活動を続ける。夜の森を飛び回るこれらの夜行性のハチ類は，巣穴の入り口付近のランドマークを視覚的に記憶して，自らの巣へ帰巣する。また，ヒトや昼行性昆虫は微弱光下においては色盲となり，同じ明るさの2つの色を見分けることはできないが，この夜行性のクマバチの一種は，ランドマークを色弁別することが実験的に明らかにされている (Somanathan et al., 2008b)。同様に，夜間に訪花吸蜜するベニスズメは，星明かり程度の光環境でも，青色や黄色を同じ明るさの灰色から完全に弁別する (Kelber et al., 2002)。夜行性昆虫の多くで視覚システムの夜への適応が観察されることから考えて，これらの例は例外的なものであるとは考えられない。夜行性昆虫は，われわれヒトが見ることが出来ない豊かな夜の視覚世界を手に入れているのである。

Kelber, A., A. Balkenius & E. J. Warrant. 2002. Scotopic colour vision in nocturnal hawkmoths. *Nature* **419**: 922-925.
Maddess, T., M. P. Davey & E. C. Yang 1999 Discrimination of complex textures by bees. *Journal of Comparative Physiology A* **184**: 107-117.
Magnus, D. B. E. 1958. Experimental analysis of some 'overoptimal' sign-stimuli in the mating-behaviour of the fritillary butterfly *Argynnis paphia*. *Proceedings Tenth International Congress of Entomology* **2**: 405-418.
Menzel, R. 1979. Spectral sensitivity and color vision in invertebrates. *In*: Autrum, H. (ed.) Handbook of sensory physiology, Vol. VII/6A, p. 503-580. Springer Verlag, Berlin, Heidelberg, New York.
Menzel, R. & U. Greggers. 1985. Natural phototaxis and its relationship to colour vision in honeybees. *Journal of Comparative Physiology A* **157**: 311-321.
Mukai, H., M. Hironaka, N. Baba, T. Yanagi, K. Inadomi, L. Filippi & S. Nomakuchi. 2010. Maternal care behaviour in *Adomerus variegatus* (Hemiptera: Cydnidae). *The Canadian Entomologist* **142**: 52-56.
Rossel, S. 1983. Binocular stereopsis in an insect. *Nature* **302**: 821-822.
Schwab, I. R., C. K. Yuen, N. C. Buyukmihci, T. N. Blankenship, P. G. Fitzgerald. 2002. Evolution of the tapetum. *Transactions of the American Ophthalmological Society* **100**: 187-200.
Somanathan, H., R. M. Borges, E. J. Warrant & A. Kelber. 2008a. Visual ecology of Indian

---

BOX 2　夜に人が昆虫を見る

夜行性昆虫に比べると，ヒトの視覚は，夜に適応しているとはいえない。実際に夜の森に入ると，そのことがよく分る。0.1 lx 以下の光量の夜の森の中では，比較的目立つ模様を持つ大型のベニツチカメムシですら，背景である地面から弁別することはできない。実はここに，夜行性動物の行動研究の難しさがある。

一般的には，昆虫は 300〜600 nm までの波長を受容することができ，ヒトに比べて受容波長帯が 100 nm ほど短波長側に寄っていて赤が見えない，とされることが多い。そこで，光源を 600 nm 以下の光を遮断する赤色フィルムで覆い，赤色光にした照明下でベニツチカメムシの野外観察を試みた。しかし，照明を点灯した直後に，正確に帰巣していたはずのカメムシはどの個体も方向を変え，巣の方向を見失ってしまった。後日，網膜電図法*によりカメムシの複眼がどの波長帯を受容しているかを調べたところ，本種は 650 nm 付近の光にも応答する眼をもつことが明らかになった。このようにいくつかの昆虫では，ヒトの眼に赤と感じられる 600 nm 以上の光を受容する（第 2 章）。夜間の観察に照明を用いる場合は，観察対象である動物の眼の受容波長帯を厳密に測定して，完全に視覚器が応答しない波長帯の光を用いなければならない。

単一個体の短時間の行動観察であれば，釣り具の塗装で使われるような発光塗料や蓄光塗料を利用して個体を識別し，行動を観察する方法も考えられる（Spencer *et al.*, 1997）。カメムシの腹部背面後方といった視覚に影響を与えにくい部位に，蓄光塗料

carpenter bees I: light intensities and flight activity. *Journal of Comparative Physiology A* **194**: 97-107.
Somanathan, H., R. M. Borges, E. J. Warrant & A. Kelber. 2008b. Nocturnal bees learn landmark colours in starlight. *Current Biology* **18**: R996-R997.
Spencer, J. L., L. J. Gewax, J. E. Keller & J. R. Miller. 1997. Chemiluminescent tags for tracking insect movement in darkness: application to moth photo-orientation. *The Great Lakes Entomologist* **30**: 33-43.
Srinivasan, M. V., M. Lehrer, S. W. Zhang & G. A. Horridge. 1989. How honeybees measure their distance from objects of unknown size. *Journal of Comparative Physiology A* **165**: 605-613.
Srinivasan, M. V., S. W. Zhang, M. Lehrer & T. S. Collett. 1996. Honeybee navigation en route to the goal: visual flight control and odometry. *Journa of Experimental Biology* **199**: 237-244.
Tsukamoto, L. & S. Tojo. 1992. A report of progressive provisioning in a stink bug, *Parastrachia japonensis* (Hemiptera: Cydnidae). *Journal of Ethology* **10**: 21-29.
Warrant, E. J. 1999. Seeing better at night: life style, eye design and the optimum strategy of spatial and temporal summation. *Vision Research* **39**: 1611-1630.
Warrant, E. 2004. Vision in the dimmest habitats on Earth. *Journal of Comparative Physiology A* **190**: 765-789.
Warrant E. J. 2006. Invertebrate vision in dim light. *In*: Warrant, E. & D-E. Nilsson (eds.) Invertebrate vision, p. 83-126. Cambridge University Press, New York.

　を塗った小さなテープを貼りつけ，その光が移動する方向を観察することも試みた。この実験では，林床をぼんやりと光る点がゆっくりと移動する，という幻想的な光景を見ることができたが，塗料を蓄光させる手間がかかるなど扱いが困難なことから，少なくともベニツチカメムシの野外観察には有効な方法ではなかった。
　現時点では，昆虫の夜間の行動観察には，赤外線暗視機能が付いたビデオカメラを利用している（Hironaka et al., 2008）。私が使用しているビデオカメラの機種に付属する赤外線ライトは，ピーク波長が 870 nm 付近，半値幅がおよそ 50 nm の光を照射しており，ベニツチカメムシを含めて昆虫の視覚器には受容できない波長帯であるため，視覚のかかわる行動に影響を与えることなく観察が可能である。観察対象が大きく移動する場合には，その視野と操作性が問題となるが，小型の赤外線暗視ゴーグルよりも視野は広く，ビデオカメラのズーム機能は小型の昆虫を追尾するのに適している。慣れればビデオカメラを頭部に固定してモニターを見ながら，足元を歩く沢山のカメムシを避けながら夜の林床を歩き回ることができる。そして，この赤外線暗視ビデオカメラが，ベニツチカメムシの夜のナビゲーション行動の謎を詳らかにしてくれた。

＊：光受容細胞の電位変化を記録することで，視覚器の光刺激に対する反応性を測定する方法。視覚器の角膜表面または内部に記録電極を置き，視覚器から離れた部位に不関電極を配置する。視覚器にさまざまな光を照射した時の電極間の電位差を，光受容細胞群の活動として記録する。

Warrant, E. & M. Dacke. 2010. Visual orientation and navigation in nocturnal arthropods. *Brain Behavior and Evolution* **75**: 156-173.

Warrant, E. J., A. Kelber, A. Gislén, B. Greiner, W. Ribi & W. T. Wcislo. 2004. Nocturnal vision and landmark orientation in a tropical halictid bee. *Current Biology* **14**: 1309-1318.

Wehner, R. 1981. Spatial vision in arthropods. *In*: Autrum, H. (ed.) Handbook of sensory physiology, Vol. VII/6C, p. 287-616. Springer Verlag, Berlin, Heidelberg, New York.

Wehner, R. 1984. Astronavigation in insects. *Annual Review of Entomology* **29**: 277-298.

Wehner, R. & S. Wehner. 1990. Insect navigation: use of maps or Ariadne's thread? *Ethology, Ecology and Evolution* **2**: 27-48.

Whitney, H. M., M. Kolle, P. Andrew, L. Chittka, U. Steiner & B. J. Glover. 2009. Floral iridescence, produced by diffractive optics, acts as a cue for animal pollinators. *Science* **323**: 130-133.

コラム5　偏光を感じる生き物たち

針山 孝彦（浜松医科大学医学部）

　光とはなんだろう。光について，波の現象か，粒子の現象かといった問いからはじめると，現代でも非常に難しい問題となる（Hecht, 2002）。ここでは，生物の視覚を理解するための物理光学のごく初歩のレベルにとどめ，光の波動としてまた粒子としての両方の性質を，生物現象に適用することからはじめよう。

　波動としての光は，横波として電場と磁場がある方向に振動している。図1-aで示すように，光の成分を分解すると電場と磁場は直交しており，この電場と磁場が特定の方向にのみ振動する光を偏光と呼ぶ。またこの波の山と山，あるいは谷と谷

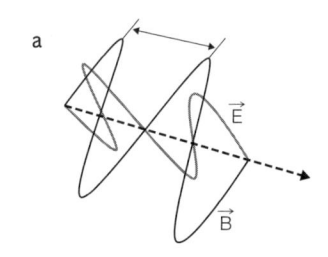

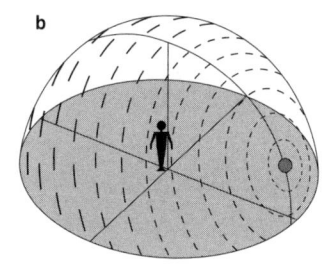

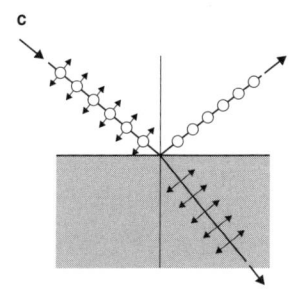

図1
- **a**: 平面に偏光した波の，直交する電場$\vec{E}$と磁場$\vec{B}$。両矢印で示した部分が1波長である。$\vec{E}$で示した波を含む面だけの光の束を偏光と考えればよい。無偏光の光とは，この波の面が単一ではなく，振動面がいろいろな方向にあるものをいう。
- **b**: 天空の微粒子によって散乱された光は偏光し，太陽を中心として同心円状の偏光パターンをつくる。見やすくするために偏光の強度を破線の長さと太さで示している。
- **c**: 界面から反射した光は，入射面に垂直な成分の反射率が多くなるので，鱗などの界面からの反射光は偏光成分を持つことになる。〇は入射面に垂直なS偏光成分，両矢印は入射面に平行なP偏光成分を示す。物体は，空気との間に界面を持つので，自然環境には，多様な偏光成分の偏りが生じている。

の長さを波長と呼ぶ。振動方向がでたらめで規則性がない光は、非偏光あるいは自然光と呼ばれる。ある視物質は、ある特定波長帯域に高い吸収効率を示すために、単一の視細胞にその視物質が含まれていれば、その細胞は特定波長帯域に高い感度を持つことになる。ヒトの場合、3種の錐体細胞に別々の波長帯域に感度を持つ視物質を持っているので、色覚を知覚できる（第1章p. 22）。そのため、比較的、波長という概念は理解しやすい。ところが偏光は、ヒトが弁別できないために、動物の知覚にとって光の重要な属性の1つであるにもかかわらず、なかなかその存在を意識することができない。唯一、内視現象の1つとして、「ハイディンガー（W. K. R. von Haidinger）のブラシ」と呼ばれる偏光を色として意識できるものがあげられる（Haidinger, 1844）。ブラシと呼ばれる所以は、偏光している可視光を見た時に、視野の中心部に仄かな模様として現れるところにある。偏光面を見たときにのみ淡い像として現れるものであるため、日常生活の中では、なかなかこの仄かなブラシを見ることができない。実験してその現象を確認するには、コンピュータなどの液晶モニタを利用するのが簡便である。偏光方向の変化を利用して輝度を変えている液晶モニタの画面は、強い偏光成分を持っている。何も描かれていない白い画面にして、モニタの中心あたりを注視しながら頭をゆっくり左右に傾けてみると、ごく淡い黄色い瓢箪のような像が見える。瓢箪のくびれの部分は比較的よく見えるが、頭と底は境界がはっきりしない。これが、ヒトが意識できる直線偏光である（Haidinger, 1844）。なぜ偏光を色としてヒトが知覚できるのかについては種々の研究がなされているが、最近では、ヒトの眼球の中心窩周辺にある青錐体細胞と、光の眼球内での光路修飾の関連が重要視されている（Flock et al., 2010）。つまり、ヒトの場合は、視細胞そのものが偏光弁別可能な特性を持っているのではなく、視細胞の周辺部が自然光から直線偏光をつくり出す偏光子としてはたらくために色として直線偏光の存在を意識できるとされる。ヒトは、偏光を利用できるように進化したものではないが、偏光の知覚体験をすると、偏光を情報として生物が利用可能であることを何とか想像できるだろう。

　一般的な光源からの光は、振動方向がさまざまに入り混じった自然光で、総和として偏光成分はない。太陽から放射される光も、一般的な光源と同じで偏光の偏りはない。ところが、天空に大量にある微小な粒子は、太陽光をレイリー散乱させることによって空を青く染めているだけでなく、太陽を中心とした偏光パターンを形成する（図1-b）。また、水面や地表面、植物の表面、魚の鱗や節足動物の外骨格などの動物の表面などに無偏光の光が入射した場合、その反射光、透過光が偏光成分を持つことになる。これは、光が物質の界面に接すると、ある振動面を持つ光の

みが反射し，別の振動面を持つ光が透過するという現象による（図1-c）。そのため，天空の偏光パターンに加えて，地球上の各所に，偏光成分の偏りが生じている。これらの散乱や反射などの光学的な現象で生じた地球各所の多様な偏光の違いが，偏光を弁別できる動物にとっては利用価値の高い情報となる。そして，現実に，ヒト以外の視覚を持つ動物たちの多くが，環境にある偏光を受容し利用している。偏光を，ほとんどの動物が利用しているのであるから，行動生態学者として動物や動物を取り巻く環境を理解するためには，偏光感覚についても理解しなければならない。

　光を受容し信号に変える第一段階は，光受容物質である。一般にロドプシンと総称される光受容物質は，発色団レチナールと，アポタンパク質のオプシンが，シッフ塩基結合したものである。11-*cis* レチナールが光を吸収し，all-*trans* レチナールに光異性化することが光受容の開始となる（図2-a）が，この異性化は1光量子反応であるので，ここで先に述べた光の粒子としての性質を考えなければならない。1つの光量子が持つエネルギー E は，$E=h\nu$（h はプランク定数，ν は光の振動数。光速 c は，振動数と波長 λ の積 $c=\nu\lambda$ なので，$E=hc/\lambda$）である。光の強度 I は，光線のエネルギー束，すなわち光線の単位断面積を横切って毎秒運ばれるエネルギーであるから，この光量子が n 個あれば，$I=nE$ となる。つまり，総光エネルギー I は，単位時間および単位面積あたりの光量子の総和として表すことができ，光量子1個が視物質に吸収され視物質発色団がシス-トランス（*cis-trans*）異性化反応をする効率（量子収率, quantum yield）をかけた値（Okano et al., 1992）で，ロドプシンは活性型ロドプシンに変換するのである。この活性型ロドプシンが，視細胞内の情報変換分子に作用し，視細胞が興奮し，続く神経系に情報を伝えることが可能になる。つまり，視細胞は，どれだけの光量子を捕捉できたかを，ほぼ線形に信号に変える素子として理解する必要がある。

　この発色団レチナールの光吸収には，偏光の方向依存性がある（Drikos et al., 1988，図2-b）。つまり，ロドプシン内にあるレチナールが直線偏光の方向（角度）に対して量子収率の違いを持っているので，ロドプシンの異性化率そのものに方向性が生じるのである。ごく単純な説明をすれば，偏光の振動面とレチナールの光吸収と関連する双極子モーメントの方向が一致したとき，吸収率が最大になるといえる。ただし，レチナールの吸収の特性には，双極子モーメントの方向だけではなく波長依存性もかかわる（Drikos et al., 1988）。そのためロドプシンの光吸収の割合は，波長と偏光の両方に相関を持つことになる（実際には，ロドプシンの吸収波長帯域は，レチナールと多様なオプシンの組み合わせで決まっている）。ロドプシンの異性化率は細胞の興奮に，ある一定の光量の範囲で比例するので，発色団レチナール

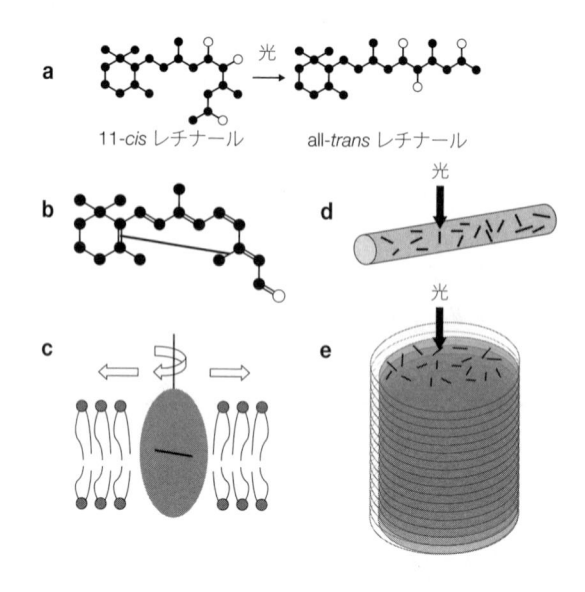

図2

- **a**: 視物質発色団の光異性化。11-*cis* から all-*trans* レチナールに変化することが視細胞の光応答の第一段階である。
- **b**: 視物質発色団レチナールの構造に，主たる吸収方向を直線で示した。
- **c**: 発色団はロドプシンの内部にあるので，その吸収方向を直線で示してある。ロドプシンは生体膜中にあるので，矢印で示したようにその場で回転したり横に移動したりしている。発色団の種類と，オプシンの種類によって吸収する光の波長が異なるだけでなく，光の振動面とあったロドプシンが効率よく光を吸収する。
- **d**: 無脊椎動物視細胞にある1本の微絨。
- **e**: 脊椎動物の視細胞内には円盤膜が重なっており，その膜に視物質が浮遊している。
 すべての図中の直線は，発色団の吸収方向を示している。矢印は光の入射方向。

による光の吸収率がそのまま細胞の興奮に反映される。ロドプシンが存在している細胞膜が，光軸に対して垂直に位置している面だとすると，その面上でロドプシンが一定方向に向かっていれば，光の吸収方向の偏りを生じることができることになる。

ところが，ロドプシンは，7回膜貫通型の細胞膜の内外を貫いている膜タンパク質であり，脂質二重膜内に浮遊している（図2-c）。そのため，ロドプシンはフリーローテーションしているだけでなく，生体膜中を移動することもでき，レチナールの双極子モーメントを膜平面上で一方向に配置することはできないと考えられている（図2-d, e）。そのことから，脊椎動物の桿体細胞の外節には，光軸に垂直の面に円盤状の生体膜（円盤膜）の袋が多数あり，その生体膜の上にロドプシンが浮遊

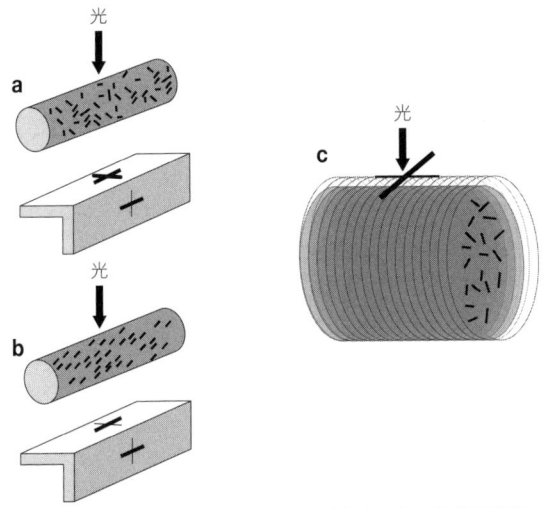

図3 微絨毛の構造による偏光受容能と脊椎動物の外節による偏光受容能
円筒に描いたものを縦横の板のように描くことで,円筒の微絨毛を横と縦に代表(積分)し,そのロドプシンの強い吸収を太い線,吸収が起きないものを細い線で示している。
a: 生体膜中でロドプシンが自由運動していても,長軸方向に太い線が2本,短軸方向に太い線が1本であり,長軸 対 短軸で2:1の吸収率の差がある。
b: 微絨毛膜中でロドプシンの運動が制限されていたとしたときの長軸と短軸の吸収率の差は,理論的には∞:1となる。
c: 視物質が円盤膜上に局在している外節の横から偏光が入射すると,円盤膜上で視物質が自由に運動していたとしても偏光受容能が生じる。外節の長軸と短軸の吸収率の差は,理論的には∞:1となる。

しているために,光軸に垂直面の膜をもつ視細胞では,偏光を弁別できないとされる(図2-e)。一方,無脊椎動物の視細胞は,微絨毛(microvillus)が集まった構造をしており(図4-a),1本の微絨毛が筒状である(図2-d)ために,長軸と短軸の偏光に対する吸収率が2:1となることから偏光受容が可能であると多くの教科書には書かれている(Laughlin et al., 1975)。円筒状の膜の上に,レチナールの双極子モーメントがランダムに存在しているものが,光吸収する偏りがあるか否かは,そのベクトル方向を積分して計算すればよいのだが,簡単のために,多くの教科書で使われているように,ベクトル方向と面を2枚のパネルとして考えたもの(box model)を図示する(図3-a, b)。図3-aのように,双極子モーメントがランダムに存在していると,パネルの十字線で示した光吸収の強いものが長軸方向に2本,短軸方向に1本となることから,長軸と短軸の偏光感度(Polarization Sensitivity: PS)は2:1となる。もしも図3-bのように,長軸方向にレチナールの双極子モーメントが固定さ

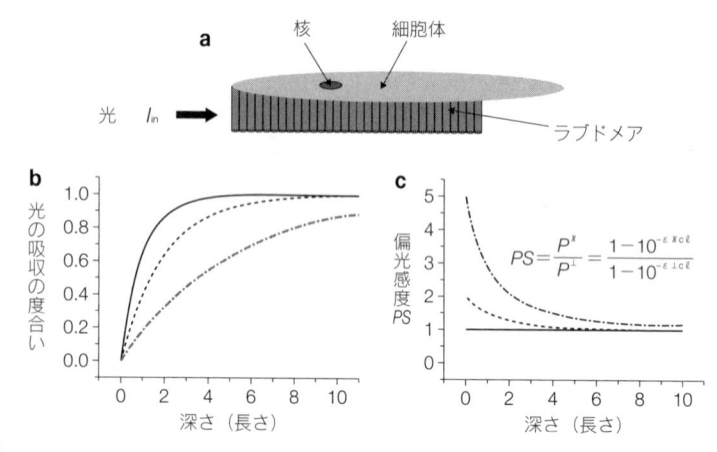

図4

a: 櫛状に描いている部分が，微絨毛が集まって形成されている光受容部位のラブドメア。そこに矢印で示した方向から光が入射する。I_{in} は，ラブドメアに入射する光量

b: ある視物質γが，深さによって吸収率が変化する様子を —— で示し，吸収係数が半分のものだと ---- となり，5分の1では —·— となる。

c: PSは偏光感度。本文で説明した光吸収がマイクロビライに平行（∥）および垂直（⊥）で起こった場合の，比率を計算したものである。**b**で得られた光の吸収の度合いの違いを，微絨毛の長軸と短軸の違いとすると，偏光感度として考えられる。ラブドメアの長さが長いと，偏光感度は低下することになる

$$PS = \frac{P^{\parallel}}{P^{\perp}} = \frac{1-10^{-\varepsilon\parallel cl}}{1-10^{-\varepsilon\perp cl}}$$

れていたら，2本対0本ということになり，偏光感度は無限大となる。このことから，図2-dと-eで示した無脊椎動物と脊椎動物の光受容部の構造の違いから，あたかも偏光感度は，筒状の微絨毛を持つ昆虫などの無脊椎動物だけが持つ特別な能力だとして信じられているようだ。

ところが，ことはそれほど簡単ではない。微絨毛が生み出している偏光受容能は，ラブドームという光受容構造の全体によっても修飾されているのである。微絨毛が，光の入射方向に直角に並び，すべて同じ方向を向いて，視細胞の上から下までしっかりと埋め尽くしているという理想的な形だとしよう（図4-a）。その時，なにが起きるか。ランバート・ベールの法則（$I_{out}=I_{in}10^{-\varepsilon cl}$，ここで，$I_{out}$：通過した光強度，$I_{in}$：入射する前の光強度）で示される吸収が起こるのである。εcl（ε：モル吸光係数，cは媒質のモル濃度，lは光が通る長さ）は吸収度と呼ばれ，この式からわかるように，光の吸収は，光吸収をする物質の量（c）と，その物質が存在する長さ（l）で決まる。lの長さを持つラブドメアで吸収される光量 P は，$P=I_{in}(1-10^{-\varepsilon cl})$ と表すことができる。図4-bは，その深さ（lの長さ）による光吸収 P の度合いを定性的なグラフとして示したものである。ここで，cは一定で，ε を

長軸と短軸の光吸収の差として考えてみよう。図4-bの ── を1とし，その半分の光吸収しかできない場合は……で示した曲線となり，5分の1の場合であれば-----となる。それらの比率は，偏光の方向による光吸収の比率としても考えられるので，実線どうしの光吸収があるとすると，図4-cの実線で示した1となる。光吸収が1のものに対して2分の1のものの偏光感度（長軸に対する短軸の偏光に対する吸収量の比率）は……となり，また，5分の1のものの偏光感度は-----となる。図4-bから，深さ（長さ）lが大きくなるに従って，光吸収の比率の良いものであれば急激に吸収されその後ほとんど吸収されなくなり，吸収の比率の悪い方向のものでも徐々に吸収が進み，lが十分に大きければ，両者の差は小さくなることがわかる。つまり，微絨毛の偏光特性を示しているのは，光が入射した直後のごく短い部分だけであり，ラブドメアの全長が長ければ，1本の微絨毛がいかに偏光の方向に対して吸収率が異なっていたとしても，ラブドメア全体として吸収しうる光量には，長軸方向と短軸方向の間で差がなくなり，視細胞自身の偏光感度がなくなるということになる。ここでは，長さについて定性的な理解をしたが，これは εcl のどのパラメータにも影響を受けるので，c の濃度が高い場合は，ラブドーム（感桿）の長さが短くても偏光の方向による吸収の差がなくなることを意味している。図4-cからわかるように，ロドプシンの濃度が薄いこと，ラブドメアの長さが短いことが，偏光感度を高くすることができる重要なパラメータである。逆に，ロドプシンの濃度を上げてラブドメアを長くすれば，偏光を感じることのない波長依存的な高感度の受容器となる。

　アメリカザリガニの視細胞にガラス微小電極を刺入して，単一視細胞から光応答を記録することができる（図5-a）。単一視細胞からの応答は，光吸収された光量子の数に比例するので，視細胞応答の度合いを指標として光量子の吸収の度合いを推定することができる。単色光源を用いて，その光路中の波長を修飾せずに光量を変化させることのできるようにNDフィルタを入れ，光量のみを変化させて光刺激すると，図5-bのような光強度応答曲線を得ることができる。それぞれの単色光の最大光量（横軸の0）は，同じ（等光量子数）にして実験を行った。得られた曲線の傾きはほぼ同じだが，波長によってその応答の高さが異なることがわかる。これは光吸収に波長依存性があることを意味している。まったく同じ視細胞で，最大応答が得られた580 nm光を用いて偏光の傾きの違いによる応答の変化を記録し（図5-c），最大応答を示す角度（PREF.）と，最小応答を示す角度（NULL.）を比較すると，曲線の傾きはほぼ同じだが，偏光板の角度によってその応答の高さが異なることがわかる。つまり，この図は光吸収に偏光面の角度依存性があることを示して

図5

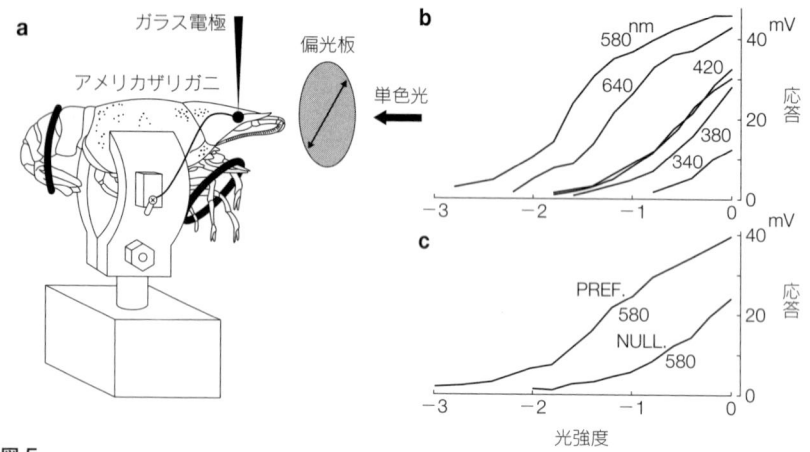

a: アメリカザリガニのハサミを自切させ，複眼の眼柄を固定し，ガラス微小管を単一の視細胞に刺入して光刺激に対する応答を記録する．光刺激には単色光，あるいは複眼の直前に直線偏光板を設置して単色光による偏光を用いた

b: 単色光の光強度をNDフィルタを用いて，光刺激の強度を変化させて得た光強度応答曲線

c: **b**の実験の光路中に偏光板を入れ，最大応答を示す580 nm光で刺激し，最大応答（PREF.）と最小応答（NULL.）を示す時の，光強度応答曲線．PREF.とNULL.の偏光板の角度の違いは，90°

いる．この実験からも，ロドプシンは「波長」と，「偏光の振動面」の両方に光吸収量の効率に影響を受けることがわかる．これは，1つの視細胞が波長を弁別しようとするときには偏光がノイズになり，偏光を弁別するときには波長がノイズになることを意味している．昆虫などは，この問題を光受容部位，特にラブドメアの構造を変えることで対応している．一般に，偏光を弁別するために特化したDRA (Dorsal Rim Area) などの視細胞では，微絨毛の方向が揃い，ラブドメアは短い．また，色を弁別する部分では，ラブドメアが長いものが多い．色弁別に特化した視細胞の中には，ラブドメアの形を平面上で扇型にして微絨毛を多方向に配置したり，長いラブドメアを光軸にそって捩じっていたりするものも報告されている (Warrant et al., 1999)．微絨毛があるから偏光視ができるのではなく，視細胞の構造を変えることで偏光視能を獲得（針山ら，2005），あるいは遺棄していると考えるべきである．

　円盤膜上にロドプシンが存在しているために偏光とは関係ないと考えられていた脊椎動物の眼にも偏光弁別能があり，行動学的にも偏光を利用していることが数多く報告されている．海水魚では，海から陸側へ移動する際に天空の偏光情報を用

いていることが示唆されたり（Goodyer et al., 1979），偏光の少ない海水を背景とするなかで魚の鱗が持つ偏光とのコントラストを利用したりしているという報告（Denton & Nicol, 1965）がある。数多くの魚の偏光利用の行動学的研究に比べて，なぜ魚が偏光を弁別できるかという報告は少ない。その中でも，ニジマスの眼球から出ている視神経からの電気生理学的記録により偏光の方向の違いにより応答が異なることを示した研究（Parkyn & Hawryshyn, 1993）と，イワシ科の小魚のアンチョビの視細胞を形態学的に観察すると，外接の円盤膜が光の入射方向に平行に並んでいる研究が特筆に値する（Novales Flamarique & Hawryshyn, 1998）。このアンチョビの形態学的研究は，眼のレンズから網膜視細胞にかけての光の入射方向は，一般の眼と同じであるが，外節の円盤膜の並ぶ方向が図3-cに示した横から光が入射した角度となっていて，脊椎視細胞でも偏光の方向を弁別できることを示したものである。つまり，円盤膜に垂直に入射することになった光のうち，ロドプシンがどのように膜上で運動していても，円盤膜を形成する生体膜の面に平行な偏光面の光がよく吸収されることになり，円盤膜が重なった外節の長軸方向の偏光面の光は吸収されないことになるのである。両生類（Taylor & Adler, 1978）や爬虫類（Freake, 1999）などでも，偏光を利用していることが行動学的に示唆されており，タイガー・サラマンダーでは頭頂眼内の光受容細胞が，光の入射方向に対して横向きになっていて偏光感度のある構造をしており，両眼を除去したものでは偏光を利用して定位行動ができるが，頭頂眼を遮蔽したものでは定位が不規則になることが報告されている（Taylor & Adler, 1978）。また，鳥類でも偏光を受容して定位行動を達成していることが示唆される行動学的論文が数多く発表されており，この偏光受容のメカニズムとして double cone（錐体が2つ密着した視細胞）の片側の oil droplet が隣の外接に偏光を散乱し，円盤膜の横から光が入射することが理由だとされている（Waldvogel, 1990）。哺乳動物に至ると，先に述べたヒトのハイディンガーのブラシ以外の研究報告は見あたらない。脊椎動物の偏光受容能の仕組みの詳細については今後の研究の発展を待たなければならないが，動物界において，無脊椎動物も脊椎動物も視細胞が偏光感度をもち，偏光を弁別して行動を制御していることは間違いのないことだろう。

　波長を弁別して，動物が色として認識するためには，最低2つ別々のスペクトル感度を持つ視細胞が，ほぼ同じ対象方向に向いている必要がある。その理由は，1つの視細胞は光強度依存的に光応答の大きさを変えるので，2つ別々のスペクトル応答域を持った視細胞どうしの光応答の比較をしなくてはならないからである。そしてそのスペクトル帯域に反応する視細胞は偏光によって応答の大きさが変化し

てはならない。偏光を弁別する際も同様の仕組みが必要である。つまり，同じスペクトル帯域の視細胞が最低2種類，2方向別々の偏光面に対して応答極大を持つように配置している必要がある。この場合には，同じスペクトル帯域に感度を持つ視細胞を配置することが必要になる。色も偏光も，同じように最低2つの入力素子からの応答の大きさを比較することによって情報として利用できるのである。人間は，環境に色が存在していると考えがちだが，環境には色は存在しておらず，動物が環境にある波長を別々のスペクトル帯域に感度を持つ視細胞の応答の差を利用して「波長による興奮の度合いの違い」を「色という情報」に変換しているのである。同様に「偏光の振動面による視細胞の興奮の度合いの違い」を「偏光情報」に動物が変換しているのである。発色団が持つ波長と振動面に対して吸収に違いが生じるという特性を利用するだけでなく，それらが互いにノイズになってしまうところを視細胞の構造変化によってキャンセルし，色情報として利用したり，偏光情報として利用したりできるようにした生物の戦略に驚嘆を覚える。

　動物の偏光受容に関する研究は，スイスの昆虫学者のサンチ（Felix Santschi）が，1923年にナビゲーションをするアリが帰巣の際に天空の一部が見えれば戻れるが，空を覆ってしまうと戻れなくなることを発見したことにはじまるとされる。彼は，アリが天空の偏光パターンを利用していることまでは気づかなかった（Santschi, 1923）が，それから50年後，フォン・フリッシュ（Karl Ritter von Frisch）は，天空の偏光パターンを使ってミツバチが帰巣することを見事に証明したのである（von Frisch, 1949）。その後，環境には多様な偏光の組み合わせがあり，生物がそれを利用していることが発見されるようになった。サンチがアリを見つめたことが，ヒトには見えない偏光という情報世界を生物が利用しているということを知るきっかけになったのだと思う。生物を素直に見つめなくてはいけないと思う。と同時に，ヒトには理解できない行動などを発見した時には，物理学や工学など異分野の知識も総動員しなければ，ヒトには見えない世界を理解することはできないのだと思う。偏光を感じる生き物たちの存在とその仕組みを先達の研究によって知ることができた今，その道の専門家気取りで納まってしまわないように注意して，異分野の人々との交流を拡大し，一層広く動物がもっている環世界を理解したいと思うようになった。

引用文献

Denton, E. J. & J. A. C. Nicol. 1965. Polarization of light reflected from the silvery exterior of the beak, *Alburnus alburnus*. *Journal of the Marine Biological Association of the United Kingdom* **45**: 705-709.

Drikos, G., H. Dietrich & H. Rüppel. 1988. The polarized UV-absorption spectra and the crystal structure of two different monoclinic crystal forms of the retinal homologue β-8'-apocarotenal. *European Biophysics Journal* **16**: 193-205.

Floch A. L., G. Ropars, J. Enoch & V. Lakshminarayanan. 2010. The polarization sense in human vision. *Vision Research* **50**: 2048-2054.

Freake, M. J. 1999. Evidence for orientation using the e-vector direction of polarized light in the sleepy lizard *Tiliqua rugosa*. *Journal of Experimental Biology* **202**: 1159-1166.

von Frisch, K. 1949. Die Polarisation des Himmelslichtes als orientierender Faktor bei den Tanzen der Bienen. *Experientia* **5**: 142-148.

Goodyear, C. P. & D. H. Bennett. 1979. Sun compass orientation of immature bluegill. *Transactions of the American Fisheries Society* **108**: 555-559.

Haidinger, W. 1844. Ueber das directe Erkennen des polarisirten Lichts und der Lage der Polarisationsebene. *In*: J. C. Poggendorf (ed.), Annalen der Physik und Chemie Vol. 63, p.29-39.

針山孝彦・堀口弘子・植野由佳・弘中満太郎 2005. 節足動物の視覚系とその行動. *Vision* **17**: 27-38.

Hecht, E. Optics 4th edition. Addison Wesley, Massachusetts.〔邦訳:ユージン・ヘクト(著), 尾崎義治・朝倉利光(訳)2004. 光学Ⅰ-基礎と幾何光学-. 丸善.〕

Laughlin, S. B., R. Menzel & A. W. Snyder. 1975. Membranes, dichroism and receptor sensitivity. *In*: Snyder, A. W. & R. Menzel (eds.), Photoreceptor Optics, p 237-259. Springer-Verlag, Berlin, New York.

Novales Flamarique, I. & C. W. Hawryshyn. 1998. Photoreceptor types and their relation to the spectral and polarization sensitivities of clupeid fishes. *Journal of Comparative Physiology A* **182**: 793-803.

Okano, T., Y. Fukada, Y. Shichida & T. Yoshizawa. 1992. Photosensitivities of iodopsin and rhodopsins. *Photochemistry and Photobiology* **56**: 995-1001.

Parkyn, D. C. & C. W. Hawryshyn. 1993. Polarized-light sensitivity in rainbow trout (*Oncorhyncbus mykiss*): characterization from multi-unit responses in the optic nerve. *Journal of Comparative Physiology A* **172**: 493-500.

Santschi, F. 1923. L'orientation sidérale des fourmis, et quelques considérations sur leurs différentes possibilitiés d'orientation. I. Classification des diverses possibilities d' orientation ches les fourmis. *Mémoires de la Société Vaudoise des Sciences Naturelles* **4**: 137-175.

Taylor, D. H. & K. Adler. 1978. The pineal body: site of extraocular perception of celestial cues for orientation in the tiger salamander (*Ambystoma tigrinum*). *Journal of Comparative Physiology A* **124**: 357-361.

Waldvogel, J. A. 1990. The bird's eye view. *American Scientist* **78**: 342-353.
Warrant, E., K. Bartsch & C. Günter. 1999. Physiological optics in the hummingbird hawkmoth: A compound eye without ommatidia. *Journal of Experimental Biology* **202**: 497-511.

参考図書

Horváth, G. & D. Varjú. 2004. Polarized light in animal vision: polarization patterns in nature. Springer-Verlag, Berlin.

付録　見えない世界を見るために：
紫外線写真の撮影法

粕谷 英一（九州大学理学部生物学教室）

　昆虫や鳥などは，人間とは異なり紫外線の一部も見ることができる（第2，4章）。この人間の視覚では感じることのできない光も，デジタルカメラを使えばあまり手間と追加の費用をかけずにとらえることができる。それが紫外線だけで写真を撮ること（以下，紫外線写真）である。

　ただ，紫外線写真は，昆虫や鳥などが見ているそのものあるいはそれにかなり近いものというわけではない。昆虫などが感じるのは紫外線だけはなく可視光線も含んでいる（第2章）が，紫外線写真に映るのは紫外線だけである。紫外線写真は，人間と昆虫などの視覚の波長に対する感じ方のちがいを示すものであっても，昆虫や鳥が見ている映像（やそれに近いもの）ではない。また，可視光線のどの波長にどれだけ敏感に感じるのかも動物により異なるので，人間と昆虫などのちがいのすべてを反映しているものでもない。紫外線写真は，人間が見ることができず昆虫など他の動物は見ることができる波長域という視覚のちがい，つまりちがいの一部を見ているのである。

　紫外線は波長が10～400 nmの範囲であるが，昆虫や鳥などが視覚で感じる300 nm程度から400 nmまでの間だけを，ここでは扱うことにする（光の波長と視覚については第1章の図1を参照）。以下では紫外線と言ったらこの範囲の波長のものだけを指し，これより短い波長のものは考えないことにする。

　カメラで写真を撮影するとき，光はレンズを通って像を結び，感光体（フィルムやイメージセンサー）に保存される。そこで，紫外線写真を撮る際には，レンズの透過と感光体の感じ方が問題になる。まず，一般的な写真用レンズは紫外線も透過するが，350nm付近よりも短い波長では透過率が急速に低下するのが普通であり，300nm付近では透過率が非常に低くなっている（各波長ごとの透過率はカタログで公表されている場合もある，光ガラス株式会社の場合，http://www.hikari-g.co.jp/products/）。また，紫外線の透過はレンズのガラス表面のコーティングによっても抑制される（後述）。

　一方，感光体については，デジタルカメラのイメージセンサー（撮像素子）であるCCDやCMOSは可視光線だけでなくその両外側の波長の範囲にも感じる（CCD

では300〜800 nmに感じることが多い)．とくに，波長の長い赤外線側はオートフォーカスの障害となるため，デジタルカメラでは波長の長い部分をカットするフィルター（ローパスフィルター）が内蔵されているのが普通である．紫外線はそもそも人の視覚ではとらえられないので色はないが，イメージセンサーでとらえられると青になるのが普通である．

　レンズと感光体をまとめると，どちらについても紫外線（ここでは300〜400 nmを指すことに注意）をある程度は透過したり感じたりするので，紫外線だけを使った写真を撮ることが可能であることがわかる．あとは紫外線以外を除けばいいことになる．

　普通に写真を撮る場合（紫外線写真以外の場合），可視光線以外の波長域はむしろ無い方がいいということがある．画質をよくする目的で，UVフィルター（あるいは紫外線フィルターと呼ばれることもある，後述）をレンズの前につけて紫外線を通さないことがよく行われてきた．レンズの前にフィルターを置いて特定の範囲の波長を通さないことができるわけである．これを応用すれば紫外線以外を通さないこともできる．

紫外線写真

　前記のように普通のデジタルカメラなどは紫外線も感じるので，紫外線写真をとることが可能である（実際にはカメラにより相当の差がある，後述）．そのためには，紫外線以外の波長の光が通らないようにレンズの前にフィルターを置いてやればよい．紫外線以外の波長の光を通さないフィルターのことを以下，紫外線透過フィルターと呼ぶ（上記のような，紫外線を通さない，UVフィルターなどと区別するためである）．

　写真撮影用のフィルターは多くの種類が市販されている．紫外線透過フィルターとして使えるには，400 nm付近より短い波長だけが通ればよい．これは，フィルターの透過スペクトル（波長ごとの透過率）のデータで400 nm付近より短い波長だけが通ることを確認すればよい．紫外線透過フィルターの例としては，SchottのUG1やUG11（Hoyaでも扱っている），HoyaのU-340やU-360，KodakのWratten 18Aなどがある．こういったフィルターはほとんど黒か非常に濃い紫色に見える．これらのフィルターには紫外線だけでなく700 nm付近の光も通すものがある．その場合には700 nm付近を通さない（が400 nm以下は通す）フィルターを重ねて使えばよい（赤外線と近赤外線を通さないホットミラーも700 nm付近を通さない目的で使えることがある）．フィルターの透過スペクトルのデータは，カ

タログやメーカーなどのウェブサイトに用意されていることが多い。

　紫外線写真に必要な機材は，普通の撮影をするためのカメラとその付属機器（たとえば，メモリーカード）以外には，紫外線透過フィルターである。だが実際の撮影を考えると，他にもあった方がいい機材や留意点がある。以下説明していく。

　紫外線写真ではごく一部の範囲の波長だけを使うことになるので，光量が不足しやすい。そのため，露出はオートではうまく調節できないことも多く，いくつかの露光時間を試して試行錯誤で決める必要が出てくるため，マニュアル露出が可能なデジタルカメラが向いている（数秒から数十秒の露出が必要なこともある）。そして，長時間の露出が必要になるので，ぶれを止めるため三脚とレリーズ（リモートスイッチ，シャッターボタンを押す時のゆれを防ぐため）は必須である（レリーズがないときには，セルフタイマーもぶれ防止に効果がある。ミラーのある一眼レフではミラーアップ機能もある方がよい）。また，被写体が動いてぶれるのを止める工夫も必要である（植物などでは風でゆれないように支えていると効果的な場合もあった）。とくに室内の撮影では，光量が不足して，人工的な紫外線照明が必要になることがある。この照明には紫外線が必要であり，ブラックライト（紫外線を発する蛍光管が一般的）が有効である（紫外線を発するLEDでもよい，波長300〜400 nmの光が出ていることが必要である）。

　フォーカス（ピント合わせ）については，光量が不足してオートフォーカスは効かないことが多く，マニュアルフォーカスが可能なカメラが向いている。波長により合焦位置が異なるかもしれないので，実際に撮影したもの（あるいはライブビュー）で合焦していることを確かめることが必要である。

　現在，フィルムを感光体として写真を撮る人は限られているだろう。紫外線写真の場合，露出についてもフォーカスについても，試行錯誤が多少は必要になることが多いため，撮影した結果をすぐ見ることができるデジタルカメラがとくに向いている。

　現在のほとんどのカメラのレンズは表面での反射を抑えるため多層膜のコーティング（マルチコート）がされている。マルチコートでは紫外線の透過が抑えられることが多いと考えられており，紫外線写真には単層膜のコーティング（シングルコート）がされている古いレンズの方がいいかもしれない。レンズとカメラの接合部（マウント）の規格はさまざまだが，古いレンズの多くは，レンズ交換式のデジタル一眼レフなどで使用可能で，異なる機種向けに設計されたレンズを使うためのアダプター（マウントアダプター）が市販されている。ただし，フランジバック（レ

ンズの取り付け面と撮像素子やフィルムの面の間の距離）が短いカメラ向けに作られたレンズを，それよりもフランジバックが長いカメラにアダプターを介して装着すると，近くの被写体にしか合焦しない可能性がある．

紫外線透過フィルターをレンズの前にかざしても紫外線写真は何とか撮れるだろうが，フィルターを通らない光が入り込まないように，レンズの前にフィルターを固定した方がいい．紫外線透過フィルターに限らず，レンズにフィルターを付けるには，環状の枠のなかに入ったフィルター（枠にねじが切られている）をレンズ先端にねじこむのが普通だが，自分のカメラのレンズの先端とフィルターの径が合わないことがある．径の異なるものを接続するリング（ステップアップあるいはステップダウン・リング）が市販されている．またそもそも，フィルターが環状の枠のなかに入った形で販売されていないこともある．その場合には，100 mm角や76 mm角などの大きさの四角いガラス板をレンズの前に固定するフィルターホルダーが市販されているので，四角いフィルターを入手して，フィルターホルダーを使ってレンズの前につけることができる．

始めてみよう

ここまで，紫外線写真に向いた機材や注意点などを述べて来た．機材として，1.紫外線透過フィルター，2.マニュアルで露光とフォーカスができるデジタルカメラ，3.ブラックライトは，必要であろう．以下，実際に撮る手順をまとめてみる．

カメラがどのくらい紫外線に感じるかは，機種により差がある．一番最初にカメラのチェックが必要になる（現在使えるデジタルカメラがあればまずそれをチェックしてみるといい）．暗い部屋でブラックライトだけを光源にして，極端に長い時間も含めて露出をいろいろ変えて写真を撮る．ここで，露出時間を長くしてもほとんどまっ黒にしか撮らない場合には，レンズ交換式のカメラなら別のレンズを試し，それでもだめなら別のカメラを検討した方がいいだろう．

紫外線撮影に使うカメラの機種が決まったら，まず，マニュアルでの露出とフォーカスができるデジタルカメラ，三脚，リモートスイッチ（レリーズ）を準備する．次に，フィルターの波長ごとの透過率（透過スペクトル）のデータをウェブサイトやカタログで確認し，どのフィルターを使うかを決め，入手する．フィルターによって，どんな形（枠付きの円形なら径，あるいは四角なら縦×横）のものが入手できるかがちがうので，フィルターが決まってから，それに合わせてフィルターホルダーを入手する．ここまで揃えば後は撮るだけである．紫外線写真を撮るときに

図1　キスゲの花
紫外線透過フィルターをかけて撮影したもの（左）と，フィルターなしで通常の撮影をしたもの（右）。撮影条件：カメラ Canon EOS D60，レンズ Tamron28-300 mm。紫外線透過フィルター使用時：焦点距離 70 mm，露光時間4秒，絞り F5.6, ISO1000。通常の撮影時：焦点距離 70 mm，露光時間 1/350 秒，絞り F11, ISO1000。紫外線透過フィルター：Schott UG1 と OD4 525NM ショートパスを併用。口絵 15 も参照。

は，同じ被写体・同じ構図の普通の写真も同じカメラで撮っておこう。

　図1は，キスゲの花を紫外線透過フィルターをかけて撮影したものと普通にそのまま撮影したものである。花弁の基部に近いところに，紫外線をほとんど反射しない部分が見られる。紫外線では花弁の中に大きなコントラストがあるのに，通常の写真ではほとんど差がないことがわかる。

結びにかえて

　紫外線透過フィルターを付けて写真を撮ることにより，人間が視覚で感じることのできない波長までいわば視覚を拡張できる。この方法は比較的手軽だが，冒頭にも述べたように"他の動物の見ている"世界を見ているわけではないし，ピクセルがそれぞれスペクトルの情報を持つ，いわゆるスペクトルカメラに代わるわけでもない（情報量がはるかに少ない）。

　一方，紫外線写真での"特定の波長域だけで写真を撮る"という方法は，他の波長域にも応用可能である。ある波長域が何らかの生物学的なあるいは研究上の重要性を持っているなら，その範囲をレンズや撮像素子がカバーしていれば，適切なフィルターを準備しさえすれば使える。

ここでは詳しく述べなかったが，人間が視覚を通じてとらえることのできない紫外線や赤外線の画像を得たいという要求はいろいろな分野に存在する。工業用にはレンズ・CCDともさまざまなものがあるし，紫外線と赤外線に対応したデジタル一眼レフ（アメリカフジフィルム　Fuji S3pro UVIR）や天体撮影用にも赤外線をカットするローパスフィルターを特別なものにして水素の線スペクトルの1つである約656nmの波長がうつりやすくした製品［キャノン EOS 20Da］などがある。他の分野で使われている機材も役立つ情報を与えてくれることが多い。

　原稿を読みご意見を頂いた，川口利奈，新田梢，福原達人，古市生の各氏に感謝する。

　[補] ここまでは，一般にカメラに使われている，いわば普通のレンズを使うことを想定して述べて来た。これらのレンズは300 nmに近づくほど透過率が落ちていると考えられる。一方，300 nmまでほぼ一様に透過するレンズも作られている。

　35 mmフィルムやブローニーフィルムを使うカメラ用には，過去，ニコン（UV Nikkor），ペンタックス（Ultra Achromatic Takumar），ツァイス（UV Sonnar）などから販売されていた。これらは中古でもたいてい高価である。現在でも，栃木ニコン（UV-105mm F4.5）やJenoptik社（UV-VIS 105mm CoastalOpt® SLR LensやUV-VIS-IR 60mm Apo Macro）からニコンのFマウント用のレンズが発売されている。

　現在でも入手可能なものとしては，Cマウント（内径25.4 mmで，映画の16 mm用や防犯用などで一般的）の規格によるレンズもある。ペンタックスやソニーからは300〜400 nm付近の範囲でほぼフラットな透過の特性を持つレンズが発売されている。Cマウントのレンズは，マウントアダプターでデジタル一眼レフなどにつけることが可能である。鏡だけで構成されている反射光学系（たとえば、ニュートン式）を使えば広い範囲の波長に対応でき、紫外線写真にも使える。だが、反射光学系で入手しやすいもの（天体望遠鏡など）は焦点距離が非常に長いことが多い。また、鏡とレンズの両方を使っている光学系もあることに注意が必要である（マクストフ-カセグレン式など）。

　また，カメラ用レンズのほとんどは少なくても4枚からなるので，収差の補正の点で問題はあるが，合成石英でできた1枚もののレンズは200 nm以上の波長ではほぼフラットな透過の特性を持つ。これらを単体あるいは組み合わせて使うことも考えられる。Cマウントで使えるようにレンズを保持するレンズホルダーが使える

サイズの製品もある。
　なお，最近デジタルカメラの感度が大きくなり暗所での撮影能力が高まっていることを考えると，今後，紫外線写真の動画撮影が実用的になる可能性がある。

執筆者一覧（五十音順）

蟻川 謙太郎（総合研究大学院大学：第1章）

粕谷 英一（九州大学理学部生物学教室：付録）

木下 充代（総合研究大学院大学：コラム1）

田中 啓太（立教大学理学部：第4章，コラム2）

寺井 洋平（総合研究大学院大学：第6章）

新田 梢（九州大学理学研究院：コラム3）

針山 孝彦（浜松医科大学医学部：コラム4，コラム5）

平松 千尋（九州大学芸術工学研究院：第5章）

弘中 満太郎（浜松医科大学医学部：第7章）

牧野 崇司（山形大学理学部：責任編集，第1章，第3章，コラム3）

安元 暁子（早稲田佐賀中学・高等学校：責任編集，コラム3）

横山 潤（山形大学理学部：第3章）

若桑 基博（総合研究大学院大学：第2章）

索 引

生物索引

Bombus impatiens 33
Mbipia
　mbipi 161, 164
Mimulus
　cardinalis 172, 174
　lewisii 172, 174
Neochromis
　greenwoodi 161, 163, 164, 166
　rufocaudalis 161, 164
Petunia
　axillaris 175, 176
　exerta 176
　integrifolia 175
Pundamilia
　nyererei 164, 166, 167
　pundamilia 161, 164, 166
アメリカザリガニ 187, 221
ウグイ *Tribolodon hakonensis* 185, 187
ウタツグミ *Turdus philomelos* 103
カブトガニ 181
キスゲ 176, 231
クロオオアリ 202

サケ 185
シクリッド 152
ジュウイチ *Cuculus fugax* 85, 111
スズメ目 Passeriformes 86, 88, 92, 101, 102
セイヨウオオマルハナバチ *Bombus terrestris* 67, 175
セイヨウミツバチ *Apis mellifera* 32, 64
タバコスズメガ *Manduca sexta* 34, 175
チュウベイクモザル *Ateles geoffroyi* 130
ナミアゲハ *Papilio xuthus* 40, 52
ノドジロオマキザル *Cebus capucinus* 130
ハマカンゾウ 176
ヒメアカタテハ *Vanessa cardui* 33
フナムシ 179
ベニスズメ 211
ベニツチカメムシ *Parastrachia japonensis* 198
ボロボロノキ *Schoepfia jasminodora* 198
マルハナバチ 33, 67
モンシロチョウ *Pieris rapae* 34
ルリビタキ *Tarsiger cyanurus* 86

事項索引

【英数字】

1色型色覚 → 色覚
2色型色覚 → 色覚
3色型色覚 → 色覚
3-デヒドロレチナール → レチナール
3-ハイドロキシレチナール → レチナール
4-ハイドロキシレチナール → レチナール
7回膜貫通型 16, 218
11-*cis* レチナール → レチナール retinal

【英数字】

A1 レチナール → 11-*cis* レチナール
ALDH3A1 94
all-*trans* レチナール → レチナール
cis-trans 異性化反応 217
double cone → 複合錐体
in situ hybridization 法 32
LWS 錐体 → 錐体
L 錐体 → 錐体
MWS 錐体 → 錐体
M 錐体 → 錐体
S 錐体 → 錐体
UVS 錐体 → 錐体
X 線 X-ray 11
X 染色体 121
Y 迷路 Y-maze 63

【ア行】

亜社会性昆虫 subsocial insect 197
アポリポタンパク 95
アマクリン細胞 amacrine cell 17, 122
アリル → 対立遺伝子
暗所視 scotopic vision 21
アントシアニン 100, 175

遺伝子重複 44, 121
色空間 color space 77, 95, 111, 134
色コントラスト color contrast / chromatic contrast 63
色の恒常性 52, 96, 111
色フィルター 36
色弁別能 color discrimination ability 93, 189, 194
隠ぺい色 cryptic color 136

餌請い 88

オプシン opsin 15, 31, 91, 118, 158, 181, 217

【カ行】

角膜 cornea 14, 30, 91
可視光線 visible light 12, 116, 227
果実適応説 126
花色変化 floral color change 76
ガラス微小電極 182, 221
カロテノイド 93, 104, 174
感覚情報処理系 sensory information processing system 194, 207
感覚の質 quality 195
感桿（ラブドーム） rhabdom 30, 55, 181, 210, 220
桿体 rod 16, 17, 54, 113, 159, 218

擬順序 105
帰巣ベクトル home vector 200
擬態 mimicry 73
　ミュラー型—— Müllerian —— 74
輝度シグナル 126
キャノピー canopy 202
キャノピー定位 canopy orientation 202
キュー cue 202
求愛ディスプレイ 99
給餌 88, 197
狭鼻猿類 121

軍拡競走型の共進化 coevolutionary arms race 85

蛍光 34, 100
ケラチン 104
原猿 123
顕在色 conspicuous color 136

抗酸化 94
光子 photon 16, 91, 111, 135
光子捕捉 photon capture/

事項索引

quantum catch 98, 111
光受容物質 181, 217
構造色 104
口内の皮膚 90
広鼻猿類→新世界ザル
光量子→光子
個眼 ommatidium 30, 55, 181, 205
コスト 90, 103, 105, 127
コラーゲン 94
——の微細構造 94
コンテクスト 207

【サ行】

採餌飛行 foraging trip/ foraging bout 67
最小可知差異 just noticeable difference 112
最小弁別閾→最小可知差異
採食 99, 129
最大吸収波長 16, 91, 131, 158
彩度 chroma/saturation 51, 112, 117, 166

紫外線 ultraviolet (UV) 11, 227
——写真 227
紫外線透過フィルター→フィルター
死角 blind area 205
視角 visual angle 19, 46, 64
視覚モデル visual model 74, 96, 111, 142
色覚 color vision 29, 51
1色型——monochromacy 22, 119

2色型——dichromacy 22, 117
3色型——trichromacy 22, 95, 117
——の適応的意義 126
4色型——tetrachromacy 95, 112, 118
——の多様性 123
色素 15, 34, 103, 174
——の沈着 103
色相 hue 51, 97, 113, 115
色対比 53
色度 135
視細胞 photoreceptor cell / photoreceptor 15, 30, 54, 91, 127, 158, 179, 216
視神経 optic nerve 17
シッフ塩基結合 217
視物質 visual pigment 15, 31, 91, 111, 132, 158, 181, 216
受光角 Acceptance angle 184
種子散布 100
正直な信号 101
視力 visual acuity 18
進化 30, 87, 117, 151, 173, 189
神経節細胞 ganglion cell 17, 120
新世界ザル（広鼻猿類）124
真皮 104

水晶体 crystalline lens 14
錐体 cone 16, 91, 111, 117, 158, 216

L——17, 91, 117
LWS——91
M——17, 91, 117
MWS——91
S——17, 91, 117
UVS——91
水平細胞 horizontal cell 17, 122
スペクトル spectrum 12, 31, 54, 97

生合成 104, 176
赤外線 infrared / IR 11, 88, 166, 213, 228
全 trans レチナール→レチナール retinal

双極細胞 bipolar cell 17, 122
双極子モーメント 217
相互利益 143
送粉者シフト pollinator shift 172
送粉シンドローム pollination syndrome 171

【タ行】

対立遺伝子（アリル）124, 165, 174
托卵鳥 85
ダブル錐体細胞→複合錐体
探索時間 search time 67

昼行性 95, 124, 211
昼夜行性 119, 124, 210
超優性選択説 142

238 索引

定位 orientation 193
適応的意義 69, 118
デジタルカメラ 229
電磁波 electromagnetic radiation 11, 116

等光量子数 221

【ナ行】

ナビゲーション navigation 193
ナビゲーションシステム navigation system 199
二次元フーリエ解析 104
日周期変化 179
ニッチの多様化 142

【ハ行】

ハイディンガーのブラシ 216
波長 wavelength 11, 216
波長依存的 221
波長感受性 118, 158
波長弁別能 22, 45, 55
反射率 111
反対色 opponent color 25, 53, 96
反対色説 opponent-color theory 25

皮下毛細血管 105
微絨毛 microvillus 30, 219
微絨毛膜 181
ビタミンA vitamin A 16, 31
頻度依存性選択 142

フィルター 36, 93, 161, 228
　紫外線透過── 228
フェオメラニン 104
フォトン→光子
複眼 compounded eye 21, 30, 55, 179, 195, 200, 222
複合錐体 double cone 92, 113
複対立遺伝子 124
フリーローテーション 218
分光感度 spectral sensitivity 31, 55
分光光度計 111, 166
分光反射率 spectral reflectance 13, 52, 71, 133
分子遺伝学 118

平衡選択 142
ヘーリング Hering 25
ヘテロ接合 124
偏光 polarization 93, 195, 211, 215
偏光感度 polarization sensitivity: PS 219
偏光パターン 211, 216
偏心視細胞 eccentric cell 181

捕食者 79, 90, 127
ホモ接合 124
ポルフィリン 104
ポルフィロプシン 188

【マ行】

マイクロ波 microwave 11
膜電位 membrane potential 17, 184
ミー散乱 104
緑コントラスト green contrast / green-receptor contrast 63
緑受容細胞 green photoreceptor 63
ミュラー型擬態→擬態

明所視 photopic vision 21
明度 lightness/brightness 51, 97, 113, 134
メラニン 104
免疫力 106

盲点 blind spot 17, 91
網膜 retina 14, 43, 54, 91, 117, 122, 158, 196, 223
網膜電位法（ERG法）184

【ヤ行】

夜行性 95, 124
夜行性生活 119

ユーメラニン 104
油滴 92

【ラ行】

ラブドーム→感桿
ラブドメア 181, 220
ランドマーク landmark 193
ランドルト環 Landolt ring 18
ランバート・ベールの法則 220

量子収率 217
臨界融合周波数 critical fusion frequency 21
林冠ギャップ canopy gap 202

霊長類 92, 117, 120
レイリー散乱 104, 216

レチナール retinal 181
3-デヒドロ―― 185
3-ハイドロキシ―― 185
4-ハイドロキシ―― 185
11-*cis*（A1）―― 16, 31, 158, 181, 217

全 *trans*/all-*trans* ―― 16, 181, 217
レチノール・エステル 181
レンズ 227

ロドプシン rhodopsin 16, 185, 217

種生物学会 (The Society for the Study of Species Biology)

植物実験分類学シンポジウム準備会として発足．1968年に「生物科学第1回春の学校」を開催．1980年，種生物学会に移行し現在に至る．植物の集団生物学・進化生物学に関心を持つ，分類学，生態学，遺伝学，育種学，雑草学，林学，保全生物学など，さまざまな関連分野の研究者が，分野の枠を越えて交流・議論する場となっている．「種生物学シンポジウム」(年1回，3日間)の開催および学会誌の発行を主要な活動とする．

● 運営体制 (2013～2015年)
- 会　　長：川窪　伸光 (岐阜大学)
- 副 会 長：大原　　雅 (北海道大学)
- 庶務幹事：渡邊　幹男 (愛知教育大学)
- 会計幹事：常木　静河 (愛知教育大学)
- 学 会 誌：英文誌　Plant Species Biology (発行所：Blackwell Publishing)
  - 編集委員長／大原 雅 (北海道大学)
  - 和文誌　種生物学研究 (発行所：文一総合出版，本書)
  - 編集委員長／陶山 佳久 (東北大学)
- 学会HP：http://www.speciesbiology.org/

視覚の認知生態学
－生物たちが見る世界－

2014年11月30日　初版第1刷発行

編●種生物学会
責任編集●牧野 崇司・安元 暁子

©The Society for the Study of Species Biology　2014

カバー・表紙デザイン●村上美咲

発行者●斉藤　博
発行所●株式会社　文一総合出版
〒162-0812　東京都新宿区西五軒町2-5
電話●03-3235-7341
ファクシミリ●03-3269-1402
郵便振替●00120-5-42149
印刷・製本●奥村印刷株式会社

定価はカバーに表示してあります．
乱丁，落丁はお取り替えいたします．
ISBN978-4-8299-6204-6　Printed in Japan